Elvidio Lupia Palmieri   Maurizio Parotto

#Terra

EDIZIONE AZZURRA

Il nostro pianeta
La geodinamica esogena

- UN CONCETTO, UNA LEZIONE
- CIAK, SI IMPARA!
- IL MENU DELLE COMPETENZE

Per sapere quali risorse digitali integrano il tuo libro, e come fare ad averle, connettiti a Internet e vai su:

http://my.zanichelli.it/risorsedigitali

e segui le istruzioni. Tieni il tuo libro a portata di mano: avrai bisogno del codice ISBN*, che trovi nell'ultima pagina della copertina, in basso a sinistra.

- L'accesso alle risorse digitali protette è personale: se ne fai uso, non potrai poi condividerlo o cederlo.
- L'accesso a eventuali risorse digitali online protette è limitato nel tempo: alla pagina http://my.zanichelli.it/risorsedigitali trovi informazioni sulla durata della licenza.

* Se questo libro fa parte di una confezione, l'ISBN si trova nella quarta di copertina dell'ultimo libro nella confezione.

Copyright © 2014 Zanichelli editore S.p.A., Bologna [6932der]
www.zanichelli.it

I diritti di elaborazione in qualsiasi forma o opera, di memorizzazione anche digitale su supporti di qualsiasi tipo
(inclusi magnetici e ottici), di riproduzione e di adattamento totale o parziale con qualsiasi mezzo (compresi
i microfilm e le copie fotostatiche), i diritti di noleggio, di prestito e di traduzione sono riservati per tutti i paesi.
L'acquisto della presente copia dell'opera non implica il trasferimento dei suddetti diritti né li esaurisce.

Le fotocopie per uso personale (cioè privato e individuale, con esclusione quindi di strumenti di uso collettivo) possono essere effettuate,
nei limiti del 15% di ciascun volume, dietro pagamento alla S.I.A.E del compenso previsto dall'art. 68, commi 4 e 5, della legge 22 aprile 1941
n. 633. Tali fotocopie possono essere effettuate negli esercizi commerciali convenzionati S.I.A.E. o con altre modalità indicate da S.I.A.E.

Per le riproduzioni ad uso non personale (ad esempio: professionale, economico, commerciale, strumenti di studio collettivi,
come dispense e simili) l'editore potrà concedere a pagamento l'autorizzazione a riprodurre un numero di pagine non superiore al 15%
delle pagine del presente volume. Le richieste per tale tipo di riproduzione vanno inoltrate a

Centro Licenze e Autorizzazioni per le Riproduzioni Editoriali (CLEAREdi)
Corso di Porta Romana, n. 108
20122 Milano
e-mail autorizzazioni@clearedi.org e sito web www.clearedi.org

L'editore, per quanto di propria spettanza, considera rare le opere fuori del proprio catalogo editoriale, consultabile al sito
www.zanichelli.it/f_catalog.html.
La fotocopia dei soli esemplari esistenti nelle biblioteche di tali opere è consentita, oltre il limite del 15%, non essendo concorrenziale all'opera.
Non possono considerarsi rare le opere di cui esiste, nel catalogo dell'editore, una successiva edizione, le opere presenti in cataloghi di altri editori
o le opere antologiche. Nei contratti di cessione è esclusa, per biblioteche, istituti di istruzione, musei ed archivi, la facoltà di cui all'art. 71 - ter
legge diritto d'autore. Maggiori informazioni sul nostro sito: www.zanichelli.it/fotocopie/

Collaborazione alla stesura dell'opera: Vittoria Balandi, Paola Fredi e Silvia Saraceni

Realizzazione editoriale:
- Coordinamento redazionale: Massimo Evangelisti
- Redazione: Anastasia Scotto
- Segreteria di redazione: Deborah Lorenzini
- Progetto grafico e impaginazione: Miguel Sal & C., Bologna
- Ricerca iconografica: Vittoria Balandi
- Disegni: Claudia Saraceni, Thomas Trojer
- Fotografie degli esperimenti: Massimiliano Trevisan
- Collaborazioni grafiche: Jacopo Gambari

Contributi:
- Revisione degli esercizi: Paola Fredi

Realizzazione eBook:
- Realizzazione a cura di ChiaLab srl, Bologna

Spiegazioni animate:
- Coordinamento redazionale: Matteo Fornesi
- Progetto e sceneggiature: Mauro Mennuni
- Supervisione scientifica: Elvidio Lupia Palmieri, Maurizio Parotto
- Grafiche e montaggio: IN3D - AMSYS s.r.l., Roma
- Voce: Dodo Versino
- Fonico: Matteo Portelli

Video Ciak, si impara!:
- Coordinamento redazionale: Anastasia Scotto
- Sceneggiature: Vittoria Balandi
- Supervisione scientifica: Elvidio Lupia Palmieri, Maurizio Parotto
- Montaggio: Luca Dal Canto
- Studio di registrazione: VOXFARM

Speakeraggio:
- Steven Davies per duDAT srl, Bologna

Copertina:
- Progetto grafico: Miguel Sal & C., Bologna
- Realizzazione: Roberto Marchetti
- Immagine di copertina: Vladimir Melnikov/Shutterstock, Artwork Miguel Sal & C., Bologna

Prima edizione: febbraio 2014

Ristampa:

5 4 3   2014 2015 2016 2017 2018

Zanichelli garantisce che le risorse digitali di questo volume sotto il suo controllo saranno accessibili,
a partire dall'acquisto dell'esemplare nuovo, per tutta la durata della normale utilizzazione didattica dell'opera.
Passato questo periodo, alcune o tutte le risorse potrebbero non essere più accessibili o disponibili:
per maggiori informazioni, leggi my.zanichelli.it/fuoricatalogo

File per sintesi vocale
L'editore mette a disposizione degli studenti non vedenti, ipovedenti, disabili motori o con disturbi specifici
di apprendimento i file pdf in cui sono memorizzate le pagine di questo libro. Il formato del file permette l'ingrandimento
dei caratteri del testo e la lettura mediante software screen reader.
Le informazioni su come ottenere i file sono sul sito www.scuola.zanichelli.it/bisogni-educativi-speciali

Suggerimenti e segnalazione degli errori
Realizzare un libro è un'operazione complessa, che richiede numerosi controlli: sul testo, sulle immagini
e sulle relazioni che si stabiliscono tra essi. L'esperienza suggerisce che è praticamente impossibile
pubblicare un libro privo di errori. Saremo quindi grati ai lettori che vorranno segnalarceli. Per segnalazioni
o suggerimenti relativi a questo libro scrivere al seguente indirizzo:

lineazeta@zanichelli.it

Le correzioni di eventuali errori presenti nel testo sono pubblicate nel sito www.zanichelli.it/aggiornamenti

Zanichelli editore S.p.A. opera con sistema qualità
certificato CertiCarGraf n. 477
secondo la norma UNI EN ISO 9001:2008

 Questo libro è stampato su carta che rispetta le foreste.
www.zanichelli.it/la-casa-editrice/carta-e-ambiente/

Stampa: Grafica Editoriale
Via E. Mattei 106, 40138 Bologna
per conto di Zanichelli editore S.p.A.
Via Irnerio 34, 40126 Bologna

Elvidio Lupia Palmieri   Maurizio Parotto

#Terra

EDIZIONE AZZURRA

Il nostro pianeta
La geodinamica esogena

- UN CONCETTO, UNA LEZIONE
- CIAK, SI IMPARA!
- IL MENU DELLE COMPETENZE

SCIENZE ZANICHELLI

1 GRANDI IDEE DELLE SCIENZE DELLA TERRA

CONOSCENZE DI BASE PER LE SCIENZE DELLA TERRA

CONTENUTI ONLINE

 Il video prima della lezione

1. **LA TERRA FA PARTE DEL SISTEMA SOLARE** 2
2. **UN PIANETA FATTO «A STRATI»** 3
3. **LA TERRA È UN SISTEMA INTEGRATO** 4
4. **IL MOTORE INTERNO DEL SISTEMA TERRA** 6
5. **IL MOTORE ESTERNO DEL SISTEMA TERRA** 7
6. **IL CICLO DELLE ROCCE** 8
7. **LA TERRA HA 4,5 MILIARDI DI ANNI** 10
8. **LE RISORSE DEL PIANETA** 11
9. **RISCHI NATURALI PER GLI ESSERI UMANI** 12
10. **GLI ESSERI UMANI MODIFICANO IL PIANETA** 13

LABORATORIO DELLE COMPETENZE 14
▸ EARTH SCIENCE IN ENGLISH 15
▸ SCIENZE DELLA TERRA PER IL CITTADINO 16

2 L'UNIVERSO

CONTENUTI ONLINE

 Test d'ingresso  Il video prima della lezione

▶ Stelle in rotazione
▶ Luminosità delle stelle
▶ Il diagramma H-R
▶ L'evoluzione di una stella

1. **UNA SFERA NELLO SPAZIO** 20
2. **L'OSSERVAZIONE DEL CIELO NOTTURNO** 21
3. **CARATTERISTICHE DELLE STELLE** 22
4. **LE GALASSIE** 24
5. **LA NASCITA DELLE STELLE** 25
6. **LA VITA DELLE STELLE** 26
7. **L'ORIGINE DELL'UNIVERSO** 28

DOMANDE PER IL RIPASSO 29
LABORATORIO DELLE COMPETENZE 30
▸ EARTH SCIENCE IN ENGLISH 32
▸ SCIENZE DELLA TERRA PER IL CITTADINO 33

ZTE Altri esercizi online

3 IL SISTEMA SOLARE

1. **I CORPI DEL SISTEMA SOLARE** 36
2. **IL SOLE** 37
3. **LE LEGGI CHE REGOLANO IL MOTO DEI PIANETI** 38
4. **I PIANETI TERRESTRI** 40
5. **I PIANETI GIOVIANI** 42
6. **I CORPI MINORI** 44
7. **MISSIONI SPAZIALI RECENTI** 46

DOMANDE PER IL RIPASSO 47
LABORATORIO DELLE COMPETENZE 48
  ▸ EARTH SCIENCE IN ENGLISH 50
  ▸ SCIENZE DELLA TERRA PER IL CITTADINO 51

CONTENUTI ONLINE

▶ Le dimensioni dei pianeti del Sistema solare
▶ L'interno del Sole e la sua superficie
▶ Le leggi di Keplero
▶ I pianeti di tipo terrestre
▶ I pianeti di tipo gioviano

ZTE Altri esercizi online

4 IL PIANETA TERRA

1. **LA FORMA E LE DIMENSIONI DELLA TERRA** 54
2. **LE COORDINATE GEOGRAFICHE** 56
3. **COME SI RAPPRESENTA LA TERRA** 58
4. **IL MOTO DI ROTAZIONE TERRESTRE** 60
5. **IL MOTO DI RIVOLUZIONE TERRESTRE** 62
6. **L'ALTERNANZA DELLE STAGIONI** 64
7. **I MOTI MILLENARI DELLA TERRA** 66
8. **L'ORIENTAMENTO** 67
9. **LA MISURA DELLE COORDINATE GEOGRAFICHE** 68
10. **IL CAMPO MAGNETICO TERRESTRE** 70
11. **CARATTERISTICHE DELLA LUNA** 71
12. **I MOTI DELLA LUNA E LE FASI LUNARI** 72
13. **LE ECLISSI** 74

DOMANDE PER IL RIPASSO 75
LABORATORIO DELLE COMPETENZE 76
  ▸ EARTH SCIENCE IN ENGLISH 80
  ▸ SCIENZE DELLA TERRA PER IL CITTADINO 81

CONTENUTI ONLINE

▶ La forma della Terra
▶ Le coordinate geografiche
▶ Il dì e la notte
▶ L'effetto della forza di Coriolis
▶ La durata del dì e della notte
▶ Le stagioni nei due emisferi
▶ L'orientamento durante il dì
▶ L'orientamento durante la notte
▶ I fusi orari

ZTE Altri esercizi online

5 L'ATMOSFERA E I FENOMENI METEOROLOGICI

CONTENUTI ONLINE

Test d'ingresso — Il video prima della lezione

1. **CARATTERISTICHE DELL'ATMOSFERA** 84
2. **LA RADIAZIONE SOLARE E L'EFFETTO SERRA** 86
3. **LA TEMPERATURA DELL'ARIA** 87
4. **L'INQUINAMENTO ATMOSFERICO** 88
5. **LA PRESSIONE ATMOSFERICA** 90
6. **I VENTI** 91
7. **L'AZIONE GEOMORFOLOGICA DEL VENTO** 92
8. **LA CIRCOLAZIONE GENERALE DELL'ARIA** 94
9. **L'UMIDITÀ DELL'ARIA** 95
10. **LE NUVOLE** 96
11. **LE PRECIPITAZIONI METEORICHE** 97
12. **LA DEGRADAZIONE METEORICA** 98
13. **LA DEGRADAZIONE FISICA DELLE ROCCE** 99
14. **LA DEGRADAZIONE CHIMICA DELLE ROCCE** 100
15. **LE PERTURBAZIONI ATMOSFERICHE** 102
16. **LE PREVISIONI DEL TEMPO** 104

DOMANDE PER IL RIPASSO 105
LABORATORIO DELLE COMPETENZE 106
▸ EARTH SCIENCE IN ENGLISH 110
▸ SCIENZE DELLA TERRA PER IL CITTADINO 111

- La composizione dell'atmosfera
- Il bilancio radiativo del sistema Terra-atmosfera e l'effetto serra
- L'influenza dei fattori geografici sulle temperature
- Le piogge acide
- Come varia la pressione atmosferica
- Le brezze di mare e di terra
- Evoluzione di una corrente a getto del fronte polare
- Il meccanismo di saturazione dell'aria
- La disgregazione meteorica delle rocce
- Le forme carsiche

ZTE Altri esercizi online

6 IL CLIMA E LA BIOSFERA

CONTENUTI ONLINE

Test d'ingresso — Il video prima della lezione

1. **GLI ELEMENTI E I FATTORI DEL CLIMA** 114
2. **IL SUOLO** 115
3. **I CLIMI DEL PIANETA** 116
4. **I CLIMI CALDI UMIDI** 118
5. **I CLIMI ARIDI** 119
6. **I CLIMI TEMPERATI** 120
7. **I CLIMI FREDDI** 121
8. **I CLIMI NIVALI** 122
9. **I CLIMI DELL'ITALIA** 123
10. **I CAMBIAMENTI CLIMATICI** 124
11. **IL RISCALDAMENTO GLOBALE** 126

DOMANDE PER IL RIPASSO 127
LABORATORIO DELLE COMPETENZE 128
▸ EARTH SCIENCE IN ENGLISH 132
▸ SCIENZE DELLA TERRA PER IL CITTADINO 133

- Il profilo pedologico
- La carta dei climi
- Clima e vegetazione
- I climi dell'Italia
- Variazioni termiche del recente passato
- Temperatura atmosferica e anidride carbonica
- Le variazioni del livello del mare

ZTE Altri esercizi online

7 L'IDROSFERA MARINA

1. **IL CICLO DELL'ACQUA** 136
2. **LE ACQUE SULLA TERRA** 138
3. **OCEANI E MARI** 139
4. **CARATTERISTICHE DELLE ACQUE MARINE** 140
5. **LE ONDE** 142
6. **LE MAREE** 144
7. **LE CORRENTI** 146
8. **L'AZIONE GEOMORFOLOGICA DEL MARE** 148
9. **L'INQUINAMENTO DELLE ACQUE MARINE** 150

DOMANDE PER IL RIPASSO 151
LABORATORIO DELLE COMPETENZE 152
- EARTH SCIENCE IN ENGLISH 154
- SCIENZE DELLA TERRA PER IL CITTADINO 155

CONTENUTI ONLINE

- Test d'ingresso
- CIAK si impara! Il video prima della lezione
- ▶ Il ciclo dell'acqua
- ▶ La salinità dell'acqua marina
- ▶ Il moto ondoso
- ▶ Le forze generatrici delle maree
- ZTE Altri esercizi online

8 L'IDROSFERA CONTINENTALE

1. **LE ACQUE SOTTERRANEE** 158
2. **I FIUMI** 160
3. **L'AZIONE GEOMORFOLOGICA DELLE ACQUE CORRENTI** 162
4. **I LAGHI** 164
5. **I GHIACCIAI** 165
6. **L'AZIONE GEOMORFOLOGICA DEI GHIACCIAI** 166
7. **L'INQUINAMENTO DELLE ACQUE CONTINENTALI** .. 168

DOMANDE PER IL RIPASSO 169
LABORATORIO DELLE COMPETENZE 170
- EARTH SCIENCE IN ENGLISH 174
- SCIENZE DELLA TERRA PER IL CITTADINO 175

CONTENUTI ONLINE

- Test d'ingresso
- CIAK si impara! Il video prima della lezione
- ▶ Le falde idriche
- ▶ La velocità dell'acqua in un canale fluviale
- ▶ La formazione dei meandri
- ▶ Il bilancio di massa glaciale
- ▶ La formazione di una valle glaciale
- ▶ Il profilo longitudinale di un ghiacciaio
- ▶ I tipi di frane
- ZTE Altri esercizi online

1 GRANDI IDEE DELLE SCIENZE DELLA TERRA

Le discipline raggruppate con la denominazione di *Scienze geologiche* o **Scienze della Terra** si occupano, da diversi punti di vista, di studiare il nostro pianeta. Questo studio ha due obiettivi complementari: il primo è capire come è fatto e come si modifica il nostro pianeta, la cui storia si svolge da oltre 4 miliardi di anni; l'altro obiettivo è fornire dati, informazioni e metodi per un corretto rapporto tra uomo e pianeta. La Terra viene considerata come corpo nello spazio, in movimento all'interno del Sistema solare e quindi nell'Universo. E si studiano i molteplici processi in cui sono coinvolti i materiali (solidi, liquidi e aeriformi) che ne compongono la superficie e l'interno. Queste conoscenze possono permettere agli esseri umani di vivere meglio sulla Terra, evitandone i pericoli e salvaguardandone gli ambienti. (Nella fotografia, il Gran Canyon del Colorado.)

Laboratorio delle competenze
pagine 14-16

Guarda il video che presenta gli argomenti dell'unità.

Per ciascuna idea presentata nel video annota una o due parole chiave che ti permettano di ripeterne il contenuto essenziale.

1. LA TERRA FA PARTE DEL SISTEMA SOLARE

Il Sistema solare è un insieme di corpi celesti diversi fra loro per natura e dimensioni, ma accomunati tutti dalla stessa origine. Essi sono costretti a muoversi attorno al Sole, in uno spazio ben definito.

1 Nebulosa di gas (idrogeno e elio) e polveri finissime.

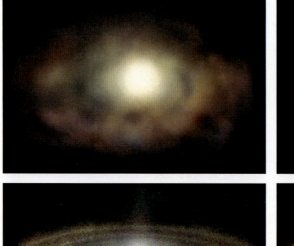

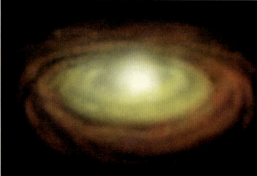

2 La nebulosa collassa e si trasforma in un disco appiattito, con al centro un nucleo denso e caldo: il proto-Sole.

3 Con un'esplosione si «accende» il Sole e viene spazzata via gran parte dei gas e delle polveri.

4 Dall'aggregazione di particelle cominciata nel disco di polveri nascono corpi di dimensioni via via maggiori: dagli asteroidi ai pianeti.

In base ai dati raccolti dalla Terra e nelle missioni di esplorazione spaziale, si ritiene che il Sistema solare abbia iniziato a formarsi per il collasso di una grande **nebulosa** di gas e polveri finissime, circa 4,6 miliardi di anni fa.

Nel collasso, le cui cause sono ancora incerte, la nube assunse la forma di un disco appiattito con, al centro, un grosso nucleo, che darà origine al Sole. All'interno del disco, ripetute collisioni tra granuli di ghiacci e di polveri portarono all'aggregazione dei futuri pianeti. Nel nucleo la temperatura aumentò fino a quella necessaria all'accensione di una **stella**: si avviarono le reazioni nucleari che trasformano l'idrogeno in elio, con emissione di energia, e nacque il Sole. Al momento dell'accensione, nella nuova stella avvenne una gigantesca esplosione che investì l'intero sistema, spazzando via e disperdendo a grandi distanze gas e polveri. Con il materiale residuo si completò l'aggregazione dei **pianeti** e degli altri corpi del sistema. Dopo la loro formazione i pianeti ebbero evoluzioni diverse a seconda della distanza dal Sole e della loro massa.

I pianeti più *interni* (Mercurio, Venere, Terra e Marte) hanno dimensioni ridotte e sono costituiti di materiale roccioso e metalli; mentre i pianeti più *esterni* (Giove, Saturno, Urano e Nettuno) hanno dimensioni maggiori e, a causa delle maggiori distanze dal Sole, hanno trattenuto anche grandi quantità di ghiacci e gas.

I pianeti del Sistema solare si muovono attorno al Sole percorrendo orbite ellittiche con una velocità variabile. Essi sono costretti a compiere questi movimenti dalla forza gravitazionale (l'attrazione che un corpo esercita grazie alla sua massa) del Sole.

Le caratteristiche strutturali della Terra dipendono proprio da come essa si è formata e dai movimenti che compie all'interno del Sistema solare. Lo studio degli altri oggetti del Sistema solare ci aiuta inoltre a capire la storia del nostro pianeta: alcuni aspetti dei primi stadi evolutivi della Terra si possono osservare in altri pianeti che hanno subito meno trasformazioni successive (è il caso, ad esempio, dei crateri sulla superficie di Mercurio risalenti a 3 miliardi di anni fa).

LEGGI NELL'EBOOK →
- Astronomia e Geologia

IMPARA A IMPARARE
- Individua nel testo e numera le diverse fasi in cui può essere suddivisa la formazione del Sistema solare.
- Fai un piccolo schema che riassuma i nomi e le caratteristiche distintive dei pianeti interni ed esterni.

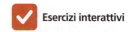 Esercizi interattivi

2. UN PIANETA FATTO «A STRATI»

La Terra è composta da una serie di gusci concentrici costituiti da materiali di natura diversa. Gli strati che si trovano a profondità maggiori hanno densità e temperature più elevate.

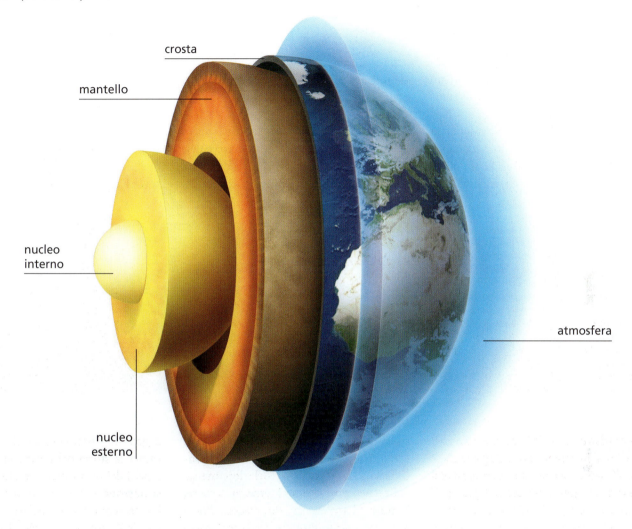

Durante la formazione del Sistema solare i pianeti interni arrivarono a una fusione quasi totale. In quello stato, gli elementi chimici più pesanti sprofondarono verso il centro del pianeta, mentre gli elementi più leggeri migrarono verso la parte esterna. L'interno di questi pianeti è quindi formato da strati a diversa composizione.

All'interno della Terra, dove le temperature sono molto elevate, si trova un **nucleo** denso, di ferro e nichel, che occupa circa metà del raggio terrestre (che misura circa 6371 km). Il nucleo del pianeta è ulteriormente suddiviso in due porzioni: il nucleo interno, solido, e il nucleo esterno, liquido.

Vi sono poi un **mantello** di materiale meno denso del nucleo, solido, e una sottile **crosta**, ancor meno densa del mantello (anch'essa solida). La crosta e la parte superiore del mantello formano la *litosfera*. La crosta si distingue in crosta continentale, che forma i continenti e i loro margini sommersi, e crosta oceanica, che costituisce i fondali degli oceani.

Tre quarti della crosta terrestre sono ricoperti d'acqua. Attorno al globo terracqueo si trova un involucro aeriforme (l'*atmosfera*), oggi composto principalmente di azoto e di ossigeno, che si è formato nella fase originaria di surriscaldamento del pianeta grazie a grandi quantità di materiali gassosi che si liberarono dal nucleo del pianeta e si unirono a quelli liberati dagli impatti di comete, ma che subì notevoli modifiche nell'evoluzione della Terra, con la comparsa dell'ossigeno.

Vedremo più avanti le dinamiche in cui sono coinvolti tutti questi strati.

IMPARA A IMPARARE

- Rintraccia nel testo il motivo per cui l'interno della Terra è costituito da diversi strati e in che cosa questi differiscono fra loro.
- Elenca gli strati a partire dal più esterno, indicando dove necessario gli strati che vengono raggruppati sotto un unico nome.

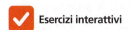 Esercizi interattivi

3. LA TERRA È UN SISTEMA INTEGRATO

La Terra è un sistema in cui le diverse componenti interagiscono tra loro mediante una complessa serie di processi fisici, chimici e biologici. Le quattro «sfere» che compongono il sistema Terra sono: la litosfera, l'idrosfera, l'atmosfera e la biosfera.

Il nostro pianeta non è un semplice aggregato di materiali di diversa natura, ma è un sistema integrato, cioè un insieme di componenti, ciascuna con la propria individualità, che interagiscono però strettamente tra loro. Le singole parti che costituiscono il sistema Terra si possono considerare come involucri (o «sfere») a stretto contatto.

La **litosfera**, cioè la Terra solida, corrisponde alla maggior parte della massa del pianeta ed è formata essenzialmente da minerali e rocce.

L'**idrosfera** è l'insieme delle acque superficiali (oceani, laghi, fiumi, ghiacciai) e delle acque sotterranee. Ne fa parte la **criosfera**, cioè l'acqua allo stato solido delle calotte glaciali, dei ghiacciai di montagna e dei mari polari.

L'**atmosfera** è l'involucro aeriforme che avvolge il globo terracqueo.

La **biosfera** comprende tutti gli organismi che vivono sulle terre emerse, nelle acque marine e nell'atmosfera; ne fanno parte anche gli esseri umani, le cui attività han-

1 La presenza dell'**atmosfera** è di vitale importanza per la **biosfera**. Questo involucro aeriforme protegge la superficie terrestre dalle radiazioni ultraviolette, nocive per gli esseri viventi, e limita le variazioni di temperatura. Ma anche la biosfera modifica l'atmosfera: l'ossigeno presente nell'aria è un prodotto dell'attività di organismi viventi – le piante – senza i quali la composizione dell'atmosfera sarebbe diversa.

2 I componenti dell'**idrosfera** e dell'**atmosfera** operano un continuo modellamento superficiale della **litosfera**. Ad esempio, le onde del mare intaccano la costa, provocando la disgregazione di materiali rocciosi, il loro trasporto e quindi la deposizione; come fanno le acque dei fiumi, che scavano valli e portano i detriti al mare, o i ghiacciai. Anche l'atmosfera produce analoghi effetti, con processi sia meccanici (come l'erosione delle rocce da parte del vento, che deposita poi altrove le sabbie), sia chimici (la composizione delle rocce può essere modificata da alcune sostanze contenute nell'aria).

no importanti conseguenze su tutte e quattro le sfere.

Queste sfere si sono formate nel corso della storia della Terra e sono legate da complesse relazioni, per cui ogni modifica a una di esse comporta una risposta globale (o *retroazione*), che coinvolge le altre sfere. L'aspetto del nostro pianeta è perciò il risultato di un **equilibrio dinamico** che comprende continui scambi fra interno del pianeta e superficie terrestre, tra atmosfera, oceani e terre emerse.

La Terra è inoltre un **sistema aperto**, che scambia energia (sotto forma di radiazioni) e massa (proveniente da corpi come i meteoriti) con il resto del Sistema solare.

I processi che mantengono la Terra in evoluzione sono attivati da due «motori»: uno interno e uno esterno.

Il **motore interno** (le *forze endogene*) è alimentato dall'energia termica che si trova all'interno del pianeta.

Il **motore esterno** (le *forze esogene*) dipende dall'energia che la Terra riceve dal Sole sotto forma di radiazioni. Al primo è legato il *meccanismo della Tettonica delle placche*, che regola i movimenti che avvengono nella litosfera tra la crosta e il mantello. Al secondo è collegata una serie di interazioni fra le sfere, che sono responsabili dei *fenomeni climatici* e del *modellamento del rilievo terrestre*.

LEGGI NELL'EBOOK →
- Il sistema Terra nello spazio

IMPARA A IMPARARE
- Fai un elenco delle sfere terrestri e degli elementi che le compongono.
- Riassumi nelle tre colonne di una tabella quali sono i due motori del sistema Terra, quali settori del pianeta coinvolgono, da dove deriva la loro energia.

Esercizi interattivi

3 Uomini e donne, facendo parte della **biosfera**, partecipano alla rete di interazioni che caratterizza il sistema Terra. Rispetto agli altri esseri viventi, però, essi modificano l'**ambiente** in modo profondo: prelevando materie prime, disperdendo nell'ambiente i rifiuti, modificando il paesaggio naturale. In tal modo le attività umane contrastano con i processi che regolano gli equilibri tra le varie parti del sistema. È vero che gli equilibri del sistema Terra sono dinamici, e possono quindi essere modificati, ma prima di provocare queste modifiche bisognerebbe essere consapevoli delle conseguenze che ne possono derivare, per evitare che a un vantaggio immediato segua un notevole danno.

4 I legami tra **biosfera** e **litosfera** sono più stretti di quello che normalmente si pensa. Ad esempio, molte parti di fondali marini, ricoperti dai gusci e dagli scheletri di innumerevoli organismi e microrganismi, con il trascorrere dei millenni e i movimenti della crosta terrestre si trasformano in pareti rocciose formate da strati di calcare (il calcare è solo una delle diverse rocce che sono il prodotto dell'attività biologica). Qualcosa di analogo si può dire del carbone e del petrolio, che derivano da depositi di vegetali.

4. IL MOTORE INTERNO DEL SISTEMA TERRA

Attraverso un processo chiamato convezione, il calore interno della Terra innesca dei movimenti profondi che hanno importanti conseguenze anche per la superficie del pianeta.

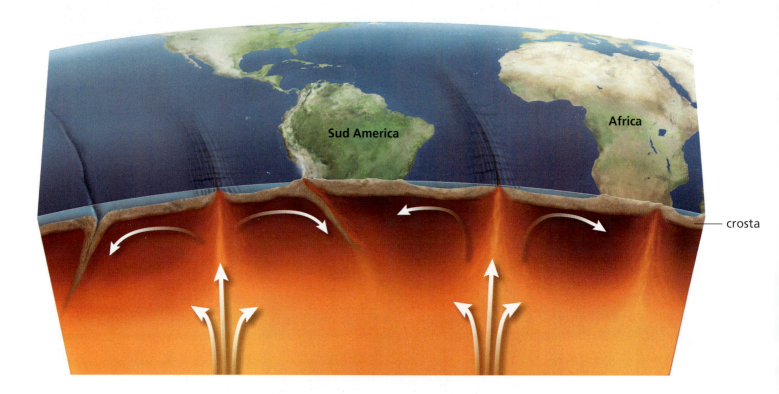

L'interno della Terra è caldo per due motivi: perché il pianeta conserva ancora parte del calore immagazzinato al momento della sua formazione e a causa delle reazioni nucleari che avvengono in elementi radioattivi contenuti nelle rocce della crosta e del mantello. È quello che abbiamo chiamato *motore interno* del sistema.

Il calore si propaga all'interno della Terra principalmente attraverso il processo della **convezione**, cioè quel meccanismo che porta il materiale più caldo (ma ancora solido per le alte pressioni) a risalire dalle zone più profonde, dove viene sostituito da materiale raffreddatosi in vicinanza della superficie, che ridiscende. Questi moti convettivi che avvengono nel mantello sono responsabili dei comportamenti della litosfera che sono stati spiegati con la teoria della **Tettonica delle placche**.

Secondo questa teoria, la litosfera si presenta suddivisa in 20 placche che, «galleggiando» sull'astenosfera (zona parzialmente fusa del mantello) per la loro minore densità, scivolano una a fianco dell'altra, si scontrano tra loro o si allontanano una dall'altra, muovendosi alla velocità di qualche centimetro l'anno.

Molti importanti fenomeni geologici avvengono proprio in corrispondenza dei *margini* fra le placche. Quando due placche si avvicinano, il risultato è generalmente la formazione di una catena di vulcani, seguita dal sollevamento di una nuova catena montuosa. Al contrario, la separazione di due placche provoca la formazione di un nuovo oceano.

Il modello della Tettonica delle placche giustifica anche la distribuzione dei vulcani e dei terremoti: la distribuzione dei vulcani e degli epicentri dei terremoti corrisponde proprio ai margini delle placche. Ed è stata proprio la presenza di vulcanismo e sismicità lungo strette fasce della superficie terrestre a fare da guida nel riconoscimento dei limiti delle placche.

La teoria della Tettonica delle placche fornisce quindi un'interpretazione unificante, in grado di spiegare i principali fenomeni geologici che avvengono sul pianeta: un **modello globale** che descrive la Terra come un insieme di sottosistemi tra loro interdipendenti, legati da processi fisici, chimici e biologici attivi da miliardi di anni.

IMPARA A IMPARARE

- Individua nel testo l'origine del calore interno della Terra.
- Sottolinea tutti i fenomeni visibili in superficie che sono riconducibili al fenomeno della Tettonica delle placche, che vengono citati nel testo.

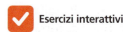

Esercizi interattivi

5. IL MOTORE ESTERNO DEL SISTEMA TERRA

L'energia solare determina le dinamiche che caratterizzano l'atmosfera, l'idrosfera, la litosfera e la biosfera; essa regola anche le interazioni tra queste sfere.

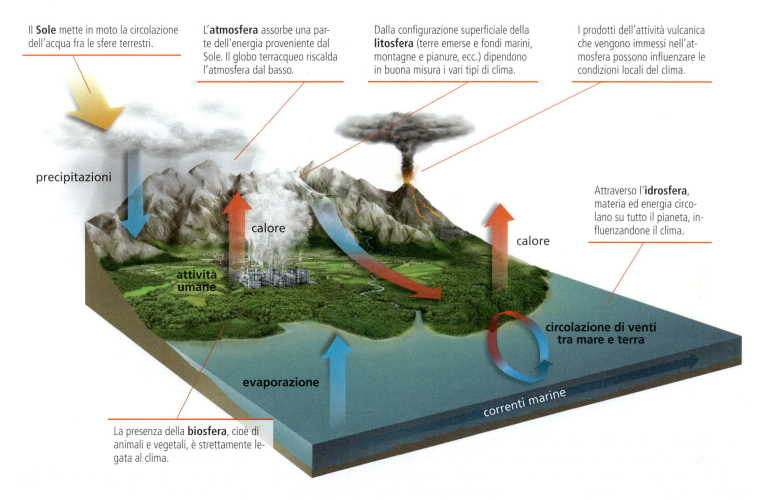

Il Sole mette in moto la circolazione dell'acqua fra le sfere terrestri.

L'**atmosfera** assorbe una parte dell'energia proveniente dal Sole. Il globo terracqueo riscalda l'atmosfera dal basso.

Dalla configurazione superficiale della **litosfera** (terre emerse e fondi marini, montagne e pianure, ecc.) dipendono in buona misura i vari tipi di clima.

I prodotti dell'attività vulcanica che vengono immessi nell'atmosfera possono influenzare le condizioni locali del clima.

Attraverso l'**idrosfera**, materia ed energia circolano su tutto il pianeta, influenzandone il clima.

La presenza della **biosfera**, cioè di animali e vegetali, è strettamente legata al clima.

Il *motore esterno* del sistema Terra è costituito dall'**energia solare**, responsabile dei processi che avvengono sulla superficie terrestre. La radiazione del Sole infatti fornisce energia alle sfere terrestri ed è quindi responsabile, per esempio, del modellamento del rilievo terrestre e del clima nei diversi luoghi del pianeta.

Il **clima** è un esempio di quanto possano essere complesse le interazioni fra le componenti del sistema Terra. Esso consiste nelle mutevoli condizioni dell'atmosfera (temperatura, pressione, umidità); ma tali condizioni determinano fenomeni che riguardano le caratteristiche e l'evoluzione di tutte le altre sfere. Da esso, ad esempio, dipende la distribuzione della vita sulle terre emerse e l'erosione dei rilievi da parte degli agenti esogeni (vento, fiumi, ghiacciai ecc.).

Prove geologiche mostrano che le interazioni fra gli eventi legati ai movimenti della crosta terrestre, l'attività solare, i vulcani, i ghiacciai, la vegetazione e le attività umane possono causare notevoli, e talvolta rapidi, cambiamenti nelle condizioni climatiche locali e globali. Lo studio di una sola componente del sistema Terra non è sufficiente per comprenderne il funzionamento globale.

La sostanza che caratterizza il nostro pianeta, circolando fra le diverse sfere grazie all'energia solare, è l'**acqua**. Sulla Terra essa può esistere contemporaneamente nei tre stati di aggregazione della materia (solido, liquido e aeriforme) e ha creato le condizioni per lo sviluppo della vita.

Le caratteristiche chimico-fisiche dell'acqua sono essenziali per la dinamica di tutto il sistema Terra. Fra queste caratteristiche è rilevante il modo in cui l'acqua assorbe e rilascia il calore, riflette i raggi solari, si espande nel congelamento e ha la proprietà di sciogliere altri materiali.

IMPARA A IMPARARE

- Sottolinea nel testo la funzione dell'energia che proviene dal Sole.
- Osserva il disegno ed elenca tutte le interazioni fra le sfere terrestri che trovi rappresentate.

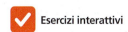
Esercizi interattivi

6. IL CICLO DELLE ROCCE

La litosfera è costituita dalle rocce, che sono aggregati di uno o più minerali. I processi mediante i quali si formano le rocce sono collegati in un unico ciclo.

I materiali che compongono la Terra sono composti chimici che conosciamo come **minerali**, i quali si presentano in genere in forma di cristalli. Alcuni minerali sono formati da un solo elemento chimico, ma la maggior parte è composta da due o più elementi. I più abbondanti nella crosta terrestre sono: *ossigeno*, *silicio*, *alluminio*, *ferro*, *calcio*, *magnesio*, *sodio*, e *potassio*.

Ma i minerali sono solo dei «mattoni», che si trovano associati in ammassi diversi tra loro e che costituiscono le **rocce**.

Le masse rocciose di cui è costituita la crosta si originano ed evolvono in condizioni molto varie. Dal riconoscimento di una roccia si possono ricavare dati e informazioni sulla natura, l'origine e le trasformazioni della crosta terrestre.

L'osservazione degli ambienti in cui si stanno formando oggi nuove rocce e delle rocce che si sono formate in passato ha permesso infatti di individuare tre principali **processi litogenetici** (i processi che danno origine alle rocce).

1. Il **processo magmatico** è caratterizzato dalla presenza iniziale di un materiale fuso, chiamato genericamente *magma*. Il magma

Il basalto è una **roccia magmatica effusiva**. Nella cosiddetta Giant's Causeway, in Irlanda, durante il raffreddamento il basalto ha preso la forma di pilastri esagonali.

Distinguiamo le rocce magmatiche *effusive*, che provengono dall'attività dei vulcani e solidificano in superficie, da quelle *intrusive*, che solidificano in profondità.

Il granito è una tipica **roccia magmatica intrusiva** formata da tanti cristalli visibili a occhio nudo. I graniti di Capo Orso, in Sardegna, sono stati modellati dagli agenti atmosferici.

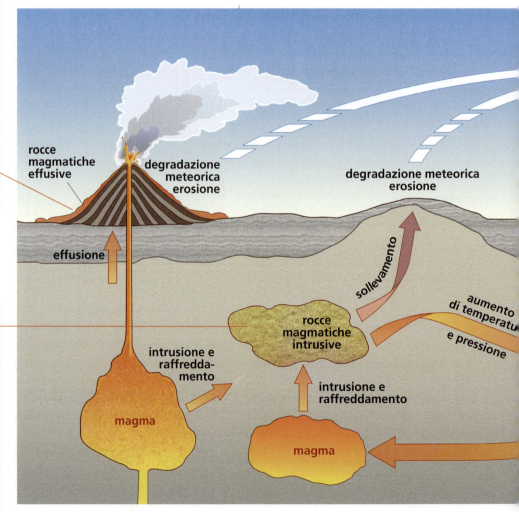

risale dall'interno della Terra ad alta temperatura. La progressiva diminuzione della temperatura porta alla formazione delle *rocce magmatiche* (anche chiamate *ignee*).

2. Il **processo sedimentario** inizia con la disgregazione e l'erosione dei materiali rocciosi che affiorano in superficie (ad opera di acqua, vento, ghiacciai) e si completa con il trasporto e l'accumulo dei materiali erosi. Si formano così, sulla superficie terrestre o a piccole profondità, le *rocce sedimentarie*.

3. Il **processo metamorfico** consiste nella trasformazione di rocce preesistenti (magmatiche e sedimentarie, o anche già trasformate) che vengono a trovarsi in condizioni di temperatura e pressione diverse da quelle d'origine. Questa trasformazione produce le *rocce metamorfiche*.

I processi magmatico, sedimentario e metamorfico fanno parte di un unico ciclo – il **ciclo litogenetico** – del quale rappresentano diversi stadi successivi, anche se il ciclo può seguire diverse «scorciatoie». Il ciclo delle rocce è un processo che riguarda tutta la crosta, i cui minerali risultano in perenne trasformazione. Le rocce che affiorano in superficie sono continuamente demolite dall'erosione, mentre nuove rocce si formano attraverso i processi litogenetici e i materiali che compongono la crosta sono incessantemente «riciclati».

> **IMPARA A IMPARARE**
> - Trascrivi le definizioni di minerale e roccia.
> - Ricostruisci, mediante il disegno, uno dei possibili percorsi che può seguire una roccia partendo come roccia magmatica effusiva e terminando come roccia metamorfica.
>
> ✓ Esercizi interattivi

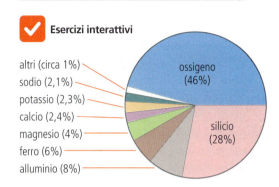

altri (circa 1%)
sodio (2,1%)
potassio (2,3%)
calcio (2,4%)
magnesio (4%)
ferro (6%)
alluminio (8%)
ossigeno (46%)
silicio (28%)

L'arenaria è una **roccia sedimentaria**. Anche dalle conchiglie e dai gusci di altri animali possono formarsi rocce sedimentarie.

Il marmo è un esempio di **roccia metamorfica**. Il colore chiaro e la trasparenza del marmo di Carrara indicano che i calcàri dalla cui metamorfosi derivano queste rocce erano molto puri.

7. LA TERRA HA 4,5 MILIARDI DI ANNI

Le caratteristiche attuali del nostro pianeta sono il risultato di un'evoluzione durata miliardi di anni. Per ricostruire l'evoluzione che ha portato la Terra al suo assetto attuale è necessario stabilire la sequenza degli eventi geologici e biologici che hanno interessato in passato il pianeta.

Fossili di **ammoniti**, molluschi estinti da più di 60 milioni di anni. La presenza di questi fossili in una roccia permette di ricostruirne l'età e l'ambiente in cui si è formata.

Esterno del guscio, con ornamentazioni in rilievo.

L'interno della conchiglia, sezionata, mostra la suddivisione in camere della cavità, costruite nel tempo dall'organismo.

Lungo la storia della Terra, enormi cambiamenti sono stati prodotti da vari fenomeni, sia graduali, sia catastrofici. I continenti si sono formati e separati, la composizione dell'atmosfera e degli oceani è cambiata, specie viventi si sono evolute e poi estinte, i ghiacciai si sono espansi e ritirati, meteoriti hanno colpito la Terra, montagne si sono formate e sono state erose.

Le rocce e i materiali della Terra forniscono **testimonianze** della storia del pianeta. I geologi studiano la natura delle diverse rocce, le tracce di vita che esse contengono e i rapporti geometrici fra i diversi ammassi rocciosi, per ricostruire gli eventi del passato della Terra.

Gli scienziati hanno imparato a «leggere» le tracce del passato della Terra studiando i processi naturali oggi in atto sul nostro pianeta. Questa esperienza è stata sintetizzata nella frase «il presente è la chiave del passato». Ma già da tempo la ricostruzione della storia della Terra ha portato ad affermare anche che «nel passato è la chiave del presente»: in altre parole, tutto quello che è oggi la Terra, dalle forme della sua superficie ai materiali che la costituiscono e alla sua struttura profonda, è frutto di lente ma continue **trasformazioni**.

Il tempo della Terra si misura in milioni e miliardi di anni. Abbiamo visto che il processo di formazione del pianeta risale a circa 4,5 miliardi di anni fa. A 4 miliardi di anni fa risalgono le rocce più antiche finora trovate, e a più di 3,5 miliardi di anni fa le più antiche tracce di vita finora scoperte.

A partire da poco più di 3 miliardi di anni fa si attiva la Tettonica delle placche.

Circa 600 milioni di anni fa compaiono forme di vita vegetali e animali più complesse. La nostra specie (*Homo sapiens*) è comparsa solo 200 000 anni fa.

La **vita** si è evoluta su una Terra dinamica, modificandola continuamente: sono stati gli organismi viventi vegetali a produrre la maggior parte dell'ossigeno presente nell'atmosfera attraverso la fotosintesi. Le testimonianze fossili permettono di seguire la storia di questi cambiamenti.

> **IMPARA A IMPARARE**
>
> Disegna una linea del tempo in cui collocare tutti gli eventi relativi all'evoluzione del pianeta citati nel testo. Prova a fare un disegno in scala, in cui a ogni segmento corrisponda sempre la stessa unità di tempo. Se alcuni eventi risultano troppo ravvicinati, pensa una soluzione per rappresentarli comunque in maniera leggibile.

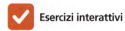 Esercizi interattivi

8. LE RISORSE DEL PIANETA

La struttura geologica del territorio ha condizionato e condiziona le attività umane per due aspetti fondamentali: la guida nella scelta di luoghi sicuri in cui vivere e il reperimento di materie prime e fonti di energia. Sono, questi, due dei compiti «applicativi» che spettano alle Scienze della Terra.

Insieme a fattori storici, politici ed economici, la distribuzione della popolazione mondiale è connessa all'influenza dell'ambiente naturale.

Abitare significa non solo disporre di aree adatte per costruire città, ma anche aprire vie di comunicazione, sviluppare centri industriali, innalzare dighe e così via. Non tutte le parti della superficie terrestre sono adatte per questi impieghi. Le Scienze della Terra, attraverso lo studio dei fenomeni naturali e delle loro relazioni, sono in grado di interpretare i segni presenti nel territorio e aiutare gli esseri umani a scegliere i luoghi più adatti in cui vivere.

Gli esseri umani trovano nel nostro pianeta le **risorse** per la loro sopravvivenza e per le loro attività in continua espansione. Le risorse comprendono una lunga serie di materiali che si possono ricavare dalla superficie terrestre e che vanno dai materiali da costruzione ai minerali, all'acqua e al suolo per usi agricoli, come pure ai combustibili fossili e a tutte le altre fonti di energia. Ma tali risorse non si trovano ovunque, anzi sono distribuite sulla Terra in maniera per nulla uniforme; inoltre, molte si trovano «nascoste» in profondità. Le risorse presenti nella crosta terrestre sono infatti il prodotto di processi geologici in parte esauriti da tempo. La storia geologica di una regione ci dice se possono essere presenti delle risorse e dove cercarle.

Le **fonti di energia** più sfruttate dall'uomo derivano da alcuni materiali che si sono accumulati attraverso processi geologici della durata media di alcune decine di milioni di anni. La rapidità con cui sfruttiamo questo tipo di risorse è incomparabilmente più elevata del ritmo della loro formazione, per cui queste sono dette risorse energetiche *non rinnovabili*; si tratta dei combustibili fossili (carbone, petrolio e gas naturale) e dei combustibili nucleari.

Una risorsa energetica si considera invece *rinnovabile* quando la sua utilizzazione avviene in un tempo confrontabile con quello necessario per la sua rigenerazione. In genere, si considerano come fonti di energia rinnovabili il Sole, il vento, le acque correnti superficiali, il calore interno della Terra e il mare (maree e moto ondoso).

> **IMPARA A IMPARARE**
>
> - Elenca le fonti di energia suddividendole fra rinnovabili e non rinnovabili.
> - Osserva i due planisferi e individua un'area in cui abbondanti riserve di petrolio si trovano in una zona scarsamente popolata e un'area in cui una popolazione molto numerosa non abbia riserve di petrolio a disposizione.
>
> ✓ Esercizi interattivi

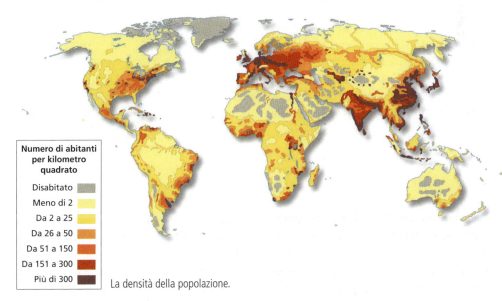

La densità della popolazione.

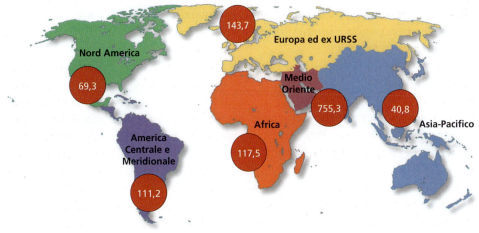

Le riserve di petrolio (in miliardi di barili).

9. RISCHI NATURALI PER GLI ESSERI UMANI

Numerosi processi naturali, come terremoti, eruzioni vulcaniche, frane e alluvioni, possono costituire un rischio per gli insediamenti e le attività umane. Le conoscenze geologiche sono indispensabili per la difesa dai rischi ambientali.

Molti rischi per gli insediamenti e la vita degli esseri umani derivano da processi naturali, come l'attività vulcanica o i movimenti della crosta terrestre che danno origine ai terremoti. La conoscenza degli aspetti geologici di tali processi consente di monitorarne la manifestazione sul territorio, per progettare un'efficace azione di **prevenzione**, sia nella messa in sicurezza degli insediamenti, sia nella predisposizione degli interventi di protezione civile. Se non si possono eliminare i **rischi naturali** si deve però cercare di ridurre il più possibile i danni che gli eventi naturali pericolosi possono produrre, per esempio costruendo edifici antisismici nelle zone a elevato rischio sismico oppure evitando gli insediamenti in prossimità di fiumi che possano straripare. Inoltre è importante evitare che le attività umane contribuiscano a far crescere la frequenza e l'intensità di fenomeni rischiosi, come nel caso delle frane, spesso favorite da interventi di disboscamento, deviazione di corsi d'acqua o intensa urbanizzazione.

Tra i geologi che lavorano sul territorio molti si occupano di rischi naturali. Per prevenire i danni che possono derivare da tali rischi, questi specialisti, in base alle conoscenze teoriche e alla raccolta diretta di dati nelle zone indiziate, studiano i processi in atto, cercano di stabilire con quale frequenza possono manifestarsi eventi pericolosi e individuano le aree a più alta probabilità che un determinato evento si verifichi. In questo senso i geologi sono vere «sentinelle del territorio».

Le Scienze della Terra, permettendo la prevenzione dei rischi, hanno acquistato una notevole **valenza sociale**. Nel rapporto con il pianeta, la via per evitare conseguenze indesiderate per il genere umano passa necessariamente attraverso lo studio dei fenomeni naturali e delle loro complesse relazioni. In molti casi il vero nemico dell'uomo non è la natura, ma l'uomo stesso, con la sua incuria, l'imprevidenza e, troppo spesso, la sua ignoranza ingiustificata. Conoscere il nostro pianeta è l'unica via per viverci meglio.

Una frana avvenuta su un versante modificato per aprire una cava in Germania.

Campagne alluvionate in Inghilterra.

Il vulcano Eldfell erutta sul villaggio di Heimaey, in Islanda, distruggendone oltre la metà.

IMPARA A IMPARARE

- A partire da quelli citati nel testo e dalla tua esperienza, fai un elenco dei rischi naturali che minacciano le comunità umane.
- Individua nel testo gli esempi di prevenzione che possono essere messi in atto nei confronti dei rischi naturali.

Esercizi interattivi

10. GLI ESSERI UMANI MODIFICANO IL PIANETA

Le comunità umane partecipano alla fitta rete di interazioni che caratterizza il sistema Terra. Il conflitto uomo-pianeta nasce quando le attività dell'uomo contrastano o ignorano i processi che regolano gli equilibri tra le varie parti del sistema.

La miniera di rame di Bingham, nello Utah (Stati Uniti d'America).

Rispetto agli altri organismi della biosfera, gli esseri umani modificano l'ambiente e gli equilibri tra le diverse componenti del sistema Terra in modo molto più profondo: prelevano enormi quantità di materie prime, sfruttano sempre più intensamente le fonti di energia, trasformano il paesaggio naturale, disperdono nell'ambiente grandi quantità di sostanze tossiche.

Quando si altera l'equilibrio di un ambiente e si innesca una trasformazione nel sistema, si parla di **problema ambientale**.

Spesso si tratta di *fenomeni naturali*, accelerati da attività antropiche che intervengono in modo dannoso sul territorio. È il caso dell'erosione del suolo, delle frane e dell'erosione delle spiagge.

Altri problemi ambientali sono quelli legati all'*inquinamento* dell'aria e delle acque. In questo caso sembrano proprio gli esseri umani i maggiori, se non gli unici, responsabili: in conseguenza di alcune attività umane, vengono immesse in circolazione sostanze in quantità e concentrazioni talmente massicce da non poter essere diluite nell'atmosfera e nell'idrosfera fino a diventare innocue. Molti scienziati ritengono che l'aumento di temperatura del pianeta registrato negli ultimi cento anni, per esempio, sia legato all'inquinamento prodotto dalle attività antropiche.

Infine lo *sfruttamento delle risorse naturali* ha un notevole impatto sull'ambiente: grandi scavi, eliminazione della copertura vegetale, inquinamento delle acque con i materiali di scarto e dell'aria con i fumi dei combustibili.

Anche se per lunghissimo tempo l'influenza degli esseri umani sull'ambiente è stata trascurabile, oggi non ci è più consentito sottovalutare l'**impatto ambientale**, ossia le conseguenze sull'ambiente delle attività antropiche. Una delle sfide principali dell'umanità è la corretta gestione dell'ambiente a livello globale, in modo da avere una qualità di vita accettabile per tutti.

La conoscenza dei processi che coinvolgono le diverse componenti del sistema Terra è indispensabile per evitare che le attività umane producano danni irreversibili al pianeta e rischi per le comunità umane. È quindi fondamentale applicare le conoscenze geologiche nella ricerca di energia e materie prime, nella difesa dai rischi ambientali e nella valutazione degli interventi sull'ambiente.

IMPARA A IMPARARE

- Evidenzia le definizioni di «problema ambientale» e «impatto ambientale».
- Rileggi i paragrafi 7, 8 e 9 e fai un elenco dei compiti applicativi che spettano alle Scienze della Terra.

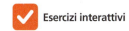 Esercizi interattivi

1 LABORATORIO DELLE COMPETENZE

1 Sintesi: dal testo alla mappa

■ **Lo studio della Terra** ha due obiettivi:
- uno *conoscitivo*, cioè capire come è fatto e come si modifica il pianeta Terra;
- uno *applicativo*, cioè fornire informazioni e strumenti per un corretto rapporto tra uomo e pianeta.

■ **Il Sistema solare** è un insieme di pianeti e altri corpi che orbitano attorno al Sole, di cui fa parte anche la Terra. Ha avuto origine circa 4,6 miliardi di anni fa per il collasso di una nebulosa.
■ In base alle caratteristiche assunte durante il processo di formazione, i **pianeti** si distinguono in *interni* ed *esterni*.

■ **L'interno della Terra** è formato da tre «gusci» concentrici, costituiti da materiali diversi: il *nucleo*, il *mantello* e la *crosta*. Attorno al globo si trova un involucro aeriforme, l'*atmosfera*.

■ **La Terra è un sistema integrato**, cioè un insieme di componenti che interagiscono strettamente tra loro, creando un *equilibrio dinamico*.
■ Le singole componenti del sistema Terra, che si possono considerare come «sfere» a stretto contatto fra loro, sono:
- la *litosfera*, cioè la Terra solida;
- l'*idrosfera*, cioè le acque superficiali e sotterranee, compresa l'acqua allo stato solido (*criosfera*);
- l'*atmosfera*, cioè l'involucro aeriforme che circonda la Terra;
- la *biosfera*, cioè tutti gli organismi che vivono sul pianeta.
■ Le dinamiche attive sulla Terra dipendono da:
- un **motore interno**, alimentato dall'energia termica che si trova all'interno del pianeta,
- un **motore esterno**, che dipende dall'energia che la Terra riceve dal Sole.
■ Il motore interno attiva i movimenti che avvengono nella litosfera tra la crosta e il mantello (**Tettonica delle placche**).
■ Il motore esterno attiva i fenomeni climatici e il modellamento del rilievo terrestre.
■ Questi processi, attivi nella litosfera, originano i diversi tipi di **rocce**.
■ La sostanza che caratterizza il nostro pianeta è l'**acqua** che, messa in moto dall'energia solare, circola fra le sfere terrestri.

■ **Un'evoluzione** durata miliardi di anni ha prodotto le caratteristiche attuali della Terra.
■ I materiali della Terra forniscono *testimonianze* grazie alle quali possiamo ricostruire le *trasformazioni* avvenute nel corso della storia del pianeta, compresa l'evoluzione della biosfera, che si desume dallo studio dei fossili.

■ **Le comunità umane** partecipano alla fitta rete di interazioni che caratterizza il sistema Terra.
■ Poiché un corretto rapporto uomo-pianeta deve basarsi necessariamente sulla *conoscenza* dei processi che regolano l'evoluzione del sistema Terra, le conoscenze geologiche devono essere applicate agli interventi dell'uomo sull'ambiente.
■ Fra i **compiti applicativi** che spettano alle Scienze della Terra vi sono:
- la scelta di *luoghi sicuri in cui vivere*,
- il reperimento di *materie prime e fonti di energia*,
- la difesa dai *rischi ambientali*,
- la valutazione dell'*impatto ambientale* degli interventi umani sulla Terra.

Riorganizza i concetti completando la mappa

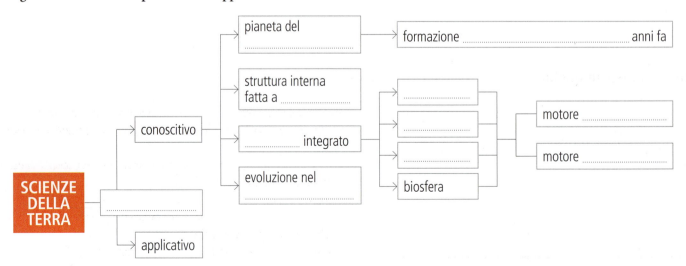

2 Rappresentare dati

I grafici

Le Scienze della Terra, come tutte le altre scienze sperimentali, si servono del linguaggio matematico per comunicare i dati raccolti osservando il mondo che ci circonda.

Un modo efficace per rappresentare i dati è l'elaborazione di grafici. Nelle scienze si utilizzano molti tipi diversi di grafico, a seconda delle informazioni che si vogliono mettere in evidenza.
Un modo intuitivo per esprimere frazioni e percentuali è quello di usare i **grafici a torta**: l'area della torta rappresenta il 100% e le singole percentuali sono rappresentate con fette di colore diverso e ampiezza proporzionale.

I **diagrammi cartesiani** sono invece grafici che mostrano come varia una grandezza il cui valore è indicato su un asse verticale (asse *y* o asse delle ordinate) al variare di una grandezza il cui valore è indicato su un asse orizzontale (asse *x* o asse delle ascisse). Ogni punto del grafico è determinato da una coppia di valori, uno per l'asse *x* e uno per l'asse *y*. Collegando i punti si ottiene una linea spezzata che fornisce una raffigurazione dell'andamento del fenomeno.

Se vogliamo confrontare fra loro i valori che assume una stessa grandezza in situazioni diverse è utile invece usare un **grafico a barre**.

▶ Completa i due grafici utilizzando i dati forniti.

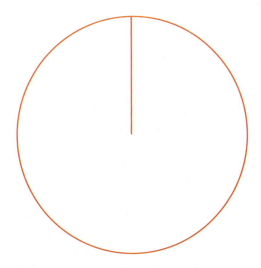

Energia elettrica da diverse fonti energetiche nel mondo:
Idroelettrica = 16%, Nucleare = 13%, Gas = 22%, Petrolio = 5%, Carbone = 41%, Altre rinnovabili = 3%

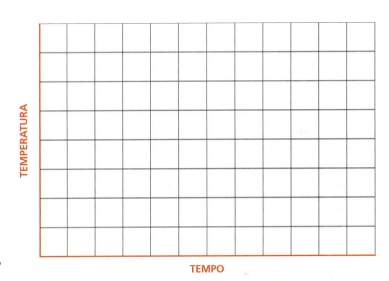

MEDIE MENSILI DELLE TEMPERATURE MASSIME A MILANO												
GEN	FEB	MAR	APR	MAG	GIU	LUG	AGO	SETT	OTT	NOV	DIC
4,0 °C	8,4 °C	14,0 °C	18,5 °C	22,6 °C	28,0 °C	31,0 °C	29,5 °C	25,0 °C	17,6 °C	10,8 °C	5,2 °C

3 Earth Science in English

Glossary

LEGGI NELL'EBOOK →

- Climatic system
- Earth's spheres
- Environmental impact
- Natural hazard
- Physical Geography
- Planet
- Plate tectonics
- Resource

Choose the term from the list below that best completes each sentence.

nuclear energy, renewable resource, non-renewable resources, geothermal energy, lithosphere, hydrosphere, atmosphere, biosphere

1. A .... is a resource that can be replaced in nature at a rate close to its rate of use.
2. Minerals are ....
3. .... is a non-renewable energy resource.
4. The Earth's spheres are the .... , the .... , the .... and the ....

Scienze della Terra per il cittadino

Il lavoro del ricercatore

Le **Scienze della Terra**, accanto alle ricerche abituali, con la ricognizione diretta sul terreno e l'aiuto di laboratori tradizionali, impiegano una ampia gamma di strumentazioni sofisticate per raccogliere e elaborare immagini e dati: come i satelliti artificiali, le navi oceanografiche e laboratori dotati di microscopi elettronici molto potenti.

Ci sono parti del nostro pianeta nelle quali non è possibile fare ricerche dirette, come per esempio una camera magmatica sotto un vulcano o strati di roccia a migliaia di kilometri sotto la superficie. Per affrontare questi problemi sono stati sviluppati metodi indiretti di analisi della struttura della Terra e della sua dinamica interna attraverso l'uso di onde sismiche artificiali, radar, sonar ed esperimenti di laboratorio sul comportamento dei materiali sottoposti a elevate temperature e pressioni.

Gli scienziati, in base alle osservazioni raccolte, elaborano ipotesi che verificano attraverso esperimenti ripetuti, come richiede il **metodo scientifico**. Sulla base delle ipotesi verificate, costruiscono modelli della Terra e dei processi che la riguardano, per spiegare al meglio le evidenze geologiche disponibili. Questi modelli vengono poi sottoposti a rigorosi controlli e messi alla prova dalla comunità scientifica internazionale; e se vengono accettati diventano teorie.

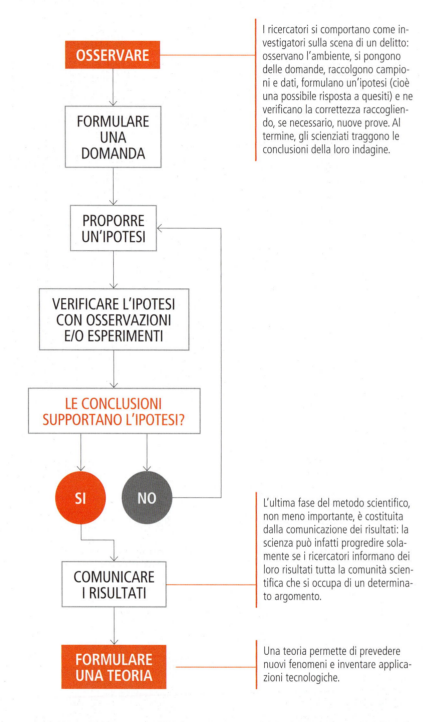

I ricercatori si comportano come investigatori sulla scena di un delitto: osservano l'ambiente, si pongono delle domande, raccolgono campioni e dati, formulano un'ipotesi (cioè una possibile risposta a quesiti) e ne verificano la correttezza raccogliendo, se necessario, nuove prove. Al termine, gli scienziati traggono le conclusioni della loro indagine.

L'ultima fase del metodo scientifico, non meno importante, è costituita dalla comunicazione dei risultati: la scienza può infatti progredire solamente se i ricercatori informano dei loro risultati tutta la comunità scientifica che si occupa di un determinato argomento.

Una teoria permette di prevedere nuovi fenomeni e inventare applicazioni tecnologiche.

RICERCA

Il metodo scientifico che abbiamo descritto, e sul quale tutt'oggi si fonda il lavoro dei ricercatori in tutto il mondo, fu elaborato diversi secoli fa. È stato Galielo Galilei, nel XVII secolo, a proporre e mettere in pratica questo metodo di indagine, allora assolutamente innovativo. Galileo lo ha applicato a diverse discipline, approdando a grandi scoperte.

In biblioteca potrete trovare notizie sulle ricerche fatte da questo grande scienziato, non soltanto nei libri di astronomia, ma anche in quelli di fisica e di filosofia.

Da queste fonti potrete raccogliere informazioni sul metodo scientifico e sulle scoperte fatte da Galileo.

Preparate un articolo di giornale in cui presentate il metodo scientifico come è stato ideato da Galileo, illustrando una delle ricerche da lui condotte, a vostra scelta.

IL SISTEMA TERRA

2 L'UNIVERSO

Che cos'è l'**Universo**? L'Universo è tutto ciò che esiste, quantità immense di materia ed energia che interagiscono da miliardi di anni, dilatandosi in spazi di cui non si conoscono i confini (e, a pensarci bene, confini con che cosa?).
L'Universo comprende oggetti visibili e invisibili ed è, secondo dopo secondo, in costante espansione. Gli scienziati hanno già compreso molto della sua storia, ma continuano a interrogarsi sulla sua evoluzione futura.

✓ TEST D'INGRESSO

📖 Laboratorio delle competenze
pagine 30-33

PRIMA DELLA LEZIONE

 Guarda il video *L'Universo*, che presenta gli argomenti dell'unità.

Immagina di dover scrivere un testo che presenti il contenuto del video a qualcuno che non lo ha ancora visto.
Riguarda il video e dividine il contenuto in 4 parti, in base agli argomenti trattati.
Scrivi una frase che possa fare da sintesi a ciascuna parte.
Unendo le 4 frasi la tua presentazione è pronta. Le daresti un titolo diverso?

Guarda le fotografie scattate durante la realizzazione di un esperimento sullo spettro della luce.

1 Accendiamo una lampadina e poniamole davanti un CD inclinato in maniera da ottenere sulla sua superficie il tipico arcobaleno di colori.

2 Osserviamo i colori prodotti da questa fonte luminosa.

3 Ripetiamo l'operazione dopo aver mascherato la lampadina con una carta rossa.

4 Ripetiamola ancora una volta dopo aver mascherato la lampadina con una carta verde.

Osservando i CD nelle fotografie 3 e 4 vediamo che la carta colorata ha lasciato passare solo alcuni colori: possiamo dire che ha assorbito alcune componenti della luce bianca lasciandone passare altre.
Qualcosa di simile accade con la luce emessa dalle stelle.
Osserva i colori in cui viene scomposta la luce emessa dalla stella Sole a confronto con quella di una lampadina. Questa volta l'immagine – chiamata spettro – è stata ottenuta con uno strumento apposito, lo spettroscopio, ma il principio sui cui esso si basa è simile a quello che abbiamo sfruttato usando il CD.
Nota che nello spettro del Sole mancano alcuni colori (le righe nere che lo attraversano).

Mantenendo l'analogia con la carta che avvolge la lampadina nell'esperimento del CD, riesci a immaginare che cosa può avere prodotto quelle righe nere?

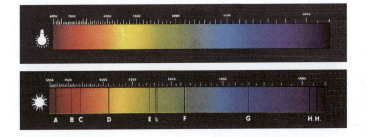

Lo spettro è una specie di impronta digitale della sorgente luminosa, che ne identifica le caratteristiche chimiche e fisiche.

Nel paragrafo 3 vedremo quali caratteristiche delle stelle sono state scoperte grazie alle informazioni contenute nella luce da esse emessa.

1. UNA SFERA NELLO SPAZIO

L'Universo è la «scena» reale in cui si muove il pianeta su cui viviamo, di cui siamo parte. Il nostro viaggio alla scoperta della Terra inizia dalle profondità dello spazio extraterrestre.

A. La porzione di cielo in cui si trova Orione, osservata a occhio nudo.

B. Immagine di Orione, come appare con un modesto cannocchiale.

C. Immagine dello spazio profondo ripresa dal telescopio spaziale *Hubble*.

Comunemente si dice che il nostro pianeta «è sospeso» o «galleggia» nello spazio. Ma sospeso *a che cosa*? Galleggia *in che cosa*?

Se dalla superficie terrestre guardiamo «verso l'esterno», in qualsiasi direzione, in un giorno sereno vediamo un'immensa volta azzurra di cui non riusciamo a immaginare le dimensioni e nella quale appare muoversi il Sole; di notte, invece, la volta celeste appare scura e «occupata» da miriadi di punti luminosi, che chiamiamo genericamente stelle. A periodi compare anche la Luna, un corpo sferico di grandezza in apparenza simile al Sole, ma opaco.

Che rapporti ci sono tra il nostro pianeta e gli altri corpi «immersi» nello spazio? Fin dove si estende questo spazio? Quanto sono lontani quei corpi e quanti sono?

Proviamo a osservare a occhio nudo una piccola porzione di cielo notturno; per esempio, quella mostrata nell'area della figura **A**. Se si contano i punti luminosi entro quell'area, dai più splendenti a quelli appena visibili, si arriva a diverse decine, anche a un centinaio, e circa 6000 guardando tutto il cielo.

Se però guardiamo la stessa area con un modesto cannocchiale, il numero dei punti luminosi visibili si moltiplica (figura **B**) e il loro totale per tutta la volta celeste sale a decine e centinaia di migliaia.

Ma in realtà sono infinitamente di più. La figura **C** rappresenta una piccolissima parte di cielo notturno, che ai normali telescopi appare completamente scura, ma nella quale il potentissimo *Hubble Space Telescope*, il telescopio in orbita intorno alla Terra, è riuscito a «vedere» una miriade di oggetti luminosi.

L'Universo appare formato da numeri sterminati di corpi, alcuni luminosi come le stelle, altri opachi come la Terra e la Luna, dispersi in uno spazio che si estende in ogni direzione.

Le distanze tra i pianeti, o ancor più quelle che separano le stelle, sono talmente grandi che per esprimerle è stato necessario definire una nuova unità di misura della lunghezza: l'**unità astronomica** (U.A.), che corrisponde a $1{,}496 \times 10^{11}$ m, la distanza media tra la Terra e il Sole.

Per esprimere poi distanze sensibilmente più grandi, è stata introdotta una seconda unità di misura: l'**anno-luce** (a.l.), che corrisponde alla distanza percorsa dalla luce in un anno, cioè $9{,}461 \times 10^{15}$ m.

IMPARA A IMPARARE

- Fai un confronto fra il numero di stelle visibili a occhio nudo nel cielo e il numero di stelle che si possono vedere utilizzando un semplice cannocchiale.
- Copia il valore delle unità di misura utilizzate per le distanze astronomiche e calcola a quante U.A. corrisponde un a.l.

Attività per capire Stima le stelle visibili a occhio nudo

Esercizi interattivi

2. L'OSSERVAZIONE DEL CIELO NOTTURNO

Osservando il cielo notturno, avrete l'impressione che la Terra sia al centro di un'enorme sfera – la Sfera celeste – sulla quale si vedono proiettate le stelle. Nel corso della notte la Sfera celeste sembra ruotare attorno a noi.

Le **costellazioni** hanno nomi che derivano dall'immagine suggerita alla fantasia dalla disposizione delle stelle, come l'Orsa maggiore o la regina vanitosa Cassiopea, personaggi della mitologia greca.

Dopo 6 ore (un quarto del giorno), la rotazione terrestre ci mostra le costellazioni ruotate di 90° (un quarto dell'angolo giro).

Se osservate il cielo notturno per almeno una mezz'ora, vedrete che le stelle si muovono tutte insieme e avrete l'impressione che la sfera – immaginaria – ruoti attorno a voi. Soltanto un punto – detto *Polo nord celeste* – resta fermo; esso si trova vicino a una stella usata da tempo come punto di riferimento: la **Stella polare**.

Se potessimo seguire per 24 ore il percorso delle stelle (cosa impossibile a causa della luce durante il dì) vedremmo che quelle ubicate nei dintorni della Stella polare compiono una rotazione completa attorno ad essa, *in senso antiorario*. Se invece osserviamo i corpi più distanti dalla Stella polare vediamo che il loro percorso è analogo a quello del Sole: sorgono da una posizione, chiamata Est, e tramontano nella direzione opposta, chiamata Ovest.

Se ci trovassimo nell'emisfero meridionale della Terra, avremmo invece l'impressione che le stelle ruotino tutte *in senso orario*, attorno a un punto che si trova nelle vicinanze di un gruppo di stelle chiamato **Croce del Sud**. Questo punto viene detto *Polo sud celeste*.

In realtà, è la Terra che ruota in senso contrario a quello apparente della Sfera celeste, girando su se stessa attorno a un asse ideale che passa per i poli terrestri e si prolunga nello spazio in direzione dei poli nord e sud celesti.

Per questa ragione, le stelle compiono una rotazione completa in un periodo di circa *24 ore*, e cioè il tempo impiegato dalla Terra per effettuare una rotazione completa attorno al proprio asse. Il moto degli astri è quindi un *moto apparente*.

Fin dall'antichità le stelle sono state associate in gruppi, per rendere più facile la loro individuazione nel cielo notturno. Questi raggruppamenti si chiamano **costellazioni**.

Esse riuniscono stelle tra loro lontanissime e indipendenti: è solo un effetto dovuto alla *prospettiva*, che fa apparire alcune stelle «associate» tra loro sullo sfondo della volta celeste.

A causa del moto di rivoluzione della Terra, il Sole sembra percorrere nell'arco di un anno un'orbita, detta **Eclittica**, che attraversa in successione le 12 costellazioni dello **Zodiaco**.

LEGGI NELL'EBOOK →
- Lo Zodiaco
- Punti di riferimento sulla Sfera celeste

IMPARA A IMPARARE
- Fai uno schema: per ogni emisfero indica il verso del moto apparente delle stelle, il punto intorno al quale appaiono ruotare, la costellazione che si trova in questo punto, la causa della rotazione apparente.
- Sottolinea tutte le informazioni che trovi sulle costellazioni.

▶ **Video** Stelle in rotazione

💡 **Attività per capire** Individua la Stella polare

✓ **Esercizi interattivi**

3. CARATTERISTICHE DELLE STELLE

Le stelle appaiono di diverso colore e di diversa luminosità, a seconda delle dimensioni, della composizione chimica, della temperatura e della distanza che ci separa. Lo studio delle radiazioni elettromagnetiche che emettono fornisce informazioni sui gas che le compongono.

La maggior parte dei punti luminosi che vediamo nel cielo notturno sono **stelle**, corpi gassosi ad altissima temperatura che emettono energia sotto forma di radiazioni elettromagnetiche, in conseguenza delle **reazioni nucleari** che avvengono al loro interno.

Gran parte della materia di una stella è formata da **idrogeno** ed **elio**; gli altri elementi chimici, tutti insieme, sfiorano il 2%.

Per conoscere la composizione chimica delle stelle si utilizza lo **spettroscopio**. Esso analizza la luce emessa dalle stelle, separando le varie radiazioni che la costituiscono in base alla lunghezza d'onda (la distanza tra un punto qualsiasi di un'onda e il suo corrispondente nell'onda seguente). Si ottiene così lo **spettro** stellare.

Lo spettroscopio più semplice è un prisma di vetro. Quando la luce emessa da una lampadina lo attraversa, essa viene scomposta in tutti i colori dell'arcobaleno; ciascun colore corrisponde a una data lunghezza d'onda componente della *luce visibile*. Il passaggio da un colore all'altro è graduale e perciò si dice che lo spettro della luce bianca è uno **spettro continuo**.

La luce stellare ha in genere uno spettro nel quale lo sfondo continuo è interrotto da alcune righe scure sottili. Esso viene detto **spettro a righe di assorbimento**.

Nello spettro di assorbimento lo sfondo continuo è prodotto dall'energia *emessa* dal nucleo della stella; le righe scure, che corrispondono a lunghezze d'onda mancanti, sono invece causate dagli strati di gas più esterni, che *assorbono* parte dell'energia. Dallo studio delle lunghezze d'onda mancanti è possibile quindi risalire agli elementi chimici presenti negli strati gassosi esterni delle stelle.

Le stelle appaiono di diverso *colore* e di diversa *luminosità*. La luminosità di un corpo celeste è descritta da una grandezza detta *magnitudine*. Il **colore** di una stella dipende dalla sua *temperatura superficiale*: stelle di colore diverso hanno temperature superficiali diverse.

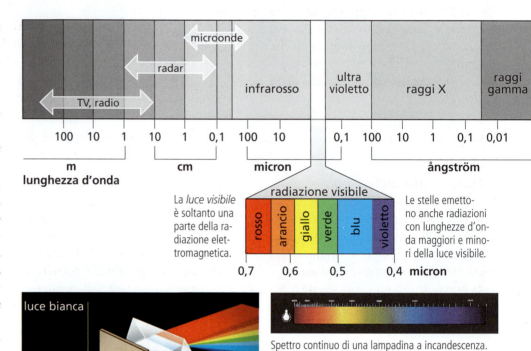

Spettro continuo di una lampadina a incandescenza.

Spettro di assorbimento del Sole.

La luce della stella deve attraversare uno strato di gas, che assorbono alcune lunghezze d'onda.

IMPARA A IMPARARE

- Individua nel testo le caratteristiche delle stelle e per ciascuna la maniera in cui viene studiata.
- Scrivi una definizione per il termine «spettro» qui considerato.

 Video Luminosità delle stelle

 Esercizi interattivi

■ Le reazioni termonucleari

Per capire che cosa accade nel centro delle stelle dobbiamo ricordare che la materia è costituita da *atomi*, al centro dei quali c'è il *nucleo*.

Nella **fusione termonucleare** 4 nuclei di idrogeno danno origine a un solo nucleo di elio. Se misurassimo le masse dei nuclei di idrogeno e di quello di elio che deriva dalla loro fusione, vedremmo che la somma non torna: 4 nuclei di idrogeno hanno massa maggiore di quella di un nucleo di elio.

Nel corso della reazione, perciò, si è avuta una lieve diminuzione della massa. La piccola quantità di materia mancante si è trasformata in una grandissima quantità di energia, secondo la formula proposta da Albert Einstein: $E = mc^2$ (dove E è l'energia emessa, m è la massa che è andata perduta e c la velocità della luce).

4 nuclei di idrogeno (1 protone ciascuno) — fusione termonucleare — 1 nucleo di elio (2 protoni, 2 neutroni) + energia

---

■ Luminosità delle stelle

Per misurare l'intensità della luce di una stella è necessario utilizzare uno strumento detto *fotometro*, che raccoglie e quantifica la luce emessa da una fonte luminosa. Ma qual è l'unità di misura della luminosità?

La luminosità di un corpo celeste è descritta dalla **magnitudine**. Nella scala della magnitudine, tra due successivi gradi esiste una differenza di luminosità pari a 2,5 volte. Attenzione però: più una stella è luminosa, più la sua magnitudine è bassa. Una stella di magnitudine 1 è quindi 2,5 volte più splendente di una stella di magnitudine 2.

Per oggetti molto luminosi sono state introdotte anche magnitudini negative: per esempio, il Sole ha magnitudine –26,8.

Tutti questi dati, però, sono forniti dall'osservazione dei corpi celesti compiuta sulla Terra. Si tratta in altri termini di una **magnitudine apparente**, che descrive la luminosità di una stella come appare, non per l'effettiva luminosità. Le stelle, infatti, possono apparire più o meno luminose anche perché sono più o meno vicino a noi.

Per confrontare la luminosità di stelle poste a distanze differenti da noi è necessario misurarne la **magnitudine assoluta**, cioè la quantità di energia luminosa effettivamente emessa.

Per fare ciò, una volta misurata la magnitudine apparente di una stella, si calcola quale magnitudine essa avrebbe se si trovasse a una distanza standard dalla Terra (fissata in 32,6 anni luce).

Si è scoperto così che Sirio, la più luminosa tra le stelle (escluso il Sole), con –1,4 di magnitudine apparente, deve la sua luminosità alla vicinanza con la Terra e la sua magnitudine assoluta è solo 1,4. Anche il Sole appare ridimensionato: la sua magnitudine assoluta è appena 4,7; se distasse 32,6 anni-luce, apparirebbe simile alle più fioche stelle che riusciamo a distinguere a occhio nudo (solo le stelle con magnitudine apparente inferiore a 6 sono visibili a occhio nudo).

Come si è detto, il *colore* delle stelle dipende dalla temperatura della loro superficie; la figura dà un'idea delle temperature, che possono variare da qualche migliaio a decine di migliaia di gradi centigradi.

Le stelle blu sono più calde di quelle bianche; la temperatura superficiale delle prime arriva a 30 000 °C, quella delle seconde a 10 000 °C. Le stelle bianche sono più calde, in superficie, di quelle gialle, che a loro volta sono più calde delle arancioni. Le stelle rosse, con la loro temperatura superficiale di 3000 °C, sono le stelle più fredde.

4. LE GALASSIE

Nell'Universo esistono grandi aggregati formati da centinaia di miliardi di stelle e da materia interstellare: le galassie. Quella in cui ci troviamo è chiamata Galassia, e comprende la fascia di stelle che conosciamo col nome di Via Lattea.

Galassia a spirale   Galassia a spirale barrata   Galassia ellittica   Galassia irregolare

Osservando con un telescopio lo spazio celeste, ci appaiono grandi vuoti e numerose macchie biancastre di varie dimensioni. Se il telescopio è abbastanza potente, si può scoprire che le macchie sono in realtà aggregati di una grandissima quantità di stelle: le **galassie**.

Negli spazi, apparentemente vuoti, che si osservano tra una stella e l'altra è diffusa la **materia interstellare** (polveri finissime e gas) spesso concentrata in *nebulose*.

Anche la Terra (con il Sistema solare) fa parte di una galassia, che comprende anche la **Via Lattea**: quella fascia biancastra, formata da un grandissimo numero di stelle, che solca la Sfera celeste. (Il termine Via Lattea può essere utilizzato per indicare tutta la nostra Galassia.)

La nostra Galassia ha la forma di un disco con un nucleo allungato, da cui partono lunghi bracci a spirale. Il suo diametro misura 100 000 a.l. circa e comprende oltre 100 miliardi di stelle.

Tutte le stelle dei bracci ruotano intorno al centro della Galassia. Anche il Sole (con tutto il Sistema solare) compie questo movimento e impiega 225 milioni di anni a fare un giro completo.

Al di fuori della nostra sono state scoperti miliardi di galassie, distanti tra loro milioni di anni luce. Ciascuna di esse è formata da centinaia di miliardi di stelle.

Le galassie differiscono per la forma e per le dimensioni. In base alla forma, che dipende dai movimenti interni alla galassia, se ne distinguono quattro tipi:
- galassie **a spirale**,
- galassie **a spirale barrata**, come quella in cui ci troviamo,
- galassie **ellittiche**,
- galassie **irregolari**.

Le galassie tendono a riunirsi in **ammassi**. Nel raggio di 3 milioni di anni luce da noi si trovano una ventina di galassie, che formano il **Gruppo Locale**. Ma si conoscono moltissimi ammassi di galassie, ciascuno formato da centinaia o addirittura migliaia di galassie, e circondato da ampi spazi «vuoti».

LEGGI NELL'EBOOK →
- La distribuzione delle galassie nello spazio
- Radiogalassie, quasar e pulsar

IMPARA A IMPARARE
- Ricopia la definizione di galassia.
- Individua ed elenca tutte le informazioni sulla nostra Galassia.

 Osservazione La Via Lattea

 Esercizi interattivi

Ricostruzione della nostra Galassia vista nel piano (ideale) su cui ruota

bracci a spirale

100 000 a.l.

Il nucleo appare circolare ai normali telescopi, ma il telescopio orbitante *Spitzer* (sensibile agli infrarossi) ha mostrato che le stelle formano una specie di «barra».

La Galassia vista «di taglio»

posizione del Sistema solare

bracci a spirale   ammassi stellari

5. LA NASCITA DELLE STELLE

Da aggregazioni di polveri e gas all'interno delle nebulose si originano le stelle. Il primo stadio di vita della stella è rappresentato dalla protostella, cui segue la fase di stella «adulta», che emette energia derivata dalla fusione termonucleare.

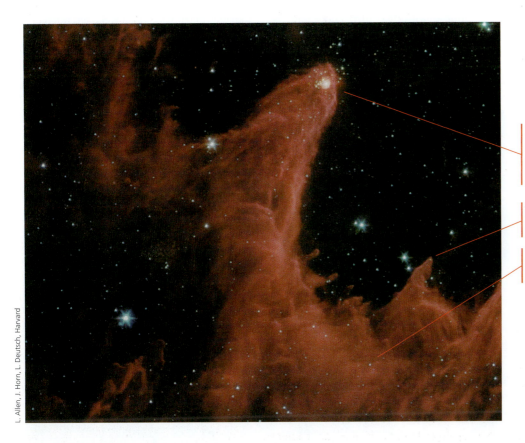

Questa immagine è stata ripresa dal telescopio *Spitzer* e rappresenta parte di una nebulosa posta nella Costellazione di Cassiopea, a 7000 anni luce da noi. L'immagine è stata realizzata con strumenti sensibili alla radiazione infrarossa, capace di penetrare la coltre di polveri e gas.

Queste strutture di gas freddi e polveri modellate dalla radiazione emessa da una stella (che si trova fuori del campo dell'immagine, in alto a destra) sono chiamate dagli astronomi le *montagne della creazione*.

I **globuli di Bok**, destinati a staccarsi e a formare nuove stelle, si trovano all'estremità di queste protuberanze.

Sono visibili centinaia di stelle in formazione (bianche e gialle) all'interno dei grandi «pilastri».

Dalle osservazioni sulle caratteristiche delle stelle è risultato evidente che esse non sono stabili e immutate ma hanno una evoluzione, che si svolge nell'arco di tempi lunghissimi (anche miliardi di anni).

Le stelle nascono nelle **nebulose**, nubi costituite da polveri finissime e gas freddi (soprattutto idrogeno, per oltre il 90%) diffuse nello spazio cosmico.

Quando all'interno delle nebulose si innescano dei moti turbolenti, le particelle della nube si avvicinano e si aggregano: si formano così zone di maggiore densità chiamate nuclei. È probabile che questo avvenga nei **globuli di Bok**, veri addensamenti di grandi quantità di polveri e gas che appaiono come nuclei oscuri e nettamente circoscritti all'interno della diffusa luminosità delle nebulose.

Se all'interno dei globuli la contrazione prosegue, l'energia delle particelle cresce, la temperatura della nube gassosa aumenta ed essa si trasforma in una **protostella**.

A causa della forza di gravità, la contrazione prosegue e il nucleo della protostella si riscalda sempre più. Se la massa iniziale è scarsa (dell'ordine di grandezza di 1/100 di quella del Sole) non si innescano le reazioni termonucleari e non si forma una stella, bensì una **nana bruna**, o «stella mancata». Se invece la massa è sufficiente, nel cuore delle stelle la temperatura è così alta (fino a 15 milioni di gradi) da innescare le reazioni termonucleari che trasformano l'idrogeno in elio e avviano l'emissione di una grande quantità di energia sotto forma di calore.

Queste emissioni di energia fanno espandere i gas verso l'esterno, fino a compensare la forza di gravità: l'astro raggiunge così una **fase di stabilità**, che può durare da milioni a miliardi di anni. A seconda delle dimensioni della stella, questa fase può durare più o meno a lungo ed essere seguita da destini differenti. Il Sole, che si trova in questa fase, ha circa 5 miliardi di anni.

LEGGI NELL'EBOOK →
- **Da protostella a stella**

IMPARA A IMPARARE
- Individua nel testo e rappresenta in uno schema le prime fasi di vita di una stella.
- Sottolinea tutte le informazioni riguardo all'andamento della temperatura in queste fasi.

6. LA VITA DELLE STELLE

La vita di una stella dipende dalla sua massa iniziale: se la massa è piccola la stella rimane meno calda e vive più a lungo; se la massa è grande diventa più calda e consuma l'idrogeno più rapidamente.

Una volta terminata la fase della formazione, la **stella «adulta»**, in fase di stabilità, emette energia derivata dalla «combustione nucleare» dell'idrogeno.

Quando quasi tutto l'idrogeno è consumato e l'elio si è accumulato nel nucleo della stella, le reazioni termonucleari rallentano. La forza di gravità non è più bilanciata dall'energia emessa dalla stella e il nucleo si contrae su se stesso. La contrazione provoca un aumento della temperatura sufficiente a innescare nuove reazioni termonuclea-

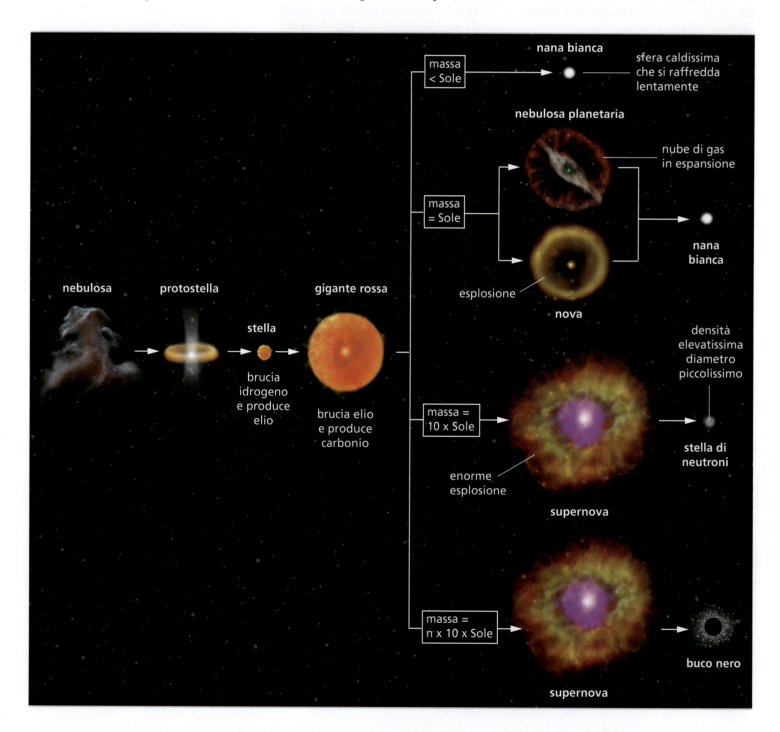

ri che trasformano l'elio in carbonio, liberando una quantità di energia maggiore di quella prodotta precedentemente. A causa dell'elevata temperatura, la superficie della stella si dilata e – allontanandosi dal centro dell'astro – si raffredda, finché la forza di gravità ferma l'espansione e si raggiunge un nuovo equilibrio. La stella è entrata così nella fase di **gigante rossa**.

Dopo la fase di gigante rossa, quando anche l'elio è esaurito, l'evoluzione stellare segue vie diverse, che dipendono dalla massa di partenza della stella.

1. Stelle con una massa iniziale *di poco inferiore a quella del Sole*, verso il termine della loro vita, collassano trasformandosi in **nane bianche**, sfere molto dense, caldissime e bianche, delle dimensioni della Terra, destinate a raffreddarsi lentamente.

2. Se la massa iniziale è *come quella del Sole o poco superiore*, prima di diventare nane bianche le stelle possono espellere i loro strati più esterni, dando origine a nubi sferiche di gas in espansione che vengono dette **nebulose planetarie**, oppure, in alcuni casi, possono esplodere in una **nova**.

3. Una stella con massa iniziale *una decina di volte* quella del Sole, collassando esplode in modo violentissimo: gran parte della stella, definita **supernova**, si disintegra ed è lanciata nello spazio. Dopo l'esplosione della supernova, il materiale che non si è distaccato assume densità elevatissima: la stella si trasforma in una **stella di neutroni**, del diametro di soli 20-30 km.

4. Stelle con massa iniziale *alcune decine di volte* quella del Sole dopo la fase di supernova continuano a collassare e possono originare i **buchi neri**.

LEGGI NELL'EBOOK →
■ I buchi neri

■ Il diagramma H-R

Luminosità e temperatura superficiale delle stelle possono essere rappresentate con un grafico – il **diagramma H-R**, dalle iniziali dei due astronomi, Hertzsprung e Russell, che lo hanno ideato – grazie al quale si è giunti a tracciare le tappe dell'evoluzione dei vari tipi di stelle.

Nel diagramma H-R le stelle non si distribuiscono a caso, ma in grandissima parte si raccolgono lungo una fascia, che attraversa diagonalmente il diagramma stesso, chiamata **sequenza principale**.

Nella sequenza principale le stelle risultano disposte secondo un ordine regolare, da quelle blu, più calde e con massa maggiore (50 volte quella del Sole) fino a quelle rosse, più fredde e di massa minore (1/10 di quella del Sole).

Il Sole si trova ora nella sequenza principale in posizione intermedia, come una *stella gialla*.

Al di fuori della sequenza principale, nella parte in alto e a destra del diagramma compaiono stelle *giganti rosse*: hanno la stessa temperatura superficiale, e quindi lo stesso colore, delle stelle rosse della sequenza principale, ma rispetto a queste sono molto più luminose. Alcune di queste stelle sono così grandi da essere chiamate *supergiganti*.

Un altro gruppo di stelle esterno alla sequenza principale è quello delle *nane bianche*, che occupa la parte in basso e verso sinistra del diagramma: hanno lo stesso colore di quelle della sequenza principale, ma sono molto meno luminose, quindi molto più piccole.

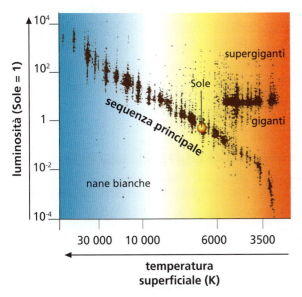

Durante la fase «adulta» una stella si trova in quella che viene detta sequenza principale del diagramma H-R: questa è la fase più stabile della sua vita.

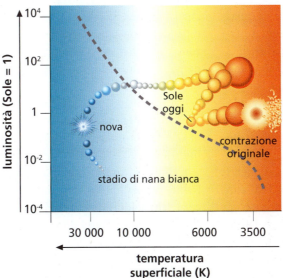

Posizioni che verrebbero occupate nel diagramma H-R da una stella, di massa simile a quella del Sole, durante la sua vita: all'estrema destra si trova la nebulosa da cui l'astro prese vita contraendosi.

IMPARA A IMPARARE

Riproduci separatamente lo schema dell'evoluzione di una stella delle dimensioni del Sole e di una stella grande decine di volte il Sole, indicando i nomi delle fasi che attraversano. Rintracciando le informazioni nel testo, aggiungi poi una breve descrizione di ciascuna fase.

 Video Il diagramma H-R

 Video L'evoluzione di una stella

 Esercizi interattivi

7. L'ORIGINE DELL'UNIVERSO

La teoria più accreditata sull'origine dell'Universo è quella dell'Universo inflazionario, che si basa sull'idea che l'Universo sia in espansione. Secondo questa teoria l'Universo ha avuto origine dall'esplosione (il «big bang») di un nucleo primordiale, seguita da una rapidissima espansione.

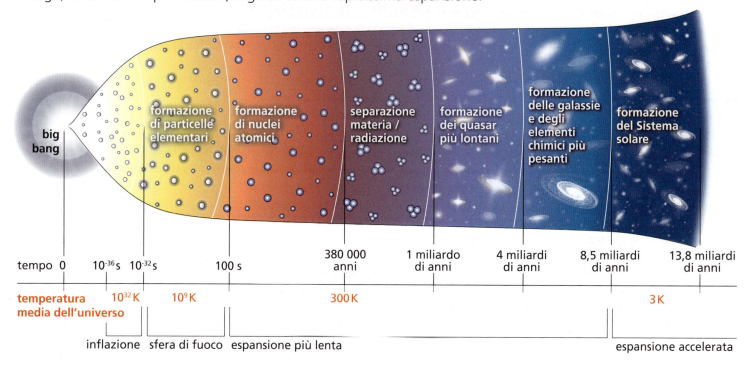

Il quadro dell'Universo che è stato fin qui ricostruito non descrive come esso è oggi, ma è un'immagine composita nella quale quanto più un oggetto è lontano, tanto più antico è l'aspetto che ne osserviamo. Oggetti lontani come quasar, radiogalassie, galassie normali potrebbero rappresentare fasi diverse dell'evoluzione della materia nell'Universo. Questo è il campo di indagine della **Cosmologia**, la scienza che studia l'origine e l'evoluzione dell'Universo. Pur basandosi su dati e ipotesi scientifiche, essa non ha modo di verificare la correttezza delle ipotesi attraverso esperimenti ripetuti.

Secondo la teoria del **big bang**, nell'istante zero (si stima 13,8 miliardi di anni fa) tutto ciò che oggi forma l'Universo era concentrato in un volume più piccolo di un atomo, con densità pressoché infinita e temperatura di miliardi e miliardi di gradi. Non sappiamo come, né perché, ma quel nucleo di energia pura è esploso (a una temperatura elevatissima) e ha cominciato a dilatarsi, creando lo spazio in cui si espandeva. Nel giro di una frazione infinitesima di secondo, il volume dell'Universo crebbe di miliardi e miliardi di volte, mentre la temperatura scese rapidamente.

Conclusa questa **inflazione** pressoché istantanea, la «sfera di fuoco» prese a espandersi con ritmo più lento e si innescarono nuovi processi di trasformazione. L'energia si condensò prima in particelle elementari (elettroni), poi in particelle maggiori (protoni, neutroni), finché, dopo i primi 3 minuti (a temperatura di 10 miliardi di kelvin), si formarono i primi nuclei atomici (idrogeno, elio).

L'Universo rimase a lungo un'impenetrabile nebbia luminosa di radiazioni e di gas (elettroni, protoni, nuclei di elio), finché, circa 380 000 anni dopo l'inizio – con temperature scese a 3000 kelvin – elettroni e nuclei si unirono, formando un gas di idrogeno e, in parte minore, elio.

Finisce così la fase della «sfera di fuoco», dominata dalle radiazioni. Da allora la materia si è separata nettamente dalla nube di radiazioni, per dare inizio alla successiva evoluzione verso corpi come le stelle. La temperatura media dell'Universo è gradualmente scesa fino a 3 K.

Scoperte recenti hanno portato a concludere che attualmente l'espansione è in accelerazione.

LEGGI NELL'EBOOK →
- La legge di Hubble
- La radiazione cosmica di fondo

IMPARA A IMPARARE
- Disegna una linea del tempo in cui collocare gli eventi chiave avvenuti dal big bang a oggi.
- Aggiungi alla tua linea tutte le informazioni sulla variazione della temperatura che trovi nel testo.

 Attività per capire Universo di studenti in espansione

 Esercizi interattivi

DOMANDE PER IL RIPASSO

PARAGRAFO 1

1. Come si può descrivere ciò che si trova «all'esterno» della Terra?
2. Quali unità di misura vengono utilizzate per le distanze astronomiche?
3. L'unità astronomica corrisponde all'ordine di grandezza di
   - A 10^{11} m.
   - B 10^{15} m.
   - C 10^{18} m.

PARAGRAFO 2

4. Quale somiglianza si riscontra fra il percorso che vediamo fare al Sole durante il dì e quello delle stelle osservabili di notte?
5. Quanto tempo impiega la Sfera celeste per compiere una rotazione (apparente) completa?
6. Se osservassimo la Terra dalla Stella polare, in che verso la vedremmo ruotare su se stessa?
7. Come si trovano il Polo nord e il Polo sud celesti?
8. Le stelle sono raggruppate in costellazioni in base
   - A alla loro distanza dalla Terra.
   - B alle figure mitiche che i Greci individuarono in esse.
   - C alla loro distanza reciproca.
9. A quale costellazione appartiene la Stella polare?
   - A Orsa Maggiore.
   - B Auriga.
   - C Orsa Minore.
   - D Dragone.

PARAGRAFO 3

10. Da che cosa sono costituite le stelle?
11. Che cos'è lo spettro a righe di assorbimento?
12. Nello spettro del Sole da che cosa sono causate le righe scure?
13. Da che cosa dipende il colore di una stella?
14. Qual è la differenza fra magnitudine assoluta e magnitudine apparente?
15. Nella fusione termonucleare, 4 nuclei di idrogeno danno origine a un nucleo di elio. La massa del nucleo di elio, rispetto alla massa complessiva dei 4 nuclei di idrogeno originari, è
    - A uguale.
    - B superiore.
    - C inferiore.
16. Completa.
    Il Sole ha magnitudine _____ −26,8 e magnitudine _____ 4,7.

PARAGRAFO 4

17. Quali e quanti tipi di galassie si distinguono in base alla forma?
18. Quale forma presenta la galassia in cui si trova il Sistema solare?
19. Quanto misura il diametro della Galassia?
20. Che cos'è la Via Lattea?
21. Le stelle comprese nella nostra Galassia sono
    - A oltre 100 milioni.
    - B oltre 10 miliardi.
    - C oltre 100 miliardi.
    - D oltre 1000 miliardi.
22. Il Gruppo Locale è
    - A una galassia.
    - B un ammasso di galassie.
    - C un superammasso di galassie.
    - D la galassia in cui si trova il Sistema solare.

PARAGRAFO 5

23. Che cos'è una nebulosa?
24. Che cos'è un globulo di Bok?
25. In quale caso avviene la formazione di una nana bruna?
26. Come si origina l'energia emessa dalla stella «adulta»?
27. Scegli l'alternativa corretta.
    I gas che compongono una stella in fase di stabilità si espandono/si contraggono.

PARAGRAFO 6

28. Da che cosa dipende la durata e l'evoluzione della vita di una stella?
29. Quali trasformazioni portano una stella a diventare una gigante rossa?
30. Quali stadi può attraversare una stella prima di raggiungere lo stadio di nana bianca?
31. Come si forma una stella di neutroni?
32. Che cosa viene rappresentato nel diagramma H-R?
33. Scegli i due completamenti corretti.
    Nel diagramma H-R il Sole attualmente si trova
    - A nella sequenza principale.
    - B fra le giganti rosse.
    - C fra le stelle gialle.
    - D fra le stelle più calde.
    - E fuori dalla sequenza principale.

PARAGRAFO 7

34. A quale tempo si riferisce l'aspetto di oggetti molto lontani nell'Universo che osserviamo oggi?
35. Qual è la caratteristica particolare della Cosmologia come scienza?
36. Secondo la teoria del big bang, quali erano le dimensioni dell'Universo nell'istante zero?
37. Che cosa si intende per «inflazione»?
38. Quanto tempo dopo il big bang si sono formate le galassie?
39. Scegli l'alternativa corretta.
    Secondo la teoria del big bang, dopo l'esplosione la temperatura cominciò a scendere/salire.

2 LABORATORIO DELLE COMPETENZE

1 Sintesi: dal testo alla mappa

- **Uno spazio** immenso, popolato da miliardi e miliardi di altri corpi «celesti», è il luogo in cui si muove la Terra.
- Per le **distanze astronomiche** vengono usate due unità di misura apposite: l'Unità Astronomica (che corrisponde a $1{,}496 \times 10^{11}$ m) e l'anno-luce ($9{,}461 \times 10^{15}$ m).

- **Nel cielo notturno** del nostro emisfero, a causa della rotazione terrestre, le stelle appaiono ruotare tutte insieme attorno alla **Stella polare** in senso antiorario.
- Per rendere più facile la loro individuazione, da sempre le stelle sono state associate in gruppi, le **costellazioni**, che riuniscono stelle in verità lontanissime tra loro.
- A causa del moto di rivoluzione della Terra, il Sole sembra percorrere nell'arco di un anno un'orbita, detta **Eclittica**, che attraversa in successione le 12 costellazioni dello **Zodiaco**.
- Le stelle presentano un caratteristico *spettro a righe di assorbimento*, dal quale si può dedurre la **composizione chimica** dello strato gassoso esterno di ciascuna stella.
- Le stelle non sono tutte uguali:
  - possono avere **dimensioni** diverse;
  - possono avere **luminosità** diversa, che viene espressa attraverso la *magnitudine* (apparente e assoluta);
  - possono essere di diverso **colore**, a seconda della temperatura superficiale.

- **Le galassie** contengono centinaia di miliardi di stelle.
- Le galassie possono avere varie forme:
  - *a spirale*,
  - *a spirale barrata*, come la Galassia (quella in cui ci troviamo),
  - *ellittiche*,
  - *irregolari*.
- Le galassie tendono a riunirsi in **ammassi** e **superammassi** che avvolgono enormi «bolle» di spazio relativamente vuoto.
- Nell'Universo sono presenti numerose **radiosorgenti**, cioè oggetti che emettono onde radio e che distano miliardi di a.l.

- **L'evoluzione delle stelle** è sintetizzata nel *diagramma H-R*, che riporta in ascisse la temperatura superficiale delle stelle e in ordinata la loro luminosità.
- Le stelle si originano dalle **nebulose**, nubi di polveri finissime e gas, che si aggregano addensandosi e formando i cosiddetti *globuli di Bok*.
- Il primo stadio di vita della stella è quello di **protostella**.
- La stella «adulta» emette energia derivata dalla *fusione termonucleare*. La durata di questa fase dipende dalla massa iniziale.
- Lo stadio evolutivo seguente è per tutte quello di **gigante rossa**.
- Le fasi successive dipendono dalla massa iniziale della stella:
  - stelle grandi circa come il Sole si trasformano in **nane bianche**, destinate a raffreddarsi e «spegnersi»;
  - stelle oltre 10 volte più grandi del Sole esplodono come **supernovae**, che evolvono generalmente in **stelle di neutroni**;
  - per stelle con massa iniziale almeno alcune decine di volte quella del Sole, si pensa che dopo l'esplosione della supernova il collasso della stella prosegua fino a formare un **buco nero**.

- **La teoria dell'Universo inflazionario** prevede che l'Universo abbia avuto origine, circa 13 miliardi di anni fa, per l'esplosione (il «**big bang**») di un nucleo primordiale, seguita da una rapidissima espansione (inflazione) che generò anche lo spazio in cui si dilatava.
- Questa teoria si basa sull'idea che l'Universo sia *in espansione*.
- A sostegno della teoria del big bang vi sono i dati relativi alla *radiazione cosmica di fondo*, una traccia della fase primordiale di espansione dell'Universo.

Il telescopio Hubble in orbita.

Riorganizza i concetti completando la mappa

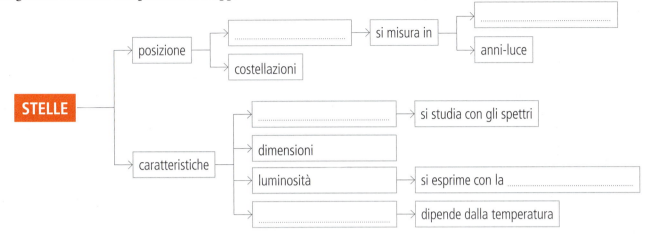

2 Riprendere i concetti studiati

L'evoluzione del Sole

Osserva questo schema che riassume l'evoluzione (ipotizzata) della stella Sole. Inserisci nella figura i nomi di tutte le fasi che conosci e indica in quale momento ci troviamo oggi. Poi scrivi una didascalia di massimo 5 righe in cui spieghi i passaggi fra le diverse fasi illustrate.

miliardi di anni

3 Comprendere un testo

L'origine degli elementi

L'energia delle stelle è dovuta a reazioni termonucleari, ma queste non producono solo energia; si originano anche nuovi elementi, come l'elio, che si forma a spese dell'idrogeno. E quando, nel passaggio della stella allo stadio di gigante rossa, il nucleo di elio collassa a sua volta, si innesca una nuova reazione termonucleare che trasforma l'elio in carbonio.

In stelle con massa maggiore di quella del Sole tali processi vanno oltre: a temperature sempre più alte nuove reazioni nucleari possono produrre via via gli elementi chimici conosciuti, fino al ferro. Perché si formino elementi più pesanti invece servono energie e condizioni che si trovano solo nelle prime fasi dell'esplosione di una supernova, quando le temperature arrivano a centinaia di milioni di gradi.

Questi elementi, appena formati e subito dispersi nello spazio dalla violenta esplosione, finiscono per mescolarsi alla materia interstellare; lo stesso effetto, anche se a scala minore, viene prodotto sia dalle esplosioni delle novae, sia dalla dispersione delle nebulose planetarie: in ogni caso, la materia derivata dall'evoluzione di una stella entra a far parte della materia interstellare, la cui composizione si arricchisce così di elementi più pesanti dell'idrogeno e dell'elio.

Poiché la materia interstellare può concentrarsi localmente a formare le nebulose, quando da una nebulosa nasce una nuova stella, gli atomi di quegli elementi vengono «riciclati» ed entrano a far parte della massa del nuovo astro. Si spiega ora perché nella composizione del Sole, che pure è ancora nella fase precoce di trasformazione dell'idrogeno in elio, si riconoscano le tracce di oltre 60 elementi: il nostro astro è una stella «di seconda mano», in cui compaiono atomi nati da antichissime esplosioni stellari; e la Terra, che si è formata insieme al Sole, come pure i nostri stessi corpi, che devono al pianeta gli atomi di cui sono composti, sono fatti in ultima analisi di «polvere di stelle»: un'espressione romantica, ma scientificamente ineccepibile.

a. Che cosa viene prodotto durante le reazioni termonucleari?
b. Che cosa avviene durante le reazioni termonucleari che caratterizzano la fase di gigante rossa?
c. In quali fasi della vita di una stella si formano elementi pesanti?
d. Perché nel Sole si trovano già oltre 60 elementi?

4 Fare una stima

Potremmo dialogare con civiltà aliene?

Nel 1974 dal radiotelescopio di Arecibo (Portorico) è stato mandato un segnale destinato all'ammasso di stelle M13, nella Costellazione di Ercole, a 25 000 anni luce da noi. Il segnale conteneva un messaggio in cui era descritta la nostra civiltà e la posizione del nostro pianeta nello spazio.

▸ Se il segnale arrivasse a destinazione, fosse compreso da una eventuale civiltà tecnologica e ci venisse inviata una risposta, in che anno la riceveremmo?

5 Preparare una relazione

La Nebulosa Aquila

Cerca informazioni su Internet sulla Nebulosa Aquila.

▸ Scrivi una breve relazione di massimo 200 parole. Utilizza le seguenti domande come traccia.
  – In quale costellazione si trova questa nebulosa?
  – A quale distanza dalla Terra si trova?
  – Quali sono le sue dimensioni?
▸ Cerca, sempre su Internet, un'immagine della nebulosa e allegala alla relazione.
  – Con quale strumento è stata osservata?
  – Usa questa informazione per corredare l'immagine con una didascalia. Ora la tua relazione è completa.

6 Fare un confronto

Le dimensioni delle stelle

Per farti un'idea delle dimensioni dei vari tipi di stella, prova a fare un disegno in scala, basandoti sui diametri riportati nella tabella qui sotto.

Sole	1 400 000 km
gigante rossa	160 000 000 km
nana bianca	13 000 km
stella neutroni	20 km
buco nero	10 km (dimensioni ipotetiche; in realtà, non avendo superficie, il buco nero non ha vere e proprie dimensioni)

▸ Ti sarai accorto che è impossibile, disegnandole su un quaderno, rappresentare contemporaneamente tutte le stelle in scala. Puoi quindi disegnarle a coppie. Parti da quella con il diametro maggiore, messa a confronto con la seconda più grande; poi disegna la seconda a confronto con la terza e così via.
▸ Ora rileggi i paragrafi in cui si parla dell'evoluzione stellare e cerca informazioni sulla densità delle stelle nelle diverse fasi di evoluzione.
  Che rapporto osservi fra i diametri e le densità?

7 Earth Science in English

🎧 **Glossary** LEGGI NELL'EBOOK →

Galaxy	Red giant
Light year	Supernova
Nebula	White dwarf
Nova	Zodiac

True or false?

1. Magnitude measures the brightness of a celestial body. [T] [F]
2. A neutron star is bigger than a white dwarf. [T] [F]
3. A black hole can swallow any form of matter, and also light. [T] [F]

Select the correct answer

4. The astronomical unit is a unit of length used in astronomy that is equal to
   - [A] the mean distance of Earth from the Sun.
   - [B] the major axis of the Solar System.
   - [C] the distance that light travels in one year in a vacuum.

5. A constellation is
   - [A] a natural grouping of stars.
   - [B] a cloud of gas and dust.
   - [C] a human invention, a pattern of stars in the sky.

6. In the HR diagram
   - [A] the distances of stars are plotted against their temperatures.
   - [B] the luminosities of stars are plotted against their temperatures.
   - [C] the luminosities of stars are plotted against their distances.

Read the text and underline the key terms

Because of its intense magnetic and gravitational fields, a neutron star can end up as a pulsar. A pulsar is a rapidly spinning neutron star (it rotates approximately 30 times per second) that gives off a beam of radio waves or other radiation from its two magnetic poles. Since the rotation is very regular, the radiation observed is in very regular pulses.

Scienze della Terra per il cittadino

La ricerca di intelligenza extraterrestre

Da sempre ci si interroga non solo sulla possibile esistenza di forme di vita nello spazio, ma anche di forme di vita intelligenti con cui si possa stabilire una comunicazione. Perciò già da tempo vengono inviati nello spazio vari tipi di messaggi destinati a eventuali intelligenze extraterrestri.

Le due sonde **Voyager,** lanciate nel 1977, portano entrambe una placca di alluminio dorato, su cui sono stati incisi schemi e disegni che dovrebbero fornire, a un alieno che dovesse recuperarla, informazioni su noi e sulla nostra posizione nell'Universo.

Nel 2010, dopo 33 anni di funzionamento continuo, Voyager 1 era giunto a 17 miliardi di kilometri dal Sole, e Voyager 2 a 14 miliardi. Le pile al plutonio a bordo delle due navicelle forniscono oramai solo la metà della potenza iniziale, ma tutto funziona bene e si spera di poter seguire i due Voyager almeno fino al 2020, quando saranno veramente «tra le stelle».

Maggiori probabilità di successo dovrebbero avere, però, messaggi inviati nello spazio come segnali radio, non solo dalla Terra, ma da altri mondi.

I radiotelescopi cercano, cioè, segnali in cui tutta l'energia è concentrata su una determinata frequenza e che non vengono prodotti da nessun fenomeno naturale noto.

Il **progetto SETI** (Search for Extra-Terrestrial Intelligence) della NASA utilizza i radiotelescopi per captare e analizzare possibili segnali radio provenienti dalle stelle.

Nel 1992 il potente radiotelescopio di Arecibo (Puerto Rico) ha iniziato a scandagliare il cielo alla ricerca di segnali radio di provenienza extraterrestre. L'anno seguente il progetto è stato sospeso a causa di una riduzione delle spese da parte del Congresso degli Stati Uniti, ma il progetto SETI non è stato abbandonato del tutto. Poco tempo dopo, grazie all'intervento di istituti di ricerca di vari Paesi, gli esperimenti sono ripresi. Anche l'Italia vi partecipa impiegando il radiotelescopio di Medicina, in provincia di Bologna.

La massa di dati da analizzare è enorme e i responsabili della ricerca hanno risolto il problema smistando i dati in «pacchetti» su milioni di personal computer privati che aderiscono al progetto SETI@*home*. I computer ricevono via Internet i dati, mentre «riposano» (quando funziona il «salvaschermo») e rispediscono nello stesso modo i dati processati. Chiunque abbia un computer collegato a Internet può partecipare al sogno di SETI, collegandosi con il sito del progetto.

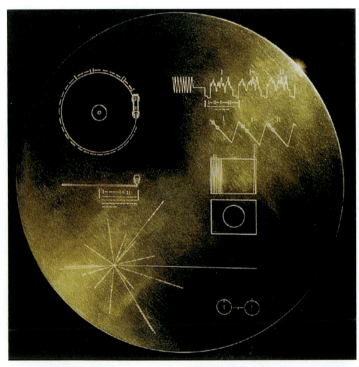

Sulla superficie del disco dorato trasportato dalle due sonde Voyager sono incise le istruzioni per vedere o ascoltare le informazioni che esso contiene. Sono informazioni destinate a illustrare la vita sulla Terra a un'eventuale civiltà aliena. Tra l'altro vi sono 115 immagini, una selezione di suoni naturali, musiche di varie civiltà e di varie epoche, un messaggio di saluto registrato in 55 lingue diverse.

PRO O CONTRO?

Dividetevi in due gruppi e approfondite, con una ricerca in Internet, il progetto legato alle sonde Voyager e il progetto SETI.

RICERCA
1. A partire dal sito http://voyager.jpl.nasa.gov/ il primo gruppo indaghi su come è stato organizzato il progetto e come è stato preparato il disco contenente informazioni sulla vita terrestre.

2. Il secondo gruppo può iniziare le sue ricerche dal sito del progetto SETI (http://www.setiathome.ssl.berkeley.edu), per rendersi conto di quali siano i risultati finora raggiunti e per scoprire come si può collaborare, da casa, con il progetto SETI@home.

ESPOSIZIONE
Ciascun gruppo dovrà preparare una relazione nella quale esporrà i risultati della ricerca svolta, che dovranno essere comunicati al resto della classe. Per questa fase, ciascun gruppo preparerà una presentazione in PowerPoint ed eleggerà un portavoce che la mostrerà alla classe.

DISCUSSIONE
Al termine delle due presentazioni avviate un dibattito confrontando i due progetti (Voyager e SETI). Quale ritenete possa essere più utile?

VALUTAZIONE
Formate di nuovo i due gruppi e all'interno di ciascuno stilate un elenco dei pregi e dei difetti che ritenete vi siano nel progetto presentato dall'altro gruppo. Un nuovo rappresentante per ciascun gruppo può presentare alla classe le osservazioni emerse e trascrivere alla lavagna schematicamente gli aspetti positivi e negativi. A questo punto votate il progetto migliore.

3 IL SISTEMA SOLARE

Il **Sistema solare** è formato da una stella di medie dimensioni, il Sole, attorno alla quale ruota un insieme di corpi celesti con caratteristiche differenti. Nella diversità dei numerosi corpi che lo formano – pianeti, asteroidi, comete – sono però evidenti le tracce di una storia comune.
Lo studio degli altri pianeti ci fornisce anche preziose informazioni sul nostro, che sembra essere, o essere stato, l'unico corpo del Sistema solare in cui si sia originata la vita così come noi la conosciamo.
(Nella fotografia, il Mons Olympus, su Marte.)

TEST D'INGRESSO

Laboratorio delle competenze
pagine 48-51

PRIMA DELLA LEZIONE

 Guarda il video *Il Sistema solare*, **che presenta gli argomenti dell'unità.**

Immagina ora di doverlo trasformare in una serie di brevissimi episodi.
Dà a ciascun episodio un titolo e un sottotitolo in forma di domande, che catturino la curiosità di chi sta per guardarlo.

0:11 - 0:31 = TITOLO **Il Sistema solare**   SOTTOTITOLO **Dove si trova?**

0:32 - 0:57 = TITOLO ....   SOTTOTITOLO ....

0:58 - 1:21 = TITOLO ....   SOTTOTITOLO ....

1:22 - 1:58 = TITOLO ....   SOTTOTITOLO ....

1:59 - 2:11 = TITOLO **Il moto dei pianeti**   SOTTOTITOLO **Da quali leggi è regolato?**

2:12 - 2:53 = TITOLO ....   SOTTOTITOLO ....

📷 **Guarda le fotografie scattate durante la realizzazione di un esperimento sull'ellisse.**

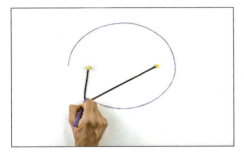
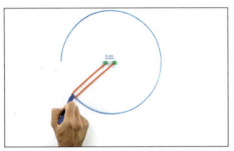
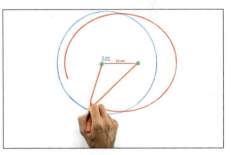

1 Possiamo disegnare un'ellisse legando uno spago a due puntine da disegno e facendo scorrere una matita sul foglio in modo da tenere lo spago in tensione.

2 Ora posizioniamo le due puntine a distanza di 2 cm e disegniamo l'ellisse usando uno spago lungo 30 cm.

3 Spostiamo solo una delle due puntine in modo che si trovi a 10 cm di distanza dall'altra e ripetiamo l'operazione ancora con lo stesso spago.

L'ellisse è la figura nel piano in cui è costante la somma delle distanze tra ogni suo punto e due punti fissi, detti fuochi (quelli che abbiamo rappresentato con le puntine).

Confronta ora l'ellisse blu e quella rossa, ottenuta aumentando la distanza tra le puntine.
È cambiata la lunghezza dell'asse maggiore (il segmento che taglia l'ellisse passando per i due fuochi)?
È cambiata la lunghezza dell'asse minore (perpendicolare al punto medio dell'asse maggiore)?

Puoi quindi dire come cambia la forma dell'ellisse se aumenta la distanza tra i fuochi:
☐ è più schiacciata;
☐ è meno schiacciata.

$$\text{eccentricità} = \frac{\text{distanza tra i fuochi}}{\text{asse maggiore}}$$

La forma dell'ellisse è descritta da un valore detto «eccentricità», che è dato dal rapporto tra la distanza fra i due fuochi e la lunghezza dell'asse maggiore. A una eccentricità maggiore corrisponde una forma più schiacciata.
Da ciò che hai visto, quale ellisse ha eccentricità maggiore?
☐ L'ellisse blu.
☐ L'ellisse rossa.

Le orbite dei pianeti del Sistema solare sono ellissi aventi il Sole in uno dei due fuochi e possono avere eccentricità diverse.
Per esempio, la Terra ha eccentricità circa 0,02 e Mercurio circa 0,21.
A quali ellissi viste sopra assoceresti le orbite di questi pianeti?

Nel paragrafo 3 vedremo inoltre che il moto dei pianeti lungo le loro orbite ellittiche rispetta leggi molto precise.

1. I CORPI DEL SISTEMA SOLARE

Il Sistema solare è composto da una serie di corpi celesti che si muovono intorno al Sole in una porzione di spazio che ha le dimensioni di una sfera con il diametro di circa 3 anni luce. Si ritiene che il Sole e gli altri corpi del sistema si siano formati a partire da circa 4,6 miliardi di anni fa.

Il Sistema solare comprende:
- il Sole, centro del sistema, in cui è concentrato il 99,85% della materia complessivamente presente;
- 8 **pianeti**;
- almeno 59 **satelliti** principali (con raggio di almeno 8 km) e molti altri minori, che ruotano intorno ai pianeti;
- migliaia di **asteroidi**, sia piccole masse concentrate in una fascia che circonda il Sole a distanze tra 2 e 3 U.A., sia corpi isolati di dimensioni maggiori con orbite allungate fin oltre i pianeti (come Plutone);
- moltissimi **meteoroidi**, frammenti di varia origine e natura, troppo piccoli per essere considerati asteroidi (anche se la distinzione tra le due categorie non è netta);
- innumerevoli masse ghiacciate che si muovono all'estrema periferia del Sistema solare, fino a 1,5 a.l. dal Sole, e che occasionalmente originano le **comete**.

Nello spazio tra i vari corpi celesti si trova inoltre, estremamente rarefatta, la cosiddetta «materia interplanetaria», formata da pulviscolo, gas e particelle atomiche libere (come protoni ed elettroni).

Nel Sistema solare si trovano pianeti molto diversi tra loro, ma con caratteristiche comuni:
- hanno una forma che è approssimabile a una *sfera*;
- *orbitano attorno al Sole* in senso antiorario (o *diretto*), anche se con tempi diversi; e questo moto è detto di *rivoluzione*;
- *ruotano attorno a un proprio asse*, anche se non tutti nello stesso senso;
- hanno l'*asse di rotazione inclinato* rispetto al piano dell'orbita, anche se con inclinazioni molto variabili.

> **IMPARA A IMPARARE**
> - Numera nel testo le caratteristiche comuni a tutti i pianeti.
> - Osserva la figura e fai un elenco dei pianeti appartenenti alle due famiglie.

Video Le dimensioni dei pianeti del Sistema solare

Esercizi interattivi

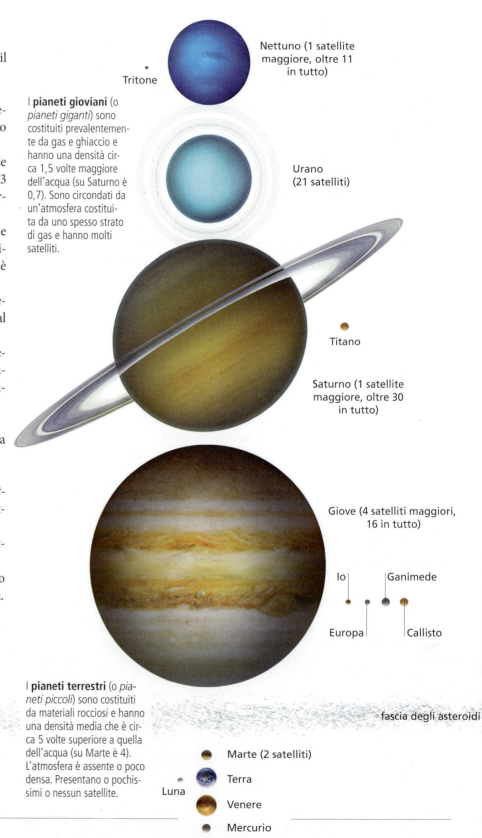

I **pianeti gioviani** (o *pianeti giganti*) sono costituiti prevalentemente da gas e ghiaccio e hanno una densità circa 1,5 volte maggiore dell'acqua (su Saturno è 0,7). Sono circondati da un'atmosfera costituita da uno spesso strato di gas e hanno molti satelliti.

I **pianeti terrestri** (o *pianeti piccoli*) sono costituiti da materiali rocciosi e hanno una densità media che è circa 5 volte superiore a quella dell'acqua (su Marte è 4). L'atmosfera è assente o poco densa. Presentano o pochissimi o nessun satellite.

Nettuno (1 satellite maggiore, oltre 11 in tutto)
Tritone
Urano (21 satelliti)
Titano
Saturno (1 satellite maggiore, oltre 30 in tutto)
Giove (4 satelliti maggiori, 16 in tutto)
Io, Ganimede, Europa, Callisto
fascia degli asteroidi
Marte (2 satelliti)
Terra
Luna
Venere
Mercurio

2. IL SOLE

Il Sole è un'enorme sfera costituita da sostanze gassose, soprattutto idrogeno ed elio. Come le altre stelle, produce un'elevatissima quantità di energia attraverso la fusione termonucleare che si verifica al suo interno.

Il Sole ha un **raggio** di 700 000 km (circa 110 volte più grande di quello terrestre), un volume di $1,4 \times 10^{18}$ km³ (1 300 000 volte quello della Terra) e una **densità media** di 1,4 g/cm³ (circa quattro volte inferiore a quella della Terra).

Il Sole emette in un solo secondo più energia di quanta l'intera umanità ne abbia consumata in tutta la sua storia. La trasformazione dell'idrogeno del nucleo solare in elio è in atto da almeno 5 miliardi di anni e si ritiene che ne saranno necessari ancora altrettanti prima che l'idrogeno si esaurisca.

In questi ultimi decenni, i dati raccolti da numerosi osservatori hanno permesso di individuare la *struttura esterna* del Sole, cioè quella visibile. Le leggi della Fisica, applicate ai dati noti (dimensioni, massa, densità ecc.), hanno consentito di ipotizzarne la *struttura interna*.

Per comodità di esposizione, possiamo suddividere la struttura del Sole in una serie di involucri concentrici, pur tenendo presente che, essendo tutti gassosi, non esistono tra di essi dei limiti precisi.

Dall'interno verso l'esterno distinguiamo:
- il **nucleo**,
- la **zona radiativa**,
- la **zona convettiva**,
- la **fotosfera**, che è la superficie del Sole.

L'atmosfera è distinta in due strati:
- la **cromosfera**,
- la **corona**.

LEGGI NELL'EBOOK →
- L'attività solare

IMPARA A IMPARARE
Riassumi in una tabella le parti in cui può essere suddiviso il Sole, dalla più interna, indicando nome, spessore e caratteristica principale.

▶ Video L'interno del Sole e la sua superficie

✓ Esercizi interattivi

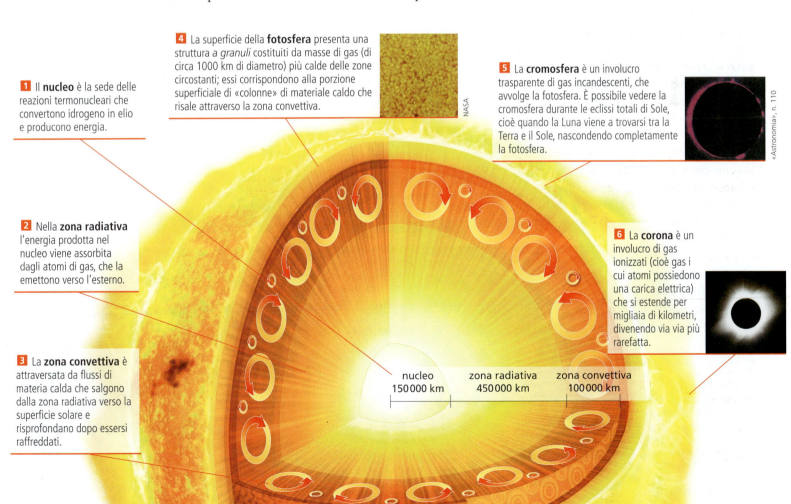

1 Il **nucleo** è la sede delle reazioni termonucleari che convertono idrogeno in elio e producono energia.

2 Nella **zona radiativa** l'energia prodotta nel nucleo viene assorbita dagli atomi di gas, che la emettono verso l'esterno.

3 La **zona convettiva** è attraversata da flussi di materia calda che salgono dalla zona radiativa verso la superficie solare e risprofondano dopo essersi raffreddati.

4 La superficie della **fotosfera** presenta una struttura *a granuli* costituiti da masse di gas (di circa 1000 km di diametro) più calde delle zone circostanti; essi corrispondono alla porzione superficiale di «colonne» di materiale caldo che risale attraverso la zona convettiva.

5 La **cromosfera** è un involucro trasparente di gas incandescenti, che avvolge la fotosfera. È possibile vedere la cromosfera durante le eclissi totali di Sole, cioè quando la Luna viene a trovarsi tra la Terra e il Sole, nascondendo completamente la fotosfera.

6 La **corona** è un involucro di gas ionizzati (cioè gas i cui atomi possiedono una carica elettrica) che si estende per migliaia di kilometri, divenendo via via più rarefatta.

nucleo	zona radiativa	zona convettiva
150 000 km	450 000 km	100 000 km

3. LE LEGGI CHE REGOLANO IL MOTO DEI PIANETI

A causa della forza di attrazione gravitazionale i pianeti si muovono attorno al Sole percorrendo orbite ellittiche con una velocità variabile, che dipende dalla loro posizione sull'orbita.

Nei primi anni del XVII secolo l'astronomo tedesco *Johannes Kepler* (1571-1630, chiamato solitamente Keplero), partendo dalle osservazioni di altri astronomi che lo avevano preceduto, descrive il moto dei pianeti, mediante tre leggi.

1. La **prima legge di Keplero** afferma che: *i pianeti si muovono su orbite ellittiche aventi il Sole in uno dei fuochi.*

Un pianeta si trova quindi a distanze diverse dal Sole durante il proprio moto di rivoluzione. Il punto in cui la distanza è minima è detto *perielio*; quello in cui è massima è detto *afelio*.

2. La **seconda legge** dice che: *il segmento che congiunge un pianeta con il Sole percorre aree uguali in tempi uguali.*

Il segmento che congiunge il Sole con un pianeta è chiamato *raggio vettore*; via via che il pianeta si muove sull'orbita, il raggio vettore «spazza» nello stesso intervallo di tempo superfici che hanno la stessa area. Aree uguali corrispondono a tratti dell'orbita diversi: più corti quando il pianeta si trova in un punto dell'orbita lontano dal Sole e più lunghi quando il pianeta si trova in un punto dell'orbita vicino al Sole. Perché questi tratti dell'orbita diversi siano percorsi nello stesso intervallo di tempo bisogna dunque che il pianeta si muova a una velocità minore quando è distante dal Sole e a una velocità maggiore quando si trova più vicino.

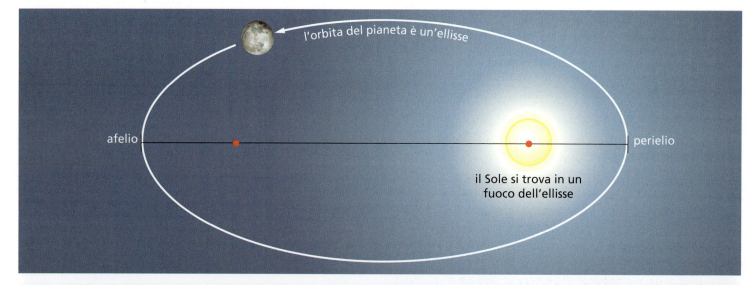

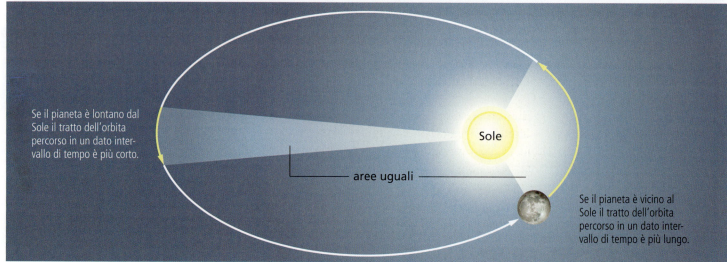

3. La **terza legge** dice che: *i quadrati dei tempi impiegati dai pianeti a compiere le loro orbite sono proporzionali ai cubi dei semiassi maggiori delle orbite.*

La legge mette cioè in relazione il tempo impiegato da un pianeta a percorrere l'orbita intorno al Sole con la sua distanza da esso. Maggiore è la distanza media di un pianeta dal Sole, più lungo sarà il suo periodo di rivoluzione e minore la sua velocità media.

Keplero però non individuò quali forze costringessero i pianeti a muoversi secondo queste leggi. Fu Isaac Newton (1642-1727) a darne una spiegazione: egli intuì che deve esistere una forza attrattiva i cui effetti si manifestano sia nella caduta degli oggetti sulla Terra, sia tra i corpi celesti.

IMPARA A IMPARARE

Utilizzando esclusivamente i testi che trovi nelle tre figure, riformula in versione semplificata le tre leggi di Keplero.

 Video Le leggi di Keplero

 Esercizi interattivi

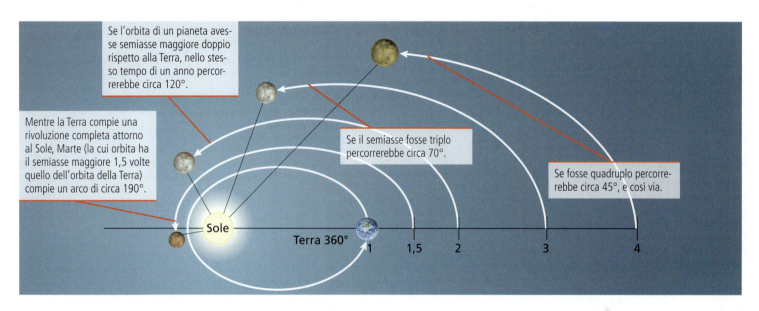

La legge della gravitazione universale

Grazie agli studi compiuti da Galileo sull'inerzia, Newton capì che i pianeti sono trattenuti da una forza che bilancia la forza centrifuga, la quale è dovuta al moto di rivoluzione. Il contributo più importante di Newton fu quello di stabilire che questa forza attrattiva è la stessa che è responsabile della caduta degli oggetti sulla Terra.

Newton descrisse le caratteristiche della forza attrattiva formulando la **legge della gravitazione universale**: *due corpi si attirano in modo direttamente proporzionale alle loro masse* (maggiore è la massa, maggiore è anche la forza di attrazione) *e inversamente proporzionale alla loro distanza elevata al quadrato* (maggiore è la distanza tra i due corpi, molto minore è la forza di attrazione). Essa vale per qualsiasi coppia di corpi, dipendendo unicamente dalle loro masse e dalla loro distanza.

Applicata al Sistema solare, la legge diventa: ciascun pianeta è attratto verso il Sole con una forza direttamente proporzionale alla massa del Sole e alla massa del pianeta, e inversamente proporzionale al quadrato della sua distanza dal Sole.

La medesima forza agisce sia sulla Terra, sia sul Sole, ma la grande differenza di massa fa sì che ne vediamo l'effetto solo sul corpo di massa minore, cioè la Terra, e possiamo quindi assumere che il Sole sia fermo e la Terra vi giri intorno.

L'attrazione impedisce al pianeta di muoversi in linea retta e di perdersi nello spazio, e lo costringe in pratica a «curvare» continuamente la propria orbita verso il Sole, in un «gioco di equilibrio» tra l'attrazione gravitazionale e il moto di rivoluzione, il cui risultato è l'orbita ellittica. Se non esistesse la forza attrattiva i pianeti si muoverebbero in linea retta con velocità costante, allontanandosi dal Sole. Viceversa, se non fossero dotati di una velocità sufficiente per restare in orbita «cadrebbero» sulla stella.

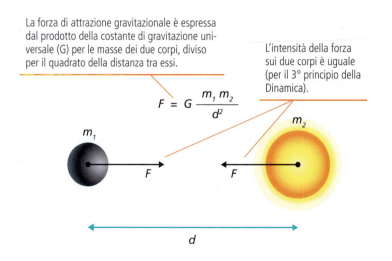

La forza di attrazione gravitazionale è espressa dal prodotto della costante di gravitazione universale (G) per le masse dei due corpi, diviso per il quadrato della distanza tra essi.

L'intensità della forza sui due corpi è uguale (per il 3° principio della Dinamica).

$$F = G \frac{m_1 m_2}{d^2}$$

UNITÀ 3 Il Sistema solare

4. I PIANETI TERRESTRI

I quattro pianeti più vicini al Sole sono detti pianeti «piccoli» o «terrestri»; hanno caratteristiche comuni che derivano dall'evoluzione che hanno seguito quando il Sistema solare si è formato.

Mercurio, poco più grande della Luna, è il pianeta più vicino al Sole. È praticamente privo di atmosfera e ha la più forte escursione termica fra il dì e la notte (da +425 a –175 °C).

Mercurio, **Venere**, **Terra** e **Marte** formano la fascia di pianeti più vicini al Sole e sono detti *pianeti terrestri*. Dal punto di vista della composizione, i pianeti di questo tipo sono costituiti in prevalenza da materiali solidi (rocce e metalli).

A causa della vicinanza del Sole e delle piccole dimensioni, Venere, Terra e Marte riescono a trattenere solo le molecole dei gas più pesanti e le loro atmosfere sono frazioni piccolissime delle loro masse totali. Mercurio, che è il più interno, è addirittura privo di atmosfera.

Questi pianeti differiscono invece tra loro – sia pure in misura ridotta rispetto al gruppo dei pianeti di tipo gioviano – per massa e grandezza, e per la distanza di ciascuna delle loro orbite rispetto al Sole. E dalla distanza dal Sole dipende la quantità di energia che raggiunge ciascun pianeta, e quindi la sua temperatura superficiale.

Tra i pianeti terrestri, la Terra ha un satellite, Marte ne ha due, mentre Mercurio e Venere nessuno.

I pianeti di tipo terrestre sono tutti visibili a occhio nudo dalla Terra.

Venere è l'oggetto più luminoso nel cielo notturno dopo la Luna e ha dimensioni, densità e una distanza dal Sole simili alla Terra. È avvolto da una densa atmosfera a causa della quale le temperature sono sempre sopra ai 400 °C.

I tre quarti della superficie della **Terra** sono ricoperti dalle acque; per questo motivo è chiamata «il pianeta blu».

> **IMPARA A IMPARARE**
>
> Fai un elenco dei pianeti terrestri in ordine di distanza crescente dal Sole e per ciascuno indica le due caratteristiche che ti sembrano più rilevanti.

 Video I pianeti di tipo terrestre

 Esercizi interattivi

Marte è detto il «pianeta rosso» a causa degli ossidi di ferro presenti nelle sue rocce che lo fanno apparire di questo colore.

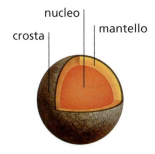

■ Mercurio

Mercurio è il pianeta più piccolo del Sistema solare: ha un raggio equatoriale di 2440 km.

Il suo tempo di rivoluzione intorno al Sole è di 88 giorni, mentre compie una lenta rotazione sul proprio asse in quasi 59 giorni. La combinazione dei due moti fa sì che su Mercurio il dì (periodo di illuminazione) e la notte durino quasi tre mesi ciascuno.

A causa della vicinanza al Sole e della lunga durata del periodo di illuminazione, la temperatura sul lato esposto alla luce solare sale a 425 °C. Sul lato opposto la temperatura scende invece a −175 °C: è il pianeta con la più forte escursione termica tra il dì e la notte, fenomeno accentuato dal fatto che esso è praticamente privo di atmosfera.

L'involucro esterno di Mercurio è formato da rocce fortemente modellate dai *crateri d'impatto*, dovuti alla caduta di meteoriti che hanno raggiunto la superficie ad altissime velocità, dato che non esiste un'atmosfera in grado di rallentarle.

All'interno del pianeta è presente un grosso nucleo costituito da materiali più densi (probabilmente metalli).

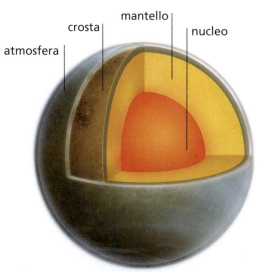

■ Venere

Nonostante le dimensioni (ha un raggio equatoriale di 6052 km) e la densità di Venere siano simili a quelli della Terra, Venere è un pianeta «caldo», poiché avvolto da un'atmosfera formata soprattutto da anidride carbonica. L'anidride carbonica è infatti un gas in grado di trattenere il calore emesso dalla superficie del pianeta, una volta che questa è stata riscaldata dal Sole (questo fenomeno si chiama *effetto serra* e si verifica, in misura minore, anche sulla Terra). Sulla superficie di Venere, pertanto, la temperatura arriva fino a 460 °C, sia durante il dì, sia di notte.

La parte più alta dell'atmosfera del pianeta è continuamente agitata da forti venti.

Venere ha un periodo orbitale di circa 225 giorni, mentre ruota su se stesso in 243 giorni.

Sotto una pesante coltre di nubi, il pianeta nasconde una superficie rocciosa che mostra strutture complesse: rilievi, vulcani, crateri d'impatto e depressioni.

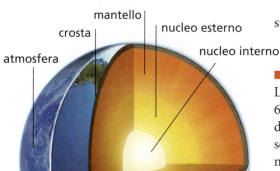

■ Terra

La Terra è il pianeta di maggiori dimensioni fra i piccoli, con un raggio equatoriale di 6378 km. Ruota su se stessa in circa 24 ore, mentre il periodo di rivoluzione attorno al Sole dura poco più di 365 giorni. Analogamente agli altri pianeti terrestri, ha una struttura a gusci concentrici. Esamineremo nel dettaglio le caratteristiche del nostro pianeta e dei suoi movimenti nella prossima unità.

■ Marte

Ci sono diverse analogie tra questo pianeta e la Terra. Marte ha un raggio equatoriale di 3397 km, poco più della metà di quello terrestre, e la durata del giorno (24 ore e 40 minuti) è circa uguale a quella sulla Terra.

Come sul nostro pianeta (a causa dell'inclinazione dell'asse di rotazione), su Marte esistono le stagioni; ma dato che esso impiega 687 giorni terrestri a compiere un giro intorno al Sole, tali stagioni durano quasi il doppio delle nostre.

Ai poli sono visibili due calotte di ghiaccio; ma, a differenza di quelle terrestri, esse si allargano e si restringono visibilmente durante l'anno. Marte possiede infatti un'atmosfera molto rarefatta, limitatamente in grado di trattenere il calore. La sua temperatura media superficiale è di −55 °C.

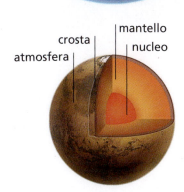

La superficie del pianeta è stata modellata da numerosi processi: bombardamento meteoritico, attività vulcanica, movimenti della crosta, erosione (da parte dell'acqua, un tempo presente, del vento e del giaccio) e deposizione dei materiali erosi.

5. I PIANETI GIOVIANI

I pianeti di tipo gioviano, detti anche pianeti giganti, occupano la zona più esterna del Sistema solare e sono separati dai pianeti più vicini al Sole dalla fascia degli asteroidi.

La fascia di pianeti del Sistema solare più lontani dal Sole è composta da **Giove** (da cui prendono il nome come gruppo), da **Saturno**, **Urano** e **Nettuno**. Sono formati principalmente da gas (idrogeno ed elio) e ghiacci (d'acqua, metano e ammoniaca).

La grande massa dei pianeti gioviani e le basse temperature, dovute alla distanza dal Sole, fanno sì che essi presentino atmosfere dense e spesse. Queste atmosfere, soprattutto su Giove e Saturno, sono agitate da giganteschi movimenti convettivi che trascinano verso l'alto grandi nubi, visibili come larghe fasce chiare e scure parallele all'equatore. Grandi macchie di forma ovale interrompono le fasce e corrispondono a perturbazioni cicloniche, vastissimi vortici percorsi da venti di enorme violenza. Hanno numerosi satelliti e anelli di polveri e ghiacci.

Plutone, considerato a lungo il pianeta più distante, fa parte invece dei grandi asteroidi che orbitano oltre Nettuno.

Osservandoli dalla Terra, tra i pianeti di tipo gioviano sono visibili a occhio nudo soltanto Giove e Saturno; gli altri due sono troppo lontani e perciò non erano noti agli antichi.

Giove è il più grande pianeta del Sistema solare: nonostante sia molto distante, lo si può vedere bene nel cielo notturno. L'atmosfera di Giove è ricca di nubi, che danno al pianeta il suo aspetto caratteristico. Qui è visibile la parte illuminata del satellite più vicino (Io).

Saturno è il pianeta meno denso del Sistema solare. La sua caratteristica più evidente sono i numerosi anelli che lo circondano.

La particolarità di **Urano** è quella di possedere un asse di rotazione parallelo al piano dell'orbita.

Nettuno è il pianeta più lontano dal Sole. È stato scoperto solo nel 1846.

> **IMPARA A IMPARARE**
>
> Fai un elenco dei pianeti gioviani in ordine di distanza crescente dal Sole e per ciascuno di essi indica le due caratteristiche che ti sembrano più rilevanti.

 Video I pianeti di tipo gioviano

 Esercizi interattivi

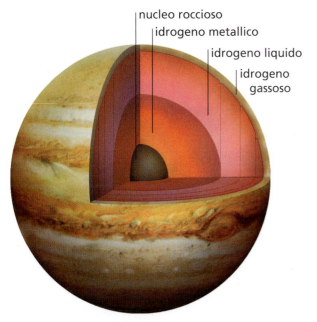

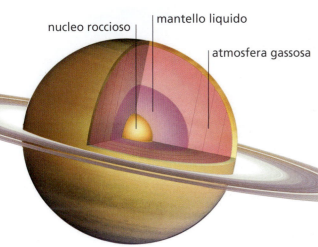

■ Giove

Giove ha un raggio equatoriale di 71 492 km (circa 11 volte quello terrestre) e la sua massa è ben 320 volte quella del nostro pianeta. Compie una rivoluzione attorno al Sole in poco meno di 12 anni terrestri e ruota su se stesso molto rapidamente: in 10 ore scarse.

Giove ha un'atmosfera formata da idrogeno (85%) e da elio (circa 15%), con piccole quantità di metano, ammoniaca, acqua e zolfo.

La temperatura media della superficie visibile è di −153 °C.

L'atmosfera di Giove è ricca di nubi che, per l'alta velocità di rotazione del pianeta, prendono la forma di bande disposte lungo l'equatore.

La superficie di Giove è un oceano di idrogeno liquido, esteso a tutto il pianeta. A profondità elevate (circa 60 000 km) c'è probabilmente un nucleo di rocce e metalli pesanti.

Attorno a Giove ruotano oltre 30 satelliti: i 4 più grandi (Io, Europa, Ganimede, Callisto) furono osservati da Galileo nel 1610 e sono detti quindi *satelliti galileiani*. Il pianeta è inoltre circondato da alcuni anelli.

■ Saturno

Ha un raggio equatoriale di 60 268 km e compie una rotazione in poco più di 10 ore. Il suo periodo di rivoluzione attorno al Sole è di circa 30 anni terrestri.

Come Giove, è formato da un grosso involucro di gas (con temperature medie in superficie di −185 °C) che avvolge un nucleo di idrogeno liquido e sulla sua superficie mostra nubi disposte a bande, trascinate da forti venti.

Presenta un sistema di *anelli* la cui larghezza supera i 200 000 km. Questi anelli sono formati da miriadi di frammenti di ghiaccio e polvere con dimensioni variabili dal millimetro cubo al metro cubo, ognuno in rotazione intorno al pianeta su una propria orbita. Saturno ha inoltre circa 45 satelliti.

■ Urano

Anche Urano, come Saturno, ha degli anelli di polveri e ghiaccio che lo circondano. Poiché ha l'asse di rotazione parallelo al piano dell'orbita, Urano volge al Sole alternativamente un polo e poi l'altro. Impiega circa 84 anni terrestri a compiere un giro intorno al Sole, per cui nelle zone polari il dì e la notte si alternano ogni 42 anni.

Urano ha un raggio equatoriale di 25 559 km. Un'atmosfera di idrogeno, elio e metano avvolge il pianeta, che è freddissimo a causa dell'enorme distanza che lo separa dal Sole (temperature medie sempre inferiori ai −200 °C). Sotto l'atmosfera si estende un oceano formato dalle stesse sostanze che costituiscono l'atmosfera.

■ Nettuno

Il pianeta ruota su se stesso in circa 16 ore e impiega quasi 165 anni terrestri per completare un giro attorno al Sole. Come su Urano, la temperatura sulla superficie del pianeta è inferiore ai −200 °C.

Nettuno ha un raggio equatoriale di 24 766 km. È costituito da un profondo oceano di metano liquido, ricoperto da una densa atmosfera gassosa di colore verde-azzurro, formata da idrogeno e metano, e agitata da venti che superano i 2000 km/h di velocità.

Intorno al pianeta ruotano 3 anelli, meno visibili di quelli di Saturno, e 8 satelliti.

6. I CORPI MINORI

Pianeti e satelliti non sono gli unici componenti del Sistema solare: intorno al Sole ruotano innumerevoli altri corpi, con dimensioni dal centimetro ad alcune decine di kilometri, su orbite prossime a quelle dei pianeti o a distanze di oltre 1,5 a.l.

L'asteroide gigante Vesta, il cui diametro medio misura 530 km.

Il Meteor Crater, nel deserto dell'Arizona (USA), è una cavità ampia 1200 m e profonda 180, prodotta dalla collisione di un meteorite, avvenuta circa 22 000 anni fa alla velocità di 60 000 km/h.

La Cometa Hyakutake ripresa da un telescopio nel 1996.

I corpi minori del Sistema solare si possono suddividere, per l'aspetto con cui ci si rivelano, in tre gruppi che sono comunque strettamente collegati tra loro per l'origine e l'evoluzione.

1. Gli **asteroidi** sono corpi rocciosi delle dimensioni di alcune decine di km, costituiti dallo stesso materiale da cui si è formato il Sistema solare, di cui hanno conservato la composizione originaria. In gran parte si trovano tra le orbite di Marte e Giove, dove formano la **fascia degli asteroidi**. Un migliaio circa ruota con stabilità nell'orbita di Giove. Altri infine ruotano su orbite molto allungate, che giungono fino oltre quelle di Nettuno (fra questi c'è Plutone).

2. Meteore e meteoriti sono corpi rocciosi, in orbita intorno al Sole, troppo piccoli per essere chiamati asteroidi. Quando uno di questi oggetti incontra l'orbita terrestre viene attratto e attraversa l'atmosfera del nostro pianeta. A seconda delle dimensioni del corpo possono verificarsi due casi.

- Se il corpo è molto piccolo, l'attrito con l'atmosfera lo rende incandescente e lo fa evaporare dando origine a una scia luminosa che viene chiamata *meteora* o *stella cadente*.
- Se il corpo è abbastanza grande, non viene completamente consumato dall'attrito e quindi arriva al suolo con un impatto violentissimo, venendo chiamato in questo caso *meteorite*.

3. Le **comete** sono costituite da gas e vapori congelati (acqua, metano, ammoniaca, anidride carbonica), misti a frammenti di rocce e metalli. Esse si muovono lungo orbite allungate, molte delle quali arrivano ben oltre Nettuno. Possono però giungere in vicinanza del Sole, divenendo visibili, poiché le radiazioni fanno sublimare i gas congelati, che trascinano con sé le polveri imprigionate nei ghiacci.

LEGGI NELL'EBOOK →

- La Nube di Oort e la Fascia di Kuiper

IMPARA A IMPARARE

Costruisci una tabella indicando, per ogni tipo di corpo minore: composizione, dimensioni, posizione, movimenti.

 Osservazione Le stelle cadenti

 Esercizi interattivi

Le comete

Quando queste masse di gas e vapori congelati si avvicinano al Sole, attorno al **nucleo** – che può avere un diametro di alcuni kilometri – si forma un alone rarefatto e luminoso, la **chioma**. Successivamente, in quasi tutte le comete si sviluppa la **coda**, un velo brillante che si allunga per milioni di kilometri in senso opposto alla direzione del Sole, provocato dal pulviscolo e dai gas ionizzati spinti dalla radiazione solare.

A ogni passaggio intorno al Sole, quindi, la cometa perde una parte della propria massa (in alcuni casi con la rapidità anche di molte tonnellate al secondo) e col tempo diviene meno luminosa, fino a estinguersi dopo un certo numero di passaggi intorno alla nostra stella.

Le orbite delle comete sono tali per cui possono passare anche secoli fra un passaggio vicino al Sole e il successivo.

La più famosa tra le comete con breve periodo di ritorno è la Cometa di Halley, le cui apparizioni periodiche si verificano ogni 76 anni e hanno avuto ormai innumerevoli testimoni; tra questi vi fu anche Giotto: alla Cometa di Halley il pittore si ispirò quando dipinse la stella nell'affresco *L'adorazione dei Magi* (nella cappella degli Scrovegni, a Padova).

CHE COSA VEDE L'ASTRONOMO

La Cometa Hale-Bopp (1997)

Le ricerche di tracce di vita nelle comete

Dai risultati di varie missioni spaziali e di osservazioni dalla Terra, gli astronomi hanno trovato tracce, in alcune comete, di sostanze organiche essenziali per la vita come noi la conosciamo.

La sonda *Rosetta*, lanciata dall'ESA nel 2004 con l'obiettivo di studiare la Cometa 67P/Churyumov-Gerasimenko, verificherà la presenza su di essa di composti organici complessi.

Nel frattempo sono stati analizzati alcuni granuli di polvere raccolti dalla sonda *Stardust* nell'attraversare la coda della Cometa Wild 2 e paracadutati in seguito sulla Terra nel gennaio del 2006.

In alcuni dei granuli esaminati sono stati trovati minerali cristallizzati, il che vuol dire che il granulo è passato allo stato fuso (almeno 1500 °C) prima di raffreddarsi e cristallizzare. Parte del materiale delle comete si sarebbe formato, quindi, in prossimità del Sole, per essere poi scaraventato ai confini del sistema, dove si è mescolato ai più abbondanti granuli freddi. Ancor più importante è la scoperta, nella polvere della cometa, di un composto organico – la *glicina* – che è un costituente delle proteine.

Ricercatori in un laboratorio del Johnson Space Center, a Washington, ispezionano campioni di materiali, raccolti dalla missione *Stardust*, provenienti dalla coda della Cometa Wild 2.

7. MISSIONI SPAZIALI RECENTI

Negli ultimi vent'anni le conoscenze geologiche sui pianeti del Sistema solare si sono grandemente accresciute, grazie agli sviluppi tecnologici e scientifici. Numerose sonde sono state inviate in orbita attorno ai pianeti e ai loro satelliti e stanno fornendo moltissime informazioni.

L'importanza delle missioni spaziali è rilevante: dalla ricostruzione dell'evoluzione geologica degli altri pianeti del Sistema solare è possibile effettuare analisi comparative con la Terra, ricavando inferenze e deduzioni importanti che ci permettono di conoscere meglio il nostro pianeta.

Vediamo quali sono alcune delle missioni più importanti degli ultimi anni, oltre a quella della sonda *Rosetta*, già ricordata.

1. La sonda *Cassini-Huygens* è in orbita intorno a Saturno dal 2004. Nel 2005 il modulo Huygens si è posato sul satellite Titano, e ha confermato la presenza di laghi di metano liquido. La sonda continuerà a inviare dati sul pianeta e i suoi satelliti e anelli fino al 2017, quando finirà con un «tuffo» nell'atmosfera di Saturno.

2. La sonda *Dawn* («alba») è stata inviata verso la fascia degli asteroidi, dove ha raggiunto e cartografato l'asteroide Vesta, per ripartire alla fine del 2012 verso un altro asteroide, Cerere, destinazione finale nel 2015. L'analisi della superficie di Vesta, costellata di crateri da impatto, ha messo in evidenza la presenza di rocce che testimoniano che il piccolo corpo deve essere passato attraverso una fase di fusione dopo l'aggregazione, per poi «congelarsi» per sempre. Esso ha conservato così una testimonianza dell'«alba» del Sistema solare.

3. La sonda *Messenger*, partita nel 2004 verso Mercurio, ora si trova in orbita intorno al pianeta, da dove ha inviato la rappresentazione cartografica completa della superficie e continua a inviare numerosi dati, in particolare sul campo magnetico. Le immagini inviate da *Messenger* mostrano l'intera superficie del pianeta costellata di crateri da impatto. La forte «craterizzazione» delle superfici planetarie risale a un preciso periodo all'inizio dell'evoluzione del Sistema solare, di cui Mercurio conserva una preziosa testimonianza.

4. La missione *Mars Science Laboratory* ha inviato su Marte il robot *Curiosity*, arrivato nell'agosto 2012. Il robot si sta muovendo sulla superficie del pianeta inviando analisi chimiche e mineralogiche e immagini ravvicinate piene di novità.

5. Ricordiamo infine le due missioni spaziali della nuova serie *New Frontiers*.

- Nel 2006 è stata lanciata la sonda *New Horizons*, in viaggio verso Plutone, che raggiungerà nel 2015, per proseguire poi verso la Fascia di Kuiper (una zona oltre le orbite dei pianeti gioviani).
- Nel 2011 è partita la sonda *Juno Jupiter Polar Orbiter*, destinata a raggiungere Giove nel 2016 e a porsi in rotazione intorno al pianeta su un'orbita che sorvola i due poli. La sonda ha numerosi compiti, tra cui indagare il campo magnetico, l'atmosfera e la struttura interna del pianeta gigante.

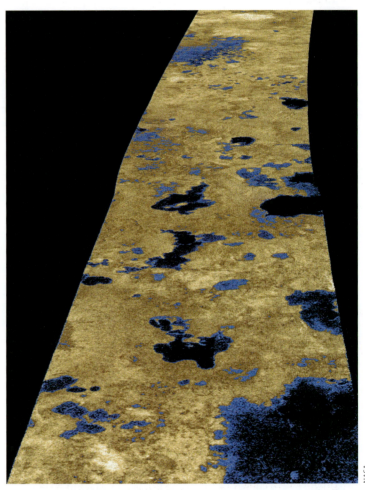

Questa immagine della superficie di Titano è stata inviata dalla sonda *Cassini*. Sono visibili (in falsi colori) alcuni laghi di metano liquido, le cui dimensioni variano da circa 3 fino a 70 km di larghezza.

LEGGI NELL'EBOOK →

- La ricerca di vita extraterrestre nel Sistema solare

IMPARA A IMPARARE

Evidenzia nel testo lo scopo generale delle missioni spaziali. Rintraccia tra le missioni descritte quelle che hanno fornito informazioni che riguardano tutto il Sistema solare.

 Esercizi interattivi

DOMANDE PER IL RIPASSO

ALTRI ESERCIZI SU **ZTE**

PARAGRAFO 1

1. Quanti sono i pianeti che fanno parte del Sistema solare?
2. Come si definisce un pianeta?
3. Qual è l'età del Sistema solare?
4. Il Sistema solare occupa una porzione di spazio sferica il cui diametro misura
   - A 1 anno luce.
   - B 3 anni luce.
   - C 13 anni luce.
   - D 30 anni luce.

PARAGRAFO 2

5. Qual è la zona interna del Sole di maggior spessore?
6. Come avviene il trasporto di energia nella zona convettiva?
7. Quali parti del Sole possono essere fotografate?
8. Quale caratteristica particolare presentano i gas della corona?
9. Completa.
   Nel _____ del Sole, da almeno _____ miliardi di anni, sono in atto le reazioni _____ che convertono _____ in _____.

PARAGRAFO 3

10. Quale posizione geometrica occupa il Sole in relazione a un pianeta che si muove attorno a esso?
11. Qual è il punto dell'orbita di un pianeta in cui esso ha velocità massima?
12. In base alla terza legge di Keplero, il periodo di rivoluzione di Venere attorno al Sole risulta maggiore o minore rispetto a quello della Terra?
13. Quale tipo di moto presenterebbero i pianeti che orbitano attorno al Sole se non fossero sottoposti all'attrazione gravitazionale?
14. Completa.
    Secondo la legge della _____, due corpi si attirano in modo _____ proporzionale alle loro _____ e _____ proporzionale alla loro _____ elevata al quadrato.
15. Vero o falso?
    Quanto più un pianeta è vicino al Sole, tanto più lungo sarà il suo periodo di rivoluzione.
    Motiva la risposta.

PARAGRAFO 4

16. Quali materiali compongono prevalentemente i pianeti terrestri?
17. Come si può spiegare il fatto che Venere, pur essendo più lontano di Mercurio dal Sole, abbia una temperatura superficiale più alta?
18. Quali tra i pianeti di tipo terrestre sono visibili a occhio nudo dalla Terra?

19. Fra i pianeti terrestri
    - A nessun pianeta ha satelliti.
    - B solo la Terra ha un satellite.
    - C la Terra e Marte hanno dei satelliti.
    - D tutti i pianeti hanno almeno un satellite.
20. Il pianeta più visibile in cielo è
    - A Mercurio.
    - B Venere.
    - C Marte.

PARAGRAFO 5

21. Perché i pianeti gioviani hanno una densità inferiore rispetto ai pianeti terrestri?
22. Che caratteristica presentano le atmosfere dei pianeti gioviani?
23. Quale caratteristica peculiare contraddistingue il moto di Urano rispetto agli altri pianeti del Sistema solare?
24. Completa.
    Le orbite dei pianeti di tipo gioviano si trovano al di là della _____. Oltre l'orbita di Nettuno si trovano i grandi _____, tra cui _____.
25. Seleziona i pianeti di tipo gioviano.
    - A Terra.
    - B Urano.
    - C Nettuno.
    - D Giove.
    - E Venere.
    - F Saturno.
    - G Marte.
    - H Mercurio.

PARAGRAFO 6

26. Che cosa avviene quando un meteorite si avvicina all'orbita terrestre fino ad attraversarne l'atmosfera?
27. Dove si collocano per la maggior parte gli asteroidi?
28. Da che cosa sono costituite le comete?
29. Che cosa è stato scoperto analizzando campioni di materiale proveniente dalle comete?
30. Vero o falso?
    La chioma e la coda di una cometa si sviluppano in senso opposto alla direzione del Sole.
    Motiva la risposta.

PARAGRAFO 7

31. Quali corpi sta indagando la sonda *Dawn*?
32. Che cosa ha scoperto la sonda *Cassini*?
33. Quali sonde sono atterrate su altri corpi del Sistema solare?
34. Vero o falso?
    Nessuna sonda ha mai toccato corpi più lontani della fascia degli asteroidi.
    Motiva la risposta.

3 LABORATORIO DELLE COMPETENZE

1 Sintesi: dal testo alla mappa

- **Il Sistema solare** è formato da una stella, il Sole, attorno alla quale orbitano numerosi corpi celesti:
  - 8 **pianeti** con i loro **satelliti**;
  - migliaia di **asteroidi**;
  - moltissimi **meteoroidi**;
  - miliardi di masse ghiacciate (che danno origine alle **comete**).
- I pianeti sono accomunati dalle seguenti caratteristiche:
  - forma pressoché sferica;
  - moto di rivoluzione attorno al Sole;
  - moto di rotazione attorno a un asse;
  - asse inclinato rispetto al piano dell'orbita.

- **Il Sole** emette energia che viene prodotta nel nucleo, dove avvengono le reazioni di fusione termonucleare.
- L'interno del Sole è formato da:
  - *nucleo*;
  - *zona radiativa*;
  - *zona convettiva*.
- La superficie visibile del Sole è chiamata *fotosfera*.
- L'atmosfera solare è distinta in due strati:
  - la *cromosfera*;
  - la *corona*.

- **Le leggi di Keplero** descrivono il moto dei pianeti intorno al Sole:
  1. I pianeti si muovono su orbite ellittiche aventi il Sole in uno dei fuochi.
  2. Il segmento che congiunge un pianeta con il Sole percorre aree uguali in tempi uguali.
  3. I quadrati dei tempi impiegati dai pianeti a compiere le loro orbite sono proporzionali ai cubi dei semiassi maggiori delle orbite.
- I pianeti si muovono secondo queste caratteristiche a causa di una forza attrattiva, descritta dalla legge di **gravitazione universale**. In base a questa due corpi si attirano in modo direttamente proporzionale alle loro masse e inversamente proporzionale al quadrato della loro distanza. I pianeti sono fortemente attratti dal Sole (e a loro volta lo attraggono).

- **I pianeti terrestri** sono i pianeti più piccoli e più vicini al Sole.
- Essi sono, a partire dal Sole:
  - Mercurio;
  - Venere;
  - Terra;
  - Marte.
- I pianeti di tipo terrestre sono formati in prevalenza da materiali solidi; la loro densità è simile a quella della Terra. Rispetto ai pianeti del Sistema solare più lontani dal Sole, possiedono un'atmosfera meno spessa e densa e hanno un numero minore di satelliti.

- **I pianeti gioviani** sono:
  - Giove;
  - Saturno;
  - Urano;
  - Nettuno.
- Sono pianeti di grandi dimensioni, ma con una densità inferiore a quella della Terra perché formati prevalentemente da gas e ghiacci; hanno un'atmosfera densa e in genere numerosi satelliti.

- **I corpi minori** del Sistema solare possono essere distinti in tre gruppi in base all'aspetto.
  1. Gli **asteroidi** hanno dimensioni medie di decine di km e sono distribuiti in gran parte nella fascia degli asteroidi, tra Marte e Giove.
  2. Le **meteore e meteoriti** sono corpi la cui orbita interseca quella terrestre, per cui vengono attratti e cadono sul nostro pianeta.
  3. Le **comete** sono nuclei di polveri e ghiacci che ruotano su orbite molto allungate; se passano vicino al Sole perdono nello spazio lunghe scie di polveri.

- **Le missioni spaziali** degli ultimi anni hanno portato a nuove scoperte grazie allo studio di dati prelevati da sonde inviate in orbita attorno ai pianeti del Sistema solare e ai loro satelliti.

Riorganizza i concetti completando la mappa

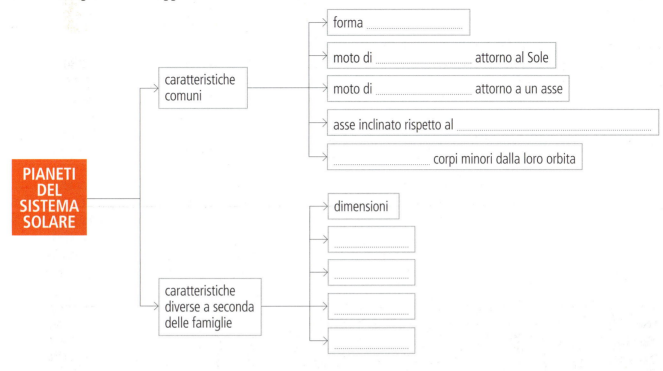

2 Comprendere un testo

Pianeti di altri sistemi stellari

La possibile presenza di pianeti intorno ad altre stelle è oggetto di speculazioni da tempo, ma solo negli ultimi anni arrivano le conferme.

Attualmente, la scoperta e lo studio di dense nubi di materia interstellare, di numerose stelle in formazione e di giovani stelle circondate da nubi di polveri, portano a concludere che i sistemi planetari possano essere la conseguenza naturale dell'evoluzione di nubi di materia interstellare. Di conseguenza, la probabilità che attorno ad altre stelle ruotino pianeti è apparsa decisamente elevata. Numerose conferme sono giunte infatti dal telescopio spaziale Hubble, insieme a immagini spettacolari.

Nella Nebulosa di Orione, a 1500 a.l. da noi, si vedono numerosi «gusci» di idrogeno e polveri, con dimensioni da 2 a 20 volte quella del Sistema solare, che avvolgono giovani stelle di piccola massa. Ma la ricerca è andata ben oltre. Fino ad oggi sono state scoperte già molte centinaia di pianeti al di fuori del Sistema solare, chiamati **esopianeti**. Per la maggior parte sono giganti gassosi, simili a Giove e Saturno, ma anche molto più grandi. Meno numerosi – ma solo per la maggior difficoltà nel rilevarne la presenza – sono gli esopianeti con massa inferiore a 20 volte quella della Terra.

La ricerca di un esopianeta simile alla Terra sembra aver già trovato un buon candidato: intorno alla stella Gliese 581, una nana rossa a 20,5 anni luce da noi, sono stati scoperti 3 pianeti, uno dei quali con diametro una volta e mezzo quello della Terra. Questo pianeta potrebbe avere un'atmosfera e temperature medie simili a quelle terrestri, e potrebbe esserci anche acqua.

La missione Keplero, della NASA, ha già individuato oltre una decina di sistemi stellari con numerosi pianeti. Sono stati già individuati pianeti che si trovano a distanze tali dalle stelle intorno a cui si muovono, da poter avere acqua liquida in superficie; ed è probabile che alcuni si riveleranno simili al nostro. La missione Darwin, dell'ESA, il cui lancio è previsto nel 2015, e il progetto Terrestrial Planet Finder, della NASA, potrebbero cercare i segnali di una presenza di vita su qualcuna di queste eventuali «nuove terre».

a. Dove vengono cercati i pianeti appartenenti ad altri sistemi stellari? Perché?
b. Perché è stato scoperto un maggior numero di esopianeti di grandi dimensioni, rispetto a quelli di dimensioni simili alla Terra?
c. In base a che cosa si ritiene che sia possibile la presenza di acqua su un esopianeta?
d. Che cos'è Gliese 581?

3 Organizzare informazioni

Le caratteristiche dei pianeti

Rileggi i paragrafi 4 e 5 e costruisci una tabella. Per ogni pianeta scrivi: raggio equatoriale, temperatura media, periodo di rotazione e di rivoluzione, numero di satelliti.

4 Fare un confronto

Dimensioni dei corpi del Sistema solare

Disegna dei cerchi di diametro decrescente, mettendo in ordine di dimensioni i seguenti corpi:
meteora, Sole, Giove, asteroide, Venere.

5 Applicare una formula

La forza di attrazione gravitazionale

Calcola la distanza (in metri) che separa due corpi, uno di massa 20 kg e l'altro di massa 30 kg, tra i quali la forza di attrazione gravitazionale (F) è pari a $F = G \cdot 24$.

6 Fare un confronto

Sistema eliocentrico e sistema geocentrico

Qui sotto trovi una tabella delle distanze dal Sole dei pianeti del Sistema solare (in milioni di km).

PIANETI SISTEMA SOLARE	DISTANZA IN MILIONI DI km
Mercurio	58
Venere	108
Terra	150
Marte	228
Giove	778
Saturno	1429
Urano	2871
Nettuno	4504

▸ Disegna uno schema del Sistema solare su un foglio di carta millimetrata, mettendo il Sole e i pianeti sulla stessa linea, mantenendo le proporzioni fra le distanze.

Fino a qualche secolo fa si credeva che la Terra fosse il centro dell'Universo e gli altri pianeti e il Sole le girassero intorno. L'idea di questo Sistema, detto geocentrico, si deve all'astronomo egiziano Tolomeo, vissuto nel II secolo d.C.
Il Sistema eliocentrico (attuale) si deve invece agli studi dell'astronomo polacco Copernico, vissuto nel XVI secolo.
▸ Ridisegna il Sistema solare secondo il Sistema geocentrico, ricalcolando le distanze in base alla tabella.

7 Ricercare ed esporre informazioni

Il metano

Utilizzando Internet o altri libri raccogli informazioni sul metano. Usa queste domande per organizzare la tua ricerca.
▸ In che stato e dove si trova sulla Terra?
▸ A che temperatura si liquefa?
▸ A che temperatura solidifica?
▸ Che cosa puoi dedurre dalla sua presenza su Titano?
▸ Esponi i risultati della tua ricerca in una relazione di massimo 200 parole, corredata da 2 immagini a tua scelta.

8 Earth Science in English

🎧 Glossary   LEGGI NELL'EBOOK →

Asteroid	Meteorite
Comet	Planet
Gravity	Satellite
Jovian planets	Terrestrial planets

True or false?

1. The Sun's corona is visible only during a total solar eclipse. T F
2. The point in a celestial body's orbit that is closest to the Sun is called the perihelion. T F
3. Uranus is the farthest gaseous planet from the Sun. T F

Select the correct answer

4. According to Kepler's third law of planetary motion, given the length of the semimajor axis of a planet's orbit, we can know
   - A the shape of the planet's orbit.
   - B the planet's speed as it travels along its orbit.
   - C the planet's period of revolution.
   - D the point in the orbit at which the planet is at its aphelion.

5. The atmosphere of Venus is composed mainly of
   - A oxygen.
   - B methane.
   - C carbon dioxide.
   - D nitrogen.

6. Pluto is now classified as
   - A an extra-solar planet.
   - B a satellite.
   - C an asteroid.
   - D a meteorite.

Read the text and underline the key terms

Jupiter is orbited by the largest family of satellites in the Solar System. Four of these, the Galilean moons, are very big. Io has hundreds of volcanoes that cover its surface. Europa has an ocean underneath its icy crust. Ganymede has light and dark patches with grooves and craters. Callisto has an ancient, cratered surface.

Scienze della Terra per il cittadino

Due robot-geologi alla ricerca di acqua su Marte

Nel 2003 la sonda *Mars Odyssey* ha lanciato su Marte due robot, *Spirit* e *Opportunity*, arrivati nel gennaio 2004 su lati opposti del pianeta. Dopo l'«atterraggio», i due robot hanno cominciato a riprendere immagini panoramiche e poi, diretti da Terra, si sono mossi verso i luoghi selezionati per effettuare investigazioni scientifiche con gli strumenti in dotazione.

Il materiale raccolto dai due laboratori ha fornito prove concrete a sostegno dell'ipotesi che il pianeta rosso sia stato un tempo ricoperto di fiumi, laghi e mari.

Spirit ha attraversato una pianura di origine vulcanica, dove ha raggiunto un gruppo di colline che presentano scarpate di rocce detritiche e sembrano essere «isole» di roccia più antica, emergenti dalla lava che ha successivamente riempito il fondo del bacino. Le analisi hanno messo in evidenza differenze tra le rocce delle pianure e quelle delle rocce collinari, scoprendo che queste ultime, rispetto alle prime, sono decisamente impoverite di alcuni elementi piuttosto significativi: precisamente quelli più solubili in acqua, che passano in soluzione non appena le rocce si bagnano.

Dall'altra parte del pianeta, *Opportunity* ha individuato ovunque, nel terreno e nelle rocce, piccole sfere, soprannominate *blueberries* («mirtilli»), che le analisi hanno dimostrato essere strutture che si formano quando l'acqua deposita minerali in strati successivi attorno a un granello di sabbia. Gli elementi individuati attraverso l'analisi dei campioni di roccia suggeriscono che la formazione delle rocce debba essere avvenuta in presenza di acqua salata.

Opportunity è quindi sceso entro il cratere Endurance, dove ha trovato strati più profondi di roccia che permettono di risalire a tempi geologici anteriori, trovandovi tracce significative del passaggio dell'acqua. Ciò vuol dire che la presenza dell'acqua su Marte non si è limitata a singoli episodi nel tempo, ma ha avuto una durata estesa: forse un miliardo di anni o più.

Le tracce d'acqua rinvenute dalla missione *Mars Exploration Rover*, di cui si è parlato finora, sono tutte «fossili» e indirette. Vi è però una successiva scoperta che apre altre prospettive. La sonda in orbita *Mars Global Surveyor* ha inviato a terra oltre 240 000 immagini della superficie marziana, in cui le singole località compaiono in più immagini a distanza di tempo. Nell'analisi per confronto di tali immagini sono stati riconosciuti casi di flussi liquidi lungo solchi che scendono dall'orlo verso il fondo piatto di due crateri da impatto. A quanto pare, in entrambi i casi materiale liquido è fuoriuscito dalla parete del cratere e si è riversato nella depressione craterica, esaurendosi dopo molte centinaia di metri. Poiché questi flussi sono recenti (compaiono in immagini riprese al massimo 4 anni prima), sembra proprio che l'acqua possa ancora scorrere occasionalmente sulla superficie del pianeta e che, soprattutto, sia presente nelle rocce porose a modeste profondità.

Infine i suoli dei due siti analizzati da *Spirit* e *Opportunity* si sono dimostrati simili tra loro.

Le ricerche hanno messo in luce che il rapporto tra fosfati e solfati è lo stesso in entrambi i siti, e una spiegazione possibile di tale uniformità a migliaia di kilometri di distanza potrebbe essere la presenza in passato di un oceano di dimensioni planetarie, in cui il fosforo potrebbe essere stato rilasciato dalle rocce sotto forma di fosfato di calcio.

Sebbene il fosforo sia un elemento importante per tutte le forme di vita presenti sulla Terra, un oceano ricco in fosfati non sembra un elemento che possa far pensare che su Marte ci sia stata vita. Gli organismi infatti catturano in modo rapido ed efficace il fosforo dall'ambiente; perciò, se la vita fosse stata diffusa su Marte, non si sarebbe ritrovato tanto fosforo disciolto in acqua.

Il cratere Victoria, nell'emisfero settentrionale del pianeta Marte, dove è atterrato *Opportunity*.

RICERCA

Le indagini su Marte non sono terminate. Alla fine del 2011 è partita la sonda *Mars Science Laboratory*, con a bordo il robot *Curiosity*, che è sceso su Marte nell'agosto del 2012 alla ricerca di ambienti che possono ospitare o aver ospitato microrganismi. Fai una ricerca su Internet per scoprire tutte le funzioni del robot (una sorta di equivalente meccanico di un geologo in movimento sulla superficie del pianeta) e le rilevazioni da esso effettuate.

Prepara una presentazione in PowerPoint di 6 slide per illustrare, attraverso immagini originali reperibili sui siti NASA, l'esito della tua ricerca.

4 IL PIANETA TERRA

Tra il **pianeta Terra** e il **Sole** esistono strette relazioni che dipendono dalla distanza e dalle dimensioni dei due corpi celesti, si manifestano nei movimenti del nostro pianeta e hanno grande influenza sui fenomeni fisici e biologici in atto sulla superficie terrestre. La Terra condivide inoltre il suo moto attorno al Sole con un satellite naturale: la **Luna**.
Queste complesse interazioni e i relativi riflessi sulle comunità umane sono l'oggetto di studio della *Geografia astronomica*.

- TEST D'INGRESSO
- Laboratorio delle competenze pagine 76-81

PRIMA DELLA LEZIONE

 Guarda il video *Il pianeta Terra*, che presenta gli argomenti dell'unità.

Dopo averlo guardato per intero, scrivi un elenco degli argomenti chiave che ti sono rimasti maggiormente impressi.
Ora guarda nuovamente il video, mettendolo in pausa ogni volta che ne hai bisogno, e fai particolare attenzione ad appuntarti le parole chiave che vengono citate. Non scrivere intere frasi, ma segna solamente quelli che ti sembra possano essere i «titoli» degli argomenti chiave che faranno parte dell'unità.
Quante integrazioni hai fatto alla prima lista che avevi stilato?

Guarda le fotografie scattate durante la realizzazione di un esperimento sui corpi in rotazione.

  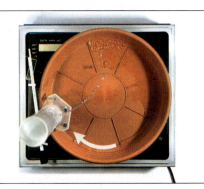

1 Posizioniamo due adesivi colorati sul piatto di un giradischi, uno vicino al centro e uno vicino al bordo, allineati lungo uno stesso raggio. Accendiamo il giradischi e facciamo girare il piatto rotante.

2 Posizioniamo un sottovaso sul piatto rotante e vicino al centro del piatto un contenitore d'acqua con un foro laterale. Facciamo uscire dal foro l'acqua in direzione del bordo del piatto, mentre sta girando.

3 Ora posizioniamo il contenitore vicino al bordo del piatto e, sempre mentre sta girando, facciamo uscire l'acqua in direzione del centro.

Quale dei due punti segnati con gli adesivi sul piatto del giradischi ha velocità lineare maggiore (cioè percorre una distanza lineare maggiore nel medesimo tempo)?
☐ Il punto vicino al centro.
☐ Il punto vicino al bordo.

Quando il contenitore si trova al centro del giradischi, il getto d'acqua arriva
☐ più avanti rispetto al punto corrispondente sul bordo,
☐ più indietro.

Quando il contenitore si trova sul bordo del giradischi, il getto d'acqua arriva
☐ più avanti rispetto al punto corrispondente vicino al centro,
☐ più indietro.

Poiché la Terra ruota su se stessa, ciò che hai visto accadere al getto d'acqua accade anche agli oggetti liberi di muoversi sulla superficie terrestre, come l'acqua delle correnti marine o l'aria dei venti.

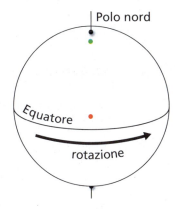

Osservando lo schema della Terra in rotazione, quale punto ritieni che abbia velocità lineare maggiore?
☐ Un punto vicino a uno dei due poli.
☐ Un punto vicino all'Equatore.

Proseguendo nell'analogia tra la Terra e il giradischi, pensi che un corpo che si muova liberamente sulla Terra e che parta dall'Equatore diretto verso il Polo, arriverà
☐ più avanti rispetto al punto corrispondente vicino al polo.
☐ più indietro.

In altre parole, come ti aspetti che sia il suo percorso?
☐ Rettilineo.
☐ Curvo.

Nel paragrafo 4 – quando vedremo in che modo la rotazione terrestre influenza il moto dei corpi sulla Terra – troverai una conferma alle tue risposte.

1. LA FORMA E LE DIMENSIONI DELLA TERRA

La Terra ha quasi la forma di una sfera. Le misurazioni fatte dai satelliti artificiali hanno consentito di determinarne con precisione le dimensioni.

La Terra ha la forma di una **sfera** quasi perfetta. Le immagini del nostro pianeta prese dalle sonde spaziali sono la prova migliore della sua «sfericità». Infatti, da qualunque posizione si riprendano tali immagini, la Terra appare sempre a contorno circolare.

I popoli delle più antiche civiltà, come i Greci dei tempi di Omero, nell'impossibilità di abbracciare con lo sguardo l'intera forma della Terra, ebbero invece l'idea che essa fosse piana e poco estesa, simile a un grande disco circondato dall'oceano e limitato superiormente dalla cupola del firmamento. Gli studiosi che ipotizzarono già molti secoli prima dei viaggi spaziali la forma sferica del nostro pianeta si basarono, infatti, su prove indirette.

Quando si paragona la forma della Terra a quella di una sfera, non si tiene conto della presenza nella sua superficie di irregolarità, come le montagne, che comunque ne alterano poco la forma complessiva.

In realtà la Terra non ha esattamente la forma di una sfera: è un po' «schiacciata». Come vedremo, questa deformazione deriva dalla rotazione che la Terra compie su se stessa, e dal fatto che il nostro pianeta non è costituito di materiale omogeneo. In Geometria, un solido con forma di questo tipo è detto **ellissoide di rotazione**: si ottiene idealmente facendo ruotare un'ellisse attorno a uno dei propri assi (nel caso della Terra, l'asse minore). Il raggio terrestre è dunque più lungo all'Equatore che ai poli.

Dal valore del *raggio medio* (6371 km) si ricavano quelli, sufficientemente approssimati, della superficie, della circonferenza e del volume della «sfera» terrestre. Quelli dell'*ellissoide terrestre* sono: raggio equatoriale 6378 km, raggio polare 6357 km, superficie 510 milioni di km^2, volume 1083 miliardi di km^3 (circa).

Ma anche l'ellissoide è un'approssimazione della forma reale della Terra. Il nostro pianeta ha una forma del tutto particolare: quella del **geoide**, ossia di un solido la cui superficie è perpendicolare in ogni suo punto alla direzione del filo a piombo. Rispetto all'ellissoide, il geoide è un po' rigonfio in corrispondenza dei continenti e leggermente depresso in corrispondenza degli oceani.

IMPARA A IMPARARE
- Evidenzia la definizione di: ellissoide di rotazione, geoide.
- Ricopia in una tabella riassuntiva tutte le misure del pianeta Terra riportate nel testo.

 Video La forma della Terra

 Esercizi interattivi

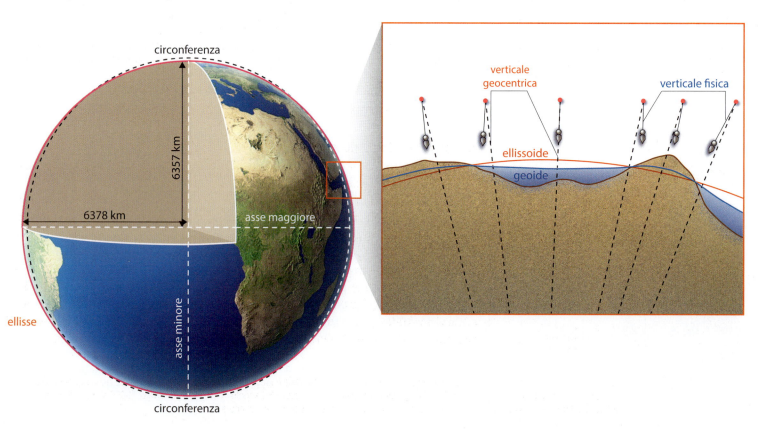

■ Prove indirette della sfericità della Terra

Due fatti, già osservati da alcuni studiosi dell'antichità, provano senza dubbio che la Terra ha una superficie curva e convessa.

1. L'altezza delle stelle sull'orizzonte varia se ci si sposta lungo una linea (*meridiano*) che unisca il Polo nord con il Polo sud. Per esempio, la Stella polare sembra innalzarsi sull'orizzonte se procediamo verso Nord, mentre si abbassa progressivamente man mano che ci spostiamo verso Sud.

2. L'orizzonte va aumentando di diametro con il crescere dell'altitudine del punto di osservazione.

Altri fatti ancora dimostrano la curvatura della superficie terrestre e inducono a ritenere che la forma della Terra debba discostarsi poco da quella di una *sfera*. Per esempio:

- la comparsa, o scomparsa, graduale di un oggetto all'orizzonte (una nave che si avvicina al porto mostra per prima la parte più alta della sua struttura, e il contrario avviene se la nave si allontana);
- i viaggi di circumnavigazione;
- l'analogia con gli altri pianeti;
- l'ombra a contorno sempre circolare che la Terra proietta sulla Luna quando si interpone fra questa e il Sole, cioè durante le *eclissi di Luna*;
- il fatto che il peso di un corpo non differisca molto da luogo a luogo dimostra che tutti i punti della superficie terrestre sono circa equidistanti dal centro di gravità.

Via via che ci si sposta verso Sud si riduce l'angolo formato dai raggi stellari con la superficie terrestre.

L'orizzonte sensibile limita la porzione di superficie terrestre che riusciamo a guardare intorno a noi.

Un osservatore che si trovi alla destra del disegno, e guardi con un cannocchiale, vede comparire all'orizzonte prima gli alberi e poi lo scafo di una nave in avvicinamento.

■ Il calcolo di Eratostene

Sulla base dell'ipotesi che la Terra fosse sferica, nel III secolo a.C. Eratostene di Cirene eseguì un mirabile calcolo della circonferenza terrestre.

Egli riteneva che le città di Alessandria d'Egitto e Assuàn (l'antica Siene) fossero situate sullo stesso meridiano (cosa, in realtà, non perfettamente esatta). Inoltre egli conosceva la loro distanza e sapeva che a mezzogiorno del 21 giugno ad Assuàn il Sole era sulla verticale della città. Eratostene misurò l'angolo che i raggi del Sole formavano con la verticale, in quello stesso istante, ad Alessandria; esso risultò pari a circa 1/50 della misura angolare di una intera circonferenza. Pertanto, moltiplicando per 50 la distanza tra Assuàn e Alessandria, Eratostene otteneva per la *circonferenza terrestre* la lunghezza di 39 375 km: valore sorprendentemente vicino (inferiore di soli 634 km circa) a quello che oggi accettiamo come vero e che è stato determinato molto più tardi con metodi e strumenti notevolmente più precisi.

Gli angoli α e α' sono uguali, perché angoli alterni interni formati da due parallele (i raggi solari) tagliate da una trasversale (la verticale di Alessandria). Conoscendo il valore di α (circa 7° 12') e la lunghezza dell'arco che sottende l'angolo al centro della Terra α' (5000 stadi, nell'unità di misura di allora), con una semplice proporzione si può ottenere la lunghezza dell'intera circonferenza.

2. LE COORDINATE GEOGRAFICHE

Sulla superficie della sfera terrestre è possibile tracciare idealmente due serie di linee che nel loro insieme costituiscono un sistema di riferimento per localizzare gli oggetti che si trovano sulla Terra.

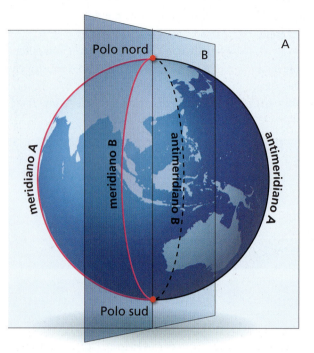
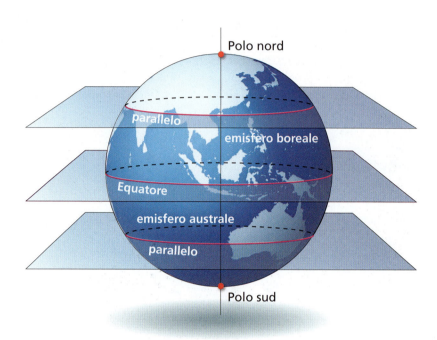

Essendo delle linee immaginarie, *i paralleli e i meridiani sono in numero infinito*. Tuttavia si considerano in genere quelli tracciati a distanza di un grado l'uno dall'altro e perciò si dice che i *meridiani di grado* sono 360 (contando le semicirconferenze) e i *paralleli di grado* sono 180 (escluso l'Equatore), dei quali 90 a Nord e 90 a Sud dell'Equatore (anche se ai poli i paralleli si riducono a un punto).

Per poter localizzare un punto sulla superficie della Terra è necessario fissare un **sistema di riferimento** che consenta di individuare quel punto univocamente.

Tale sistema è il **reticolato geografico**, una specie di «rete immaginaria» che avvolge l'intera superficie terrestre. Le linee che formano il reticolato geografico si chiamano **paralleli** e **meridiani**, costruite immaginando di tagliare la Terra con dei piani.

1. Dall'intersezione con il globo terrestre di piani che passano per il suo asse di rotazione otteniamo, sulla superficie terrestre, tante linee chiuse che, con ottima approssimazione, possiamo considerare circonferenze. Tali circonferenze, tutte uguali fra loro e passanti per i poli, sono dette **meridiani**. Comunemente, però, si considerano come *meridiani geografici* le semicirconferenze comprese tra un polo e l'altro (d'ora in poi per semplicità li chiameremo solo *meridiani*). Ognuno di essi ha il proprio *antimeridiano* nella semicirconferenza opposta che lo «completa».

Tra tutti i meridiani è stato assunto come **meridiano di riferimento** quello che passa per l'Osservatorio astronomico di Greenwich, presso Londra.

2. Dall'intersezione con la sfera terrestre di piani perpendicolari all'asse di rotazione otteniamo sulla superficie terrestre delle circonferenze dette **paralleli**. A seconda della distanza del piano di intersezione dal centro della Terra, le circonferenze individuate sono più o meno grandi. Tutte le circonferenze sono tra loro parallele.

Quando il piano di intersezione passa esattamente per il centro della Terra, sulla superficie terrestre si ottiene la circonferenza più lunga, chiamata **Equatore**.

La posizione assoluta di un punto sulla superficie terrestre viene identificata attraverso le sue **coordinate geografiche**.

Le coordinate geografiche sono due: la **longitudine** e la **latitudine**. La longitudine è l'angolo che esprime la distanza di un punto da un meridiano di riferimento. La latitudine è l'angolo che esprime la distanza di un punto dall'Equatore.

> **IMPARA A IMPARARE**
>
> Riassumi in forma di elenco tutte le informazioni che trovi sui meridiani: che cosa sono, quanti sono, a quale si fa riferimento, quale coordinata geografica misura la distanza tra essi. Ripeti l'operazione per i paralleli.

 Video Le coordinate geografiche

 Esercizi interattivi

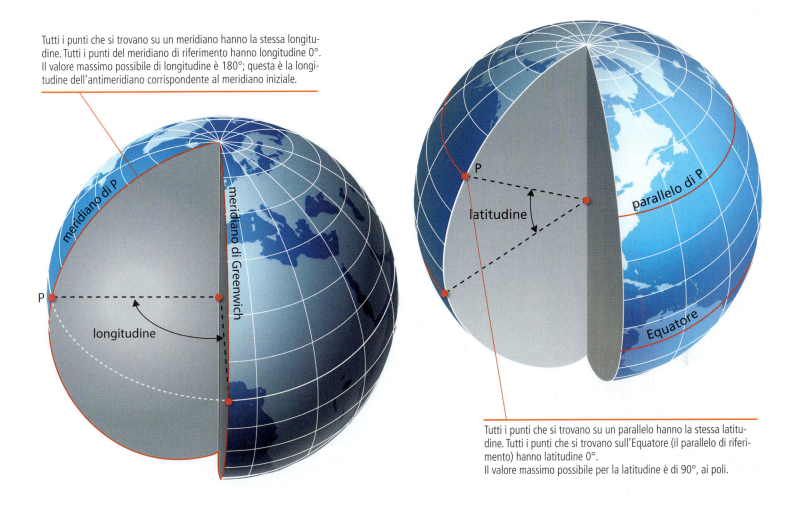

Tutti i punti che si trovano su un meridiano hanno la stessa longitudine. Tutti i punti del meridiano di riferimento hanno longitudine 0°. Il valore massimo possibile di longitudine è 180°; questa è la longitudine dell'antimeridiano corrispondente al meridiano iniziale.

Tutti i punti che si trovano su un parallelo hanno la stessa latitudine. Tutti i punti che si trovano sull'Equatore (il parallelo di riferimento) hanno latitudine 0°.
Il valore massimo possibile per la latitudine è di 90°, ai poli.

■ La longitudine e la latitudine

La **longitudine** di un qualsiasi punto P della superficie terrestre è data dall'angolo compreso tra il piano che contiene il meridiano passante per P e il piano che contiene un meridiano preso come riferimento.

In genere si usa riferirsi al meridiano di Greenwich, ma a volte ci si può riferire anche a un meridiano nazionale; in Italia, per esempio, a volte si fa riferimento al meridiano di Monte Mario (Roma).

La misura dell'angolo che esprime la longitudine viene effettuata sull'arco di parallelo che passa per il punto considerato (P).

Come tutti gli angoli, anche la longitudine viene misurata in gradi e frazioni di grado. Per esempio: 10 gradi, 20 primi e 30 secondi (10° 20' 30").

Nell'esprimere la misura della longitudine bisogna specificare se il punto considerato si trova a Est o a Ovest del meridiano iniziale. La longitudine può quindi essere Est (indicata con la lettera E) oppure Ovest (W, dall'inglese *West*).

La **latitudine** del punto P è data dall'angolo (al centro della Terra) corrispondente all'arco di meridiano che congiunge il punto P con l'Equatore. Anche la latitudine si misura quindi in gradi e frazioni di grado.

La latitudine può essere Nord (indicata con la lettera N) oppure Sud (S), a seconda che il punto si trovi nell'emisfero boreale o in quello australe.

A causa dello schiacciamento polare della Terra, la lunghezza dell'*arco corrispondente a 1° di latitudine* va crescendo leggermente dall'Equatore (dove è circa 110,6 km) ai poli (circa 111,7 km). *L'arco corrispondente a 1° di longitudine* ha invece una grandissima variabilità: all'Equatore la sua lunghezza è di circa 111,3 km, mentre si riduce a zero ai poli.

 ATTIVITÀ PER CAPIRE

Meridiani e paralleli a confronto

Usa un pompelmo come modello del globo terrestre.

Con 4 pezzi di nastro adesivo segna le linee corrispondenti a 4 meridiani, facendo attenzione a farli passare per i poli e a tagliare il nastro della lunghezza precisa di ciascun meridiano.

Stacca le strisce di nastro e confrontane la lunghezza.

- I meridiani sono tutti di uguale lunghezza?

Taglia ora il pompelmo lungo i piani corrispondenti a quattro diversi paralleli.

- Le circonferenze tagliate nel senso dei paralleli hanno tutte le stesse dimensioni?

3. COME SI RAPPRESENTA LA TERRA

Per trasferire la superficie di una sfera (il globo terrestre) su di un piano (una carta geografica) bisogna per forza deformarla; perciò le carte geografiche sono rappresentazioni approssimate della superficie terrestre.

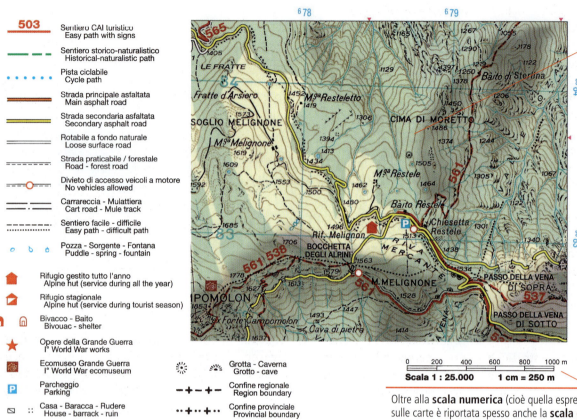

Il rilievo è spesso raffigurato per mezzo delle **isoipse** (o *curve di livello*), linee immaginarie che uniscono tutti i punti del terreno che hanno la stessa altezza rispetto al livello medio del mare. Il dislivello tra le isoipse (la differenza di altitudine tra i punti di due isoipse successive) è costante, ed è indicato sulla carta. Più il versante di una montagna è ripido, più le isoipse sono ravvicinate. Molto spesso alle isoipse si associano (o in parte si sostituiscono) le *tinte altimetriche*: dal verde per la pianura al giallo per la collina e al marrone per la montagna; ma non è il caso di questa carta.

Oltre alla **scala numerica** (cioè quella espressa sotto forma di frazione), sulle carte è riportata spesso anche la **scala grafica**, cioè un segmento – suddiviso in tratti – che fornisce la corrispondenza tra le lunghezze rappresentate sulla carta e le corrispettive lunghezze reali (proiettate su un piano).

Le carte geografiche sono raffigurazioni in piano del nostro pianeta o di una sua parte.

Dato che non è possibile rappresentare la Terra con le sue vere dimensioni (sarebbe anche inutile), le carte geografiche sono tutte **rappresentazioni ridotte** di zone più o meno vaste della superficie del pianeta. La riduzione è espressa dalla **scala** della carta geografica, cioè dal «rapporto tra le misure delle lunghezze effettuate sulla carta e le misure delle lunghezze corrispondenti sul terreno». È importante scegliere una carta che possieda una scala adeguata, cioè tale da poter rappresentare con i dettagli necessari l'intero territorio da studiare.

Le carte geografiche sono inoltre delle **rappresentazioni simboliche**: tutti gli «oggetti» che caratterizzano il territorio, infatti, vengono indicati mediante *segni convenzionali* (simboli), riportati nella legenda della carta.

Oltre che per la scala, le carte geografiche si distinguono anche per il loro *contenuto*, cioè per il tipo di informazioni che presentano. In particolare, le **carte tematiche** mettono in risalto un certo aspetto – fisico, biologico, antropico o economico – del territorio. Ne esistono moltissimi tipi, tra i quali ricordiamo: le carte dei climi, le carte della vegetazione, le carte economiche, le *carte geologiche* (in queste carte sono indicate, tramite colori e simboli, i diversi tipi di rocce, la loro età, i giacimenti minerari ecc., presenti nelle zone rappresentate).

I sistemi che consentono di rappresentare in piano il reticolato geografico, e di conseguenza la superficie terrestre, sono detti **proiezioni geografiche**. Esse si distinguono in *proiezioni pure*, *proiezioni modificate*, *proiezioni convenzionali*.

LEGGI NELL'EBOOK →
- Le proiezioni geografiche

IMPARA A IMPARARE
- Individua nel testo almeno tre aggettivi che descrivono il modo in cui le carte geografiche rappresentano la Terra.
- Ricopia la definizione di scala.

 Attività per capire Le curve di livello

 Esercizi interattivi

Peculiarità e requisiti delle carte geografiche

Perché una rappresentazione della superficie terrestre possa considerarsi esatta, deve presentare contemporaneamente tre «requisiti».

1. Equidistanza: deve restare costante il rapporto tra le lunghezze sulla carta – o lunghezze grafiche – e quelle reali che esse rappresentano. Ciò significa che se, ad esempio, una strada lunga 2 km viene rappresentata sulla carta con un tratto di 2 cm, allora un confine lungo 20 km verrà rappresentato con un tratto di 20 cm.

2. Equivalenza: deve essere costante il rapporto tra le aree sulla carta – o aree grafiche – e quelle reali. Questo non significa che le superfici abbiano la stessa forma di quelle reali, ma solo che vengono rispettate quantitativamente le proporzioni tra le aree.

3. Isogonìa: l'angolo formato da due linee qualsiasi sulla carta deve essere uguale all'angolo compreso tra le due linee corrispondenti sulla superficie terrestre.

Le rappresentazioni della superficie terrestre che posseggono questi requisiti si dicono rispettivamente *equidistanti*, *equivalenti* e *isògone* (o *conformi*).

I **globi** (spesso chiamati erroneamente «mappamondi»), avendo una superficie curva come la Terra, sono le uniche rappresentazioni che posseggono tutti e tre questi requisiti, ma sono purtroppo poveri di dettagli perché hanno dimensioni in genere contenute.

Le **carte geografiche**, invece, essendo approssimate, rispettano al massimo uno di tali «requisiti» e nemmeno in modo completo: ad esempio, se sono equidistanti non lo sono in tutte le direzioni.

Soltanto le carte geografiche che rappresentano zone molto piccole possono essere considerate quasi esatte, perché la porzione di superficie sferica che viene raffigurata sulla carta è così piccola da poter essere considerata piana.

Un globo terrestre costruito nel Seicento.

Il telerilevamento

Da diversi decenni ormai la costruzione delle carte geografiche è stata notevolmente semplificata e migliorata grazie allo sviluppo delle tecniche di **telerilevamento**.

Con le moderne tecniche di telerilevamento «si osserva» a distanza (da un aereo o da un satellite artificiale) la superficie terrestre e si ottengono immagini mediante la registrazione dell'energia che le varie sostanze sono in grado di riflettere o emettere. Gli strumenti che registrano l'energia riflessa o emessa dagli oggetti geografici, sotto forma di radiazione elettromagnetica, si chiamano *sensori* (o *radiometri*). Oggi svolgono un ruolo molto importante i sensori installati sui *satelliti artificiali*, che trasmettono i dati raccolti alla Terra, dove sono elaborati e tradotti in immagini.

Osservando con uno strumento opportuno più fotogrammi scattati in successione è possibile avere una visione in tre dimensioni delle zone fotografate e, pertanto, una migliore lettura del paesaggio. Le informazioni ricavate dalle fotografie aeree vengono poi riportate sulla carta e, utilizzando i simboli cartografici opportuni, si arriva alla rappresentazione grafica del territorio.

Le tecniche di telerilevamento non vengono utilizzate soltanto per scopi cartografici, ma anche, più in generale, per lo studio dell'ambiente e delle risorse del pianeta.

Nella regione di Peten, in Guatemala, la NASA ha ritrovato i resti di antiche costruzioni Maya utilizzando la tecnologia dei sensori a distanza.

La giungla vista dall'elicottero.

La figura è composta da una serie di immagini rilevate da satellite.

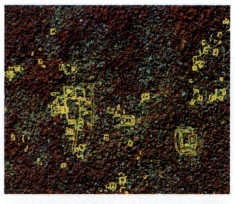

I reperti archeologici che sono stati scoperti grazie al telerilevamento.

4. IL MOTO DI ROTAZIONE TERRESTRE

La Terra compie intorno al proprio asse una rotazione da Ovest verso Est, cioè in senso inverso al movimento che il Sole sembra compiere nel cielo dall'alba al tramonto.

La Terra si muove nello spazio in maniera complessa, ossia compie diversi movimenti simultanei che fanno variare la sua posizione rispetto agli altri corpi celesti. Uno dei movimenti principali è quello di **rotazione**: il nostro pianeta gira su se stesso in senso antiorario (se osservato dal Polo nord celeste); più precisamente, ruota attorno a un asse passante per i poli, chiamato **asse terrestre**.

La Terra impiega 23 ore, 56 minuti e 4 secondi, cioè un **giorno sidereo**, a compiere una rotazione completa. La rotazione terrestre ha diverse conseguenze importanti.

1. In ogni luogo della Terra si alternano un periodo di illuminazione, il **dì**, e un periodo di oscurità, la **notte**. L'insieme del dì e della notte costituisce il **giorno**, cioè il tempo dell'intera rotazione. I periodi di luce e di buio sono separati da intervalli nei quali il cielo è parzialmente illuminato, anche se il Sole non è ancora (o non è più) visibile all'orizzonte. Si tratta dei **crepuscoli**, dovuti alla presenza dell'atmosfera terrestre.

2. Una conseguenza della rotazione la abbiamo già individuata nella stessa forma della Terra, cioè nel suo **schiacciamento polare**, che non avrebbe potuto prodursi in una Terra immobile.

3. Un oggetto che si muova liberamente sulla superficie terrestre (come una mongolfiera o una massa d'aria) se osservato da Terra appare deviato dalla sua direzione iniziale perché l'oggetto tende a conservare la propria velocità lineare di rotazione, che è quella del punto di partenza, mentre le zone da esso attraversate hanno velocità lineare di rotazione diversa, decrescente verso i poli. Tale deviazione avviene verso destra o verso sinistra a seconda che l'oggetto si muova, rispettivamente, nell'emisfero settentrionale o in quello meridionale della Terra. Per descrivere il moto non rettilineo dell'oggetto visto da Terra si considera che agisca su di esso una forza, detta **forza di Coriolis**, che è una forza solo «apparente», introdotta per giustificare gli effetti dovuti alla rotazione terrestre.

LEGGI NELL'EBOOK →
- L'esperienza di J.B.L. Foucault

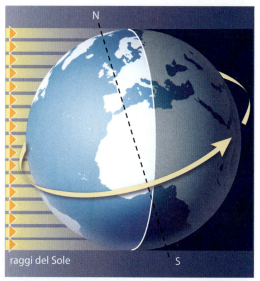

La parte di superficie terrestre illuminata è divisa da quella in ombra dal *circolo d'illuminazione*. A causa della forma pressoché sferica della Terra, la superficie non illuminata ha quasi la stessa estensione di quella illuminata.

I punti che hanno distanza diversa dall'asse di rotazione hanno velocità lineare diversa. Maggiore è la velocità, maggiore è la tendenza di un oggetto ad allontanarsi dall'asse di rotazione (ossia la *forza centrifuga*). Perciò all'Equatore, dove è maggiore la velocità, è maggiore la deformazione del globo.

Una mongolfiera che parte dall'Equatore e viaggia verso il Polo nord passa sopra punti della superficie terrestre che hanno velocità lineare di rotazione minore di quella del punto di partenza; si trova quindi sempre più «in anticipo» rispetto ai punti che sorvola.

IMPARA A IMPARARE
- Evidenzia le informazioni fondamentali sul moto di rotazione: attorno a che cosa avviene, in che verso, in quanto tempo.
- Riassumi in una frase ciascuno dei capoversi che spiegano le conseguenze del moto di rotazione della Terra.

▶ Video Il dì e la notte   ▶ Video L'effetto della forza di Coriolis   ✓ Esercizi interattivi

Prove del moto di rotazione terrestre

I nostri sensi non possono avere alcuna percezione diretta della rotazione terrestre, alla quale partecipiamo anche noi; tuttavia abbiamo ormai numerosissime prove di questo movimento, oltre alle sue conseguenze già descritte.

1. Una prova della rotazione della Terra intorno al proprio asse si può desumere dall'**apparente spostamento dei corpi celesti** da Est verso Ovest nel corso delle 24 ore.

2. Un'altra prova, anch'essa indiretta, della rotazione terrestre può essere ricavata dall'**analogia con gli altri pianeti**: tutti mostrano un evidente moto rotatorio assiale e non abbiamo motivo per ritenere che solo il nostro pianeta debba esserne privo.

3. Possiamo dedurre altre prove da alcuni **esperimenti di Fisica** eseguiti sulla Terra stessa. Uno di questi si basa sull'osservazione della caduta libera dei corpi: un grave che viene lasciato cadere da un punto elevato sulla superficie terrestre (per esempio, dalla sommità di un'alta torre) devia dalla verticale del punto di partenza e giunge sul suolo spostato verso Est. Questo fenomeno fu ampiamente dimostrato da G.B. Guglielmini che nel 1791-1792 fu il primo a eseguire numerose verifiche dalla Torre degli Asinelli, a Bologna.

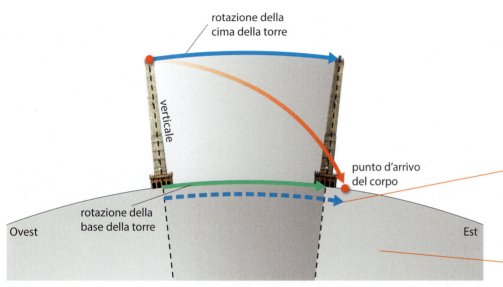

Il corpo – come la torre – partecipa al moto rotatorio terrestre e durante la caduta mantiene la stessa velocità lineare di rotazione che aveva nel punto di partenza, cioè una velocità maggiore di quella con cui ruota il punto di arrivo, che è più vicino all'asse di rotazione della Terra. Perciò il corpo giunge al suolo in un punto che è spostato verso Est rispetto alla verticale del luogo dal quale ha inizio la sua caduta.

Nel disegno la proporzione fra la torre e la Terra è esagerata per mostrare le differenti velocità lineari.

La misura del giorno

La durata effettiva di una rotazione completa della Terra intorno all'asse, prendendo come punto di riferimento una stella a grande distanza, è detta **giorno sidereo**. Il **giorno solare** è invece l'intervallo di tempo che intercorre tra due successive culminazioni del Sole in un certo luogo.

Questi due intervalli di tempo non sono uguali.

Prendiamo come riferimento un punto P sulla superficie terrestre. Mentre compie una rotazione, la Terra si muove anche lungo l'orbita attorno al Sole. Dopo una rotazione completa della Terra, il Sole non si troverà dunque sulla verticale di P, ma su quella di P': per poter rivedere il Sole di nuovo in culminazione su P occorre quindi che la Terra ruoti ancora di un certo angolo (pari a quello compiuto con il moto di rivoluzione). Il giorno solare comprende anche quel piccolo intervallo di tempo in più (pari a 4 minuti) rispetto a una esatta rotazione. Per regolare le nostre attività utilizziamo il **giorno solare medio**, diviso in 24 ore.

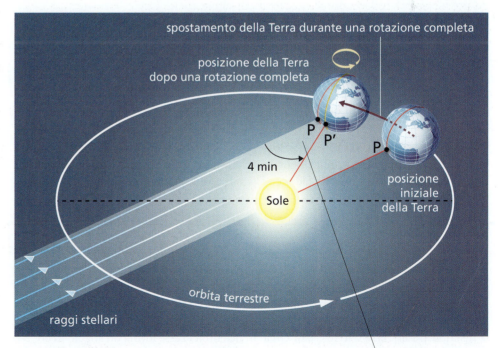

L'angolo (che nel disegno è esagerato) corrisponde alla rotazione che la Terra compie mediamente in 4 minuti circa.

5. IL MOTO DI RIVOLUZIONE TERRESTRE

La Terra compie, come gli altri pianeti del Sistema solare, un moto di rivoluzione descrivendo un'orbita ellittica intorno al Sole. Immaginando di osservare il movimento dal Polo nord celeste, la Terra si muove in senso antiorario.

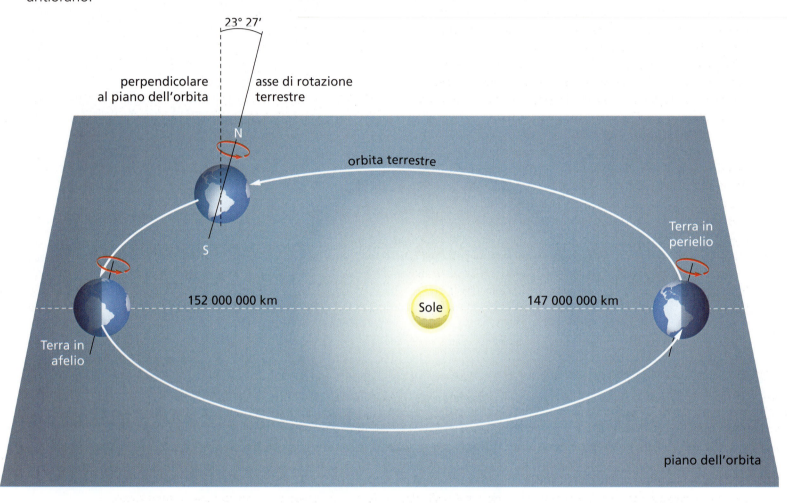

La Terra si muove – in accordo con le leggi di Keplero – lungo un'orbita che ha la forma di un'ellisse, della quale il Sole occupa uno dei fuochi. A causa di questa forma dell'orbita, la distanza tra la Terra e il Sole varia nel corso dell'anno.

In **perielio** (il punto dell'orbita più vicino al Sole) la distanza tra la Terra e il Sole è di circa 147 milioni di km e la velocità della Terra è di circa 30,3 km/s.

In **afelio** (il punto più lontano dal Sole) la distanza tra la Terra e il Sole è di circa 152 milioni di km e la velocità circa 29,3 km/s. La distanza media Terra-Sole è di circa 149 600 000 km.

L'intero percorso orbitale della Terra ha una lunghezza ormai ben nota: si tratta di circa 940 milioni di kilometri, che vengono percorsi a una velocità media di circa 29 kilometri al secondo, della quale noi non ci accorgiamo.

La durata del moto di rivoluzione terrestre definisce la lunghezza dell'**anno**.

Rispetto alla retta perpendicolare al piano dell'orbita, l'asse terrestre è inclinato di 23° 27'. In altre parole, rispetto al piano dell'orbita l'asse forma un angolo di 66° 33' (90° − 23° 27'). Questo angolo rimane costante durante l'intero tragitto annuo che la Terra compie attorno al Sole.

IMPARA A IMPARARE

Osservando la figura e utilizzando i dati forniti nel testo, fai un disegno di dettaglio che rappresenti il pianeta Terra durante il suo moto di rivoluzione, in cui siano indicati: l'asse terrestre, i poli, l'Equatore, il piano dell'orbita che taglia il globo (con il suo angolo di inclinazione rispetto all'Equatore e rispetto all'asse terrestre).

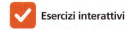 Esercizi interattivi

Prove del moto di rivoluzione terrestre

Oltre alle conseguenze del moto di rivoluzione che vedremo nel prossimo paragrafo, vi sono diverse prove più o meno evidenti che dimostrano l'esistenza effettiva di tale movimento da parte della Terra attorno al Sole.

Tra le prove indirette del moto di rivoluzione possiamo considerare l'**analogia con gli altri pianeti del Sistema solare**. Per tutti i pianeti, infatti, si è potuta osservare l'esistenza di un movimento intorno al Sole, regolato dalle leggi di Keplero.

La **periodicità annua di alcuni gruppi di stelle cadenti** sta a indicare, anch'essa, che il nostro pianeta si muove nello spazio descrivendo un'orbita di forma tale che le consenta di passare periodicamente attraverso regioni in cui sono presenti sciami di materia cosmica.

La prova diretta e più sicura del moto orbitale della Terra è fornita da un fenomeno di natura fisica che venne scoperto nel 1727 da J. Bradley, dell'Osservatorio astronomico di Greenwich: si tratta dell'**aberrazione della luce proveniente dagli astri**.

Bradley notò che quando noi osserviamo una stella con un telescopio dobbiamo inclinarlo leggermente in avanti, nel senso del moto di rivoluzione della Terra, puntandolo su una posizione (S_1) che è leggermente spostata rispetto a quella in cui si trova veramente la stella (S). Il fenomeno è spiegabile con il fatto che la luce proveniente dall'astro impiega un certo tempo a percorrere l'asse ottico del telescopio e ad arrivare fino al nostro occhio, e nel frattempo noi ci spostiamo in un punto dell'orbita terrestre che non è più quello di prima.

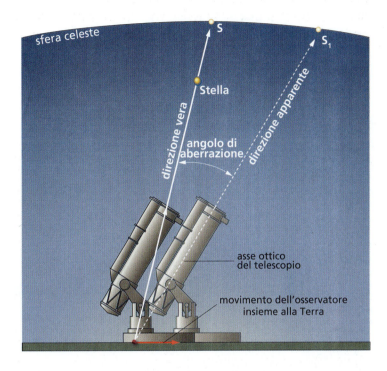

La misura dell'anno

Anche per il moto di rivoluzione della Terra intorno al Sole, e quindi per la misura dell'anno, occorre distinguere tra *anno sidereo* e *anno solare*, che hanno una durata diversa.

Per **anno sidereo** si intende l'effettivo periodo di rivoluzione della Terra attorno al Sole. Esso corrisponde all'intervallo di tempo che passa tra due ritorni consecutivi del Sole nella stessa posizione rispetto alle stelle. Questo intervallo di tempo è di 365 giorni, 6 ore, 9 minuti e 10 secondi.

L'**anno solare** (o *anno tropico*) è invece il tempo che intercorre tra due passaggi consecutivi del Sole allo Zenit su uno stesso tropico. A causa del fenomeno della *precessione luni-solare* (vedi paragrafo 7), questo avviene un po' prima che la Terra abbia completato la propria rivoluzione attorno al Sole. Per questa ragione, l'anno solare è un po' più breve di quello sidereo: ha una durata di 365 giorni, 5 ore, 48 minuti e 46 secondi.

Generalmente, quando si parla di anno si fa riferimento all'anno solare; ma, dato che la sua durata non corrisponde a un numero intero di giorni, si è resa necessaria l'introduzione dell'**anno civile**, di 365 giorni esatti, su cui si basano i calendari.

Per tenere conto delle 6 ore (scarse) in più contenute nella durata dell'anno solare rispetto all'anno civile, che noi utilizziamo, ogni 4 anni è necessario aggiungere un giorno – per convenzione, il 29 febbraio – e si ha un anno detto «bisestile» (per bilanciare ulteriormente, si saltano 3 anni bisestili ogni 400 anni). Il calendario così organizzato fu introdotto nel 1582 dal Papa Gregorio XIII, e si chiama per questo motivo **calendario gregoriano**.

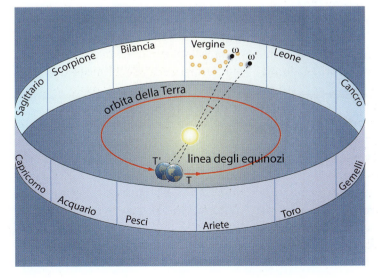

Nella posizione T il Sole si trova allo Zenit sull'Equatore. Dopo un'intera rivoluzione – ossia dopo un **anno sidereo** – la Terra torna in T e vede di nuovo il Sole nella stessa posizione tra le stelle. Ma il Sole è tornato allo Zenit sull'Equatore un po' prima, quando la Terra si trovava in T', a causa della variazione di inclinazione dell'asse terrestre dovuta alla precessione luni-solare. Il tempo trascorso per passare da T a T' costituisce l'**anno solare**.

6. L'ALTERNANZA DELLE STAGIONI

L'alternanza delle stagioni è dovuta al moto di rivoluzione della Terra intorno al Sole e al fatto che, se si considerano tempi non troppo lunghi, l'asse terrestre si mantiene costantemente parallelo a se stesso durante l'intero percorso orbitale.

Una conseguenza importante del moto di rivoluzione e dell'inclinazione costante dell'asse terrestre sul piano dell'orbita è la **diversa durata del dì e della notte**, che si verifica nel corso dell'anno e nei vari luoghi della Terra.

La durata massima del dì nell'emisfero boreale si registra il 21 giugno, giorno del **solstizio d'estate**, mentre la durata minima

Quando la Terra si trova nel punto dell'orbita che corrisponde al **solstizio d'estate** il Polo nord è rivolto verso il Sole. L'illuminazione e il riscaldamento sono maggiori nei luoghi posti nell'emisfero boreale, dove il dì è più lungo della notte. Nei luoghi posti a Sud dell'Equatore la notte dura più del dì. A mezzodì il Sole si trova allo Zenit del **Tropico del Cancro** (23° 27' N). Il circolo di illuminazione è tangente a due paralleli denominati **Circolo polare artico** (66° 33' N), a Nord del quale il dì ha durata di 24 ore, e **Circolo polare antartico** (66° 33' S), a Sud del quale è sempre notte.

All'**equinozio di primavera** il circolo d'illuminazione passa esattamente per i poli, come all'equinozio d'autunno.

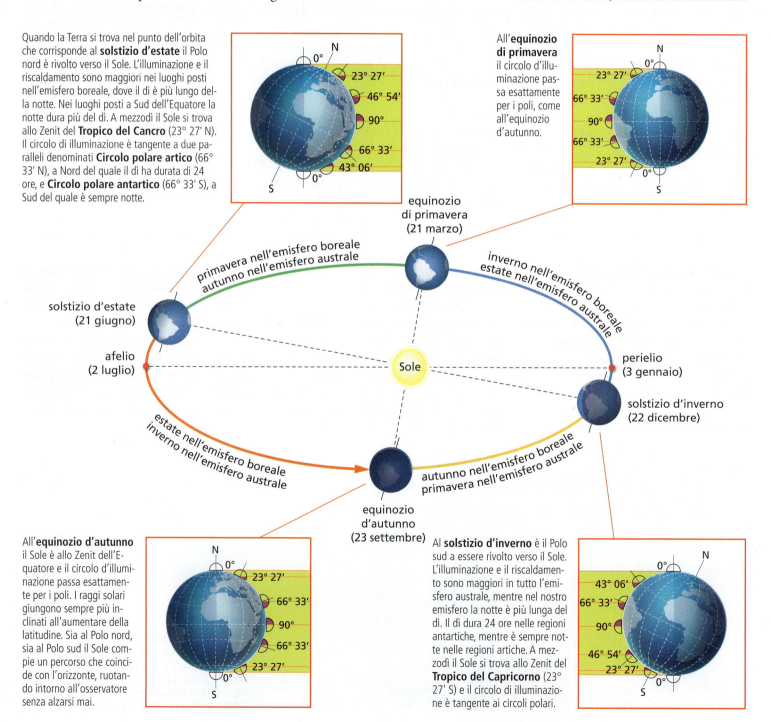

All'**equinozio d'autunno** il Sole è allo Zenit dell'Equatore e il circolo d'illuminazione passa esattamente per i poli. I raggi solari giungono sempre più inclinati all'aumentare della latitudine. Sia al Polo nord, sia al Polo sud il Sole compie un percorso che coincide con l'orizzonte, ruotando intorno all'osservatore senza alzarsi mai.

Al **solstizio d'inverno** è il Polo sud a essere rivolto verso il Sole. L'illuminazione e il riscaldamento sono maggiori in tutto l'emisfero australe, mentre nel nostro emisfero la notte è più lunga del dì. Il dì dura 24 ore nelle regioni antartiche, mentre è sempre notte nelle regioni artiche. A mezzodì il Sole si trova allo Zenit del **Tropico del Capricorno** (23° 27' S) e il circolo di illuminazione è tangente ai circoli polari.

del dì si verifica il 22 dicembre, giorno del **solstizio d'inverno**.

Ci sono però due giorni dell'anno durante i quali dì e notte hanno pari durata per tutta la superficie terrestre: il 21 marzo, giorno dell'**equinozio di primavera**, e il 23 settembre, l'**equinozio d'autunno**.

Gli equinozi corrispondono alle due sole posizioni della Terra, sulla propria orbita, nelle quali il circolo di illuminazione passa esattamente per i poli. Ai solstizi invece il circolo di illuminazione è tangente a due paralleli particolari che vengono denominati *Circolo polare artico* (che si trova 66° 33' a Nord dell'Equatore) e *Circolo polare antartico* (66° 33' a Sud dell'Equatore).

I valori della latitudine dei tropici – cioè i paralleli sui quali il Sole è allo Zenit a mezzodì dei solstizi (23° 27', Nord e Sud) – e quelli della latitudine dei circoli polari sono connessi, dunque, all'angolo che l'asse terrestre forma con la perpendicolare al piano dell'orbita.

Dalla durata del dì dipende, a sua volta, la quantità di calore ricevuta dai vari luoghi della superficie terrestre.

Estendendo l'osservazione a tutto il periodo di tempo che la Terra impiega per compiere una rivoluzione completa intorno al Sole, possiamo dire che:

- i periodi dell'anno in cui il dì dura più della notte sono periodi più caldi;
- i periodi in cui la notte dura più del dì sono periodi più freddi;
- quando il dì e la notte hanno durata poco diversa si registrano temperature intermedie.

Questo continuo avvicendarsi durante l'anno di periodi più caldi, periodi intermedi e periodi più freddi viene indicato come **alternanza delle stagioni**. Le stagioni sono invertite nei due emisferi.

La variazione della distanza del nostro pianeta dal Sole non ha invece importanza nel succedersi dei periodi più caldi e più freddi durante l'anno. Tanto è vero che la Terra si trova in perielio, ossia più vicina al Sole, all'inizio di gennaio (quando nel nostro emisfero è pieno inverno) e in afelio all'inizio di luglio (per noi, il mese più caldo).

> **IMPARA A IMPARARE**
>
> Riassumi in una tabella le seguenti informazioni sui solstizi e gli equinozi: data, luogo in cui il Sole è allo Zenit, luogo in cui si ha il dì più lungo, luogo in cui si ha il dì più breve, quale stagione inizia in ciascun emisfero.

▶ **Video** La durata del dì e della notte

▶ **Video** Le stagioni nei due emisferi

💡 **Attività per capire** Riproduci le variazioni di illuminazione sulla Terra

✅ **Esercizi interattivi**

Le zone astronomiche

I tropici e i circoli polari dividono la superficie terrestre in 5 grandi aree, chiamate *zone astronomiche*. Nel corso dell'anno queste zone vengono riscaldate dal Sole in maniera sensibilmente diversa.

Procedendo da Nord a Sud, le zone astronomiche sono:

- la **Calotta polare artica**,
- la **Zona temperata boreale**,
- la **Zona intertropicale** (o *Zona torrida*),
- la **Zona temperata australe**,
- la **Calotta polare antartica**.

Nelle due **calotte polari** i raggi solari giungono sempre molto inclinati; in un periodo dell'anno essi non colpiscono affatto la superficie terrestre per tutte le 24 ore e addirittura per più giorni consecutivi (circa sei mesi ai poli). Qui, durante l'anno, si alternano un *gran dì* e una *grande notte*.

Nelle **zone temperate** (boreale e australe) i raggi del Sole arrivano sempre più o meno obliqui. Le durate del dì e della notte variano molto durante l'anno.

Nella **zona intertropicale** i raggi solari sono perpendicolari alla superficie terrestre due volte l'anno (una sola ai tropici). La differenza di durata tra il dì e la notte (sempre nulla all'Equatore) non è mai molto forte.

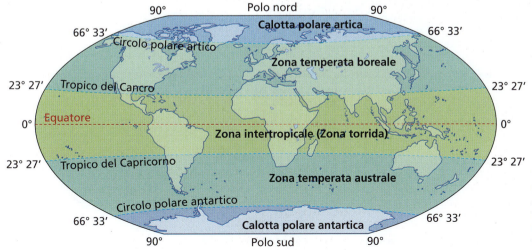

La suddivisione schematica delle zone astronomiche non corrisponde esattamente alla distribuzione reale delle temperature dell'aria perché non tiene conto di tutti gli altri fattori che influenzano la temperatura dei luoghi sulla Terra. Li vedremo quando parleremo della temperatura dell'aria e, più in generale, del clima.

7. I MOTI MILLENARI DELLA TERRA

La Terra è dotata anche di movimenti che si compiono in migliaia di anni e perciò sono chiamati moti millenari. Anche se non siamo in grado di osservarne direttamente le conseguenze, i loro effetti sono molto rilevanti perché riguardano la distribuzione durante l'anno della quantità di energia solare che raggiunge i due emisferi terrestri.

Oltre ai moti di rotazione e di rivoluzione del nostro pianeta, vi sono altri movimenti, molto più lenti, che sono causati dall'attrazione gravitazionale che gli altri corpi del Sistema solare, soprattutto il Sole e la Luna, esercitano sulla Terra.

1. La forza di attrazione gravitazionale del Sole e quella della Luna nei riguardi della Terra agiscono più intensamente sul «rigonfiamento» equatoriale che sulle altre parti, e quindi tendono a «raddrizzare» l'asse di rotazione terrestre rispetto al piano dell'orbita. Allo stesso tempo, la Terra si oppone, con la propria rotazione, a questo spostamento (come una trottola, che tende a conservare l'asse sempre parallelo a se stesso). Queste due forze si combinano e il movimento che ne deriva fa disegnare all'asse terrestre un *doppio cono* in senso orario.

Il mutamento di direzione dell'asse terrestre fa sì che gli equinozi e i solstizi si verifichino ogni anno circa 20 minuti in anticipo. Per questo suo effetto il moto di *precessione luni-solare* è denominato anche, sinteticamente, **precessione degli equinozi**.

2. L'**eccentricità** dell'orbita terrestre attorno al Sole, cioè il rapporto tra la distanza del Sole dal centro dell'orbita e il semiasse maggiore dell'orbita, **varia nel tempo**. In altre parole, l'orbita ellittica del nostro pianeta è ora più, ora meno «schiacciata».

3. L'attrazione gravitazionale del Sole e della Luna sulla Terra dipende dalle distanze tra questi corpi. Poiché tali distanze variano continuamente, nel tempo si verifica anche un **mutamento dell'inclinazione dell'asse terrestre**. Attualmente l'angolo tra l'asse terrestre e la perpendicolare al piano dell'orbita è di 23° 27'. Ma in un arco di tempo di 40 000 anni tale angolo varia da circa 21° 55' a 24° 20'.

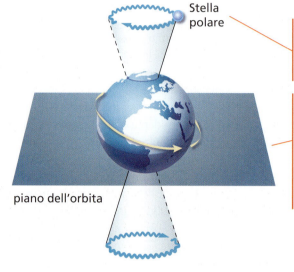

La precessione luni-solare
A causa della precessione luni-solare, la stella che indica il Nord non è sempre stata la Stella polare, e non lo sarà fra millenni.

L'asse terrestre compie un *doppio cono* completo in 26 000 anni. Però, rispetto all'orbita terrestre, l'asse della Terra torna nella stessa posizione dopo circa 21 000 anni, perché la forza gravitazionale esercitata dagli altri pianeti del Sistema solare fa ruotare l'intera orbita terrestre, intorno al Sole, in senso contrario (cioè antiorario).

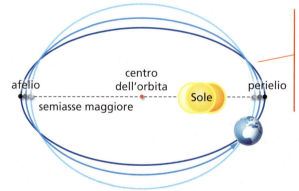

La variazione dell'eccentricità dell'orbita terrestre
Si è valutato che in un periodo di 92 000 anni la differenza tra le distanze del Sole dalla Terra all'afelio e al perielio vari da circa 1 milione di km a circa 16 milioni di km; attualmente è di circa 5 milioni di km.

La variazione dell'inclinazione dell'asse terrestre
Dall'inclinazione dell'asse terrestre dipende l'insolazione di ogni località della Terra; e dall'insolazione dipende, a sua volta, il clima. Quanto più aumenta l'inclinazione dell'asse (rispetto alla perpendicolare al piano dell'orbita), tanto più marcato diviene il contrasto tra le stagioni.

LEGGI NELL'EBOOK →
- I moti millenari e le glaciazioni

IMPARA A IMPARARE
Sottolinea nel testo la causa di ciascun moto millenario e il movimento che comporta.

 Esercizi interattivi

8. L'ORIENTAMENTO

Orientarsi significa individuare sul circolo dell'orizzonte visibile alcuni punti fissi: i punti cardinali. Per determinarli si può prendere come riferimento la posizione del Sole (di giorno) o quella di alcune altre stelle (di notte); oppure utilizzare strumenti come la bussola.

Il modo più semplice per indicare la nostra posizione consiste nel fare riferimento ad alcuni punti fissi: i **punti cardinali**. Questi sono stati fissati da molti secoli, a partire dall'osservazione del moto apparente del Sole nel cielo.

Il termine *orientarsi*, infatti, significa letteralmente «rivolgersi verso oriente», cioè verso **Est**: il punto cardinale dal quale sorge il Sole. Durante il dì il Sole sembra ruotare attorno alla Terra da Est verso **Ovest** (in realtà è la Terra che ruota nel senso contrario).

Nella zona temperata del nostro emisfero, se ci mettiamo a braccia aperte e con la mano sinistra verso Est, avremo l'Ovest a destra (dove tramonta il Sole), il **Sud** di fronte e il **Nord** alle spalle.

Nella zona temperata dell'emisfero australe avviene il contrario: puntando la mano destra verso il sorgere del Sole (Est), avremo invece l'Ovest a sinistra, il Nord di fronte e il Sud alle spalle.

Questo sistema di orientamento è però approssimativo, perché il Sole sorge esattamente a Est e tramonta esattamente a Ovest soltanto nei giorni degli *equinozi*. In tutti gli altri giorni dell'anno il Sole sorge un po' spostato rispetto all'Est.

Di notte nel nostro emisfero possiamo orientarci mediante la **Stella polare** che, come abbiamo visto è pressoché allineata con l'asse di rotazione terrestre. Essa si trova, cioè, molto vicina allo Zenit del Polo nord e quindi indica sempre la direzione del Nord. Di conseguenza, per rivolgersi verso Nord è sufficiente abbassare lo sguardo, verticalmente, dalla stella fino a incontrare l'orizzonte.

Nell'emisfero australe, si può invece prendere come riferimento la Costellazione della **Croce del Sud**, che indica pressappoco la direzione del Sud.

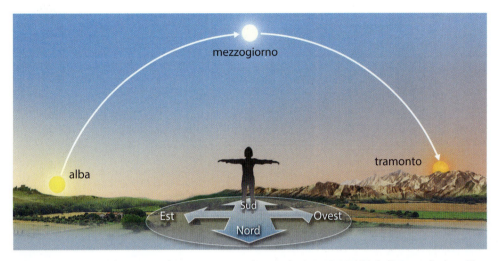

Nella zona temperata del nostro emisfero, a mezzogiorno il punto di culminazione del Sole (il punto più alto sull'orizzonte nel suo moto apparente giornaliero) indica il Sud. Nella zona temperata dell'emisfero australe alla stessa ora indica il Nord.

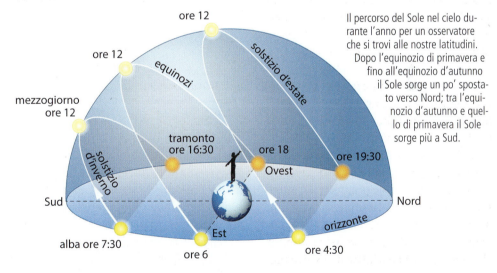

Il percorso del Sole nel cielo durante l'anno per un osservatore che si trovi alle nostre latitudini. Dopo l'equinozio di primavera e fino all'equinozio d'autunno il Sole sorge un po' spostato verso Nord; tra l'equinozio d'autunno e quello di primavera il Sole sorge più a Sud.

LEGGI NELL'EBOOK →
- Il percorso del Sole nel cielo

IMPARA A IMPARARE
Aiutandoti con le informazioni fornite nel testo, ridisegna entrambe le figure di questo paragrafo dal punto di vista di un osservatore che si trovi nell'emisfero australe.

▶ **Video** L'orientamento durante il dì

▶ **Video** L'orientamento durante la notte

💡 **Attività per capire** Osserva il percorso del Sole

👁 **Osservazione** Le ombre

✓ **Esercizi interattivi**

9. LA MISURA DELLE COORDINATE GEOGRAFICHE

La conoscenza delle coordinate geografiche di un punto permette di ritrovare la posizione del luogo facendo riferimento esclusivamente al reticolato dei paralleli e dei meridiani.

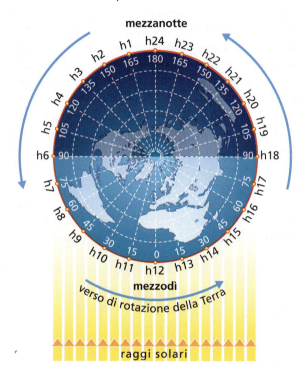

Dato che il Sole si sposta apparentemente da Est a Ovest, se l'ora locale è maggiore di quella di Greenwich vuol dire che nel luogo considerato il Sole è sorto prima e la località si trova a Est di Greenwich (diciamo che «ha longitudine Est»). Se l'ora locale è minore di quella di Greenwich il luogo ha longitudine Ovest.

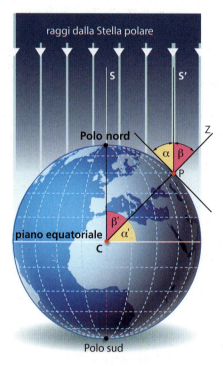

L'angolo che i raggi della Stella polare formano con il piano dell'orizzonte (α) è uguale alla latitudine del luogo (α'). Difatti α e α' sono rispettivamente complementari di β e β', e questi ultimi sono uguali fra loro perché angoli corrispondenti, formati dalle parallele CS e PS' tagliate dalla trasversale CZ.

L'orientamento permette di fissare soltanto la posizione relativa dei punti visibili sul piano dell'orizzonte rispetto a un altro punto, che è quello in cui si trova l'osservatore.

Quando al contrario si vuole stabilire la **posizione assoluta** di un qualsiasi punto sulla superficie terrestre occorre determinare le sue coordinate geografiche, ovvero la **longitudine** e la **latitudine**.

1. La *misura della longitudine* si basa sulla determinazione dell'**ora locale**. Non si tratta dell'ora indicata dall'orologio, ma di quella ricavabile – con appositi strumenti e calcoli complessi – dalla posizione del Sole nel suo moto apparente attorno alla Terra.

Nelle 24 ore il Sole raggiunge il culmine del suo arco giornaliero via via su tutti i 360 meridiani di grado del globo. Dunque, il Sole in un'ora si muove apparentemente di 15°; il che significa che per spostarsi da un meridiano al successivo, cioè per spostarsi di 1°, impiega 4 minuti.

Quindi per conoscere la longitudine di un luogo si calcola la differenza (in minuti) fra l'ora locale del luogo e l'ora locale di Greenwich e poi si divide per 4, ottenendo così il numero di meridiani che separano la località dal meridiano di riferimento.

2. Il metodo utilizzato più di frequente per *determinare la latitudine* di un luogo consiste nel misurare – sempre con strumenti appositi – l'**altezza di una stella** sul piano dell'orizzonte.

In una qualsiasi località dell'emisfero boreale, l'angolo formato dalla retta che congiunge i nostri occhi alla *Stella polare* e dal piano dell'orizzonte è uguale all'angolo che corrisponde alla latitudine del luogo. Si tratta di latitudine Nord, perché stiamo parlando del nostro emisfero.

La determinazione della latitudine Sud è del tutto analoga; nell'emisfero australe si fa riferimento alla *Croce del Sud*, però tenendo conto che questa costellazione è distante dal Polo sud celeste circa 30°.

La determinazione della latitudine si può effettuare anche misurando l'altezza del Sole nel momento della sua culminazione sul meridiano del luogo, cioè a mezzodì. Questa procedura, però, è valida soltanto nei giorni degli equinozi, in cui i raggi solari sono paralleli al piano dell'Equatore. Negli altri giorni dell'anno, poiché il Sole è allo Zenit su un parallelo posto a Nord o a Sud dell'Equatore, occorre tener conto dell'angolo che i suoi raggi formano con il piano equatoriale, cioè della *declinazione solare*.

> **IMPARA A IMPARARE**
> - Sintetizza i metodi per determinare la latitudine e la longitudine in una frase per ciascuno di essi.
> - Evidenzia le condizioni in cui sono validi i diversi metodi per determinare la latitudine.

 Video I fusi orari

 Esercizi interattivi

I fusi orari

L'ora valida per ciascuna località si chiama **ora locale** (detta anche **ora vera**) e lo è per tutti i luoghi situati sullo stesso meridiano, e solo per essi. Ma l'ora vera è estremamente scomoda da utilizzare: spostandosi anche di pochi kilometri verso Est, oppure verso Ovest, bisognerebbe spostare continuamente le lancette dell'orologio. Per ovviare a questo problema è stato introdotto il sistema dei **fusi orari**, che sono 24 zone della superficie terrestre (ognuna delle quali copre 15° di longitudine) all'interno delle quali si assume per convenzione che l'ora sia la stessa: quella che corrisponde al meridiano centrale del fuso. Tale ora è detta **ora civile**. Tra un fuso e quello adiacente c'è la differenza di un'ora.

Poiché la Terra ruota da Ovest verso Est, se passiamo da un fuso all'altro andando verso Est dobbiamo spostare le lancette dell'orologio in avanti di un'ora; spostarle indietro se andiamo verso Ovest.

Ci sono diversi Paesi – tra cui l'Italia – che durante l'estate adottano la cosiddetta *ora legale* (o, meglio, **ora estiva**): le lancette dell'orologio vengono spostate in avanti di un'ora rispetto a quella del fuso. In pratica, si posticipa di un'ora il tramonto per sfruttare al massimo le ore di luce. Per determinare che ora è in un certo Paese dobbiamo sapere se è in vigore l'ora legale.

Al sistema dei fusi orari viene associata la **linea internazionale del cambiamento di data**, che corrisponde all'incirca all'antimeridiano del meridiano fondamentale. Se si attraversa la linea andando dall'America all'Asia – ossia da Est verso Ovest – bisogna spostare la data al giorno successivo; se, al contrario, si va dall'Asia all'America – cioè da Ovest a Est – bisogna ripetere la data del giorno in corso.

La bizzarria è solo apparente, come dimostra il seguente esempio. Supponiamo che sul meridiano di Greenwich sia mezzanotte di una domenica. Nelle località *a Ovest*, cioè verso gli Stati Uniti d'America, è ancora domenica: a New York è tardo pomeriggio della domenica, sulla costa del Pacifico è primo pomeriggio di domenica, e arrivati sul meridiano opposto a Greenwich è mezzodì di domenica. Al contrario, se ci spostiamo da Greenwich *verso Est* troveremo che sull'Europa orientale è già lunedì, anche se è ancora notte, tra l'India e la Cina è lunedì mattina presto, in Giappone è tarda mattinata e sul meridiano opposto a Greenwich è mezzodì del lunedì. Quindi in entrambi i casi nel tredicesimo fuso è mezzodì, ma se ci arriviamo da Ovest è mezzodì di domenica, mentre se ci arriviamo da Est è mezzodì del lunedì.

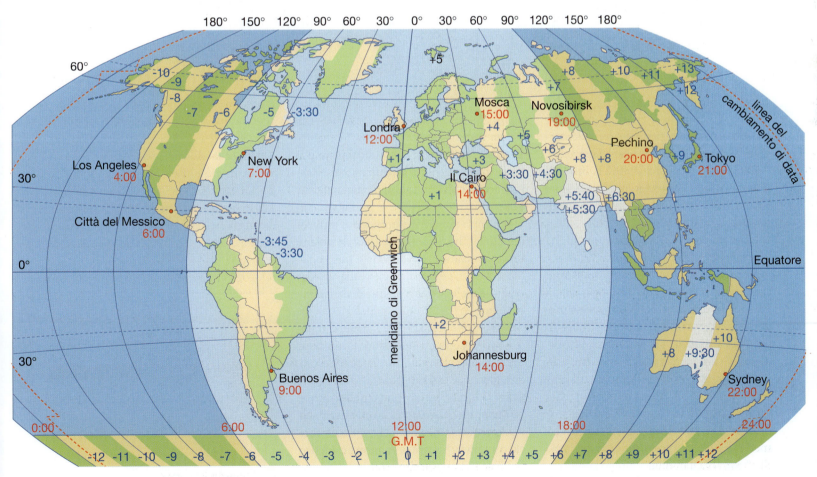

Sulla terraferma le linee che separano i fusi orari seguono il più possibile i confini tra gli Stati.

10. IL CAMPO MAGNETICO TERRESTRE

La bussola è uno strumento che «sfrutta» il campo magnetico terrestre per individuare il Polo nord magnetico, ubicato nei pressi del Polo nord geografico, e consente quindi l'orientamento.

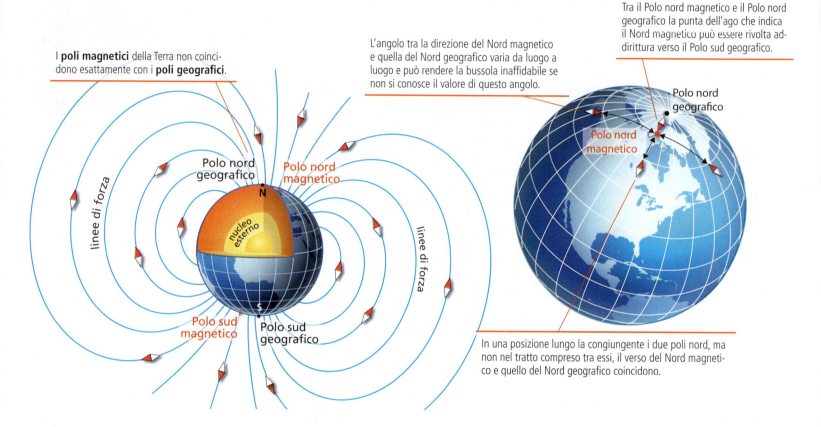

I **poli magnetici** della Terra non coincidono esattamente con i **poli geografici**.

L'angolo tra la direzione del Nord magnetico e quella del Nord geografico varia da luogo a luogo e può rendere la bussola inaffidabile se non si conosce il valore di questo angolo.

Tra il Polo nord magnetico e il Polo nord geografico la punta dell'ago che indica il Nord magnetico può essere rivolta addirittura verso il Polo sud geografico.

In una posizione lungo la congiungente i due poli nord, ma non nel tratto compreso tra essi, il verso del Nord magnetico e quello del Nord geografico coincidono.

Lo strumento che permette di orientarsi anche quando non è possibile fare riferimento al Sole o ad altre stelle è la **bussola**. Essa è costituita da un ago magnetico (una barretta di ferro magnetizzato) libero di ruotare all'interno di un contenitore.

L'ago magnetico si dispone in modo che la sua estremità colorata (o annerita) indichi il Nord e l'estremità opposta il Sud. L'ago della bussola si muove e si posiziona lungo la direttrice Nord-Sud perché – allo stesso modo delle graffette di ferro quando vengono attirate da una calamita – esso risente del **campo magnetico terrestre**.

Il campo magnetico della Terra assomiglia a quello che sarebbe generato da una enorme **barra magnetica** che si trovasse al centro del pianeta, inclinata di circa 11° rispetto all'asse terrestre. I punti in cui l'asse del campo magnetico incontrano la superficie terrestre sono detti **Polo nord magnetico**

e **Polo sud magnetico**. Il motivo per cui la bussola è ritenuta un valido strumento per l'orientamento è che attualmente il Nord magnetico corrisponde all'incirca a quello geografico.

Il campo magnetico può essere rappresentato attraverso le sue *linee di forza*, che mostrano come esso varia nello spazio: indicano, cioè, come si disporrebbe un ago magnetico che fosse posto nei diversi punti del campo.

Sull'*origine* del campo magnetico che avvolge la Terra gli studiosi di Fisica della Terra hanno elaborato un modello secondo il quale tale campo è generato da correnti elettriche che percorrono il nucleo esterno (uno degli involucri che costituiscono il pianeta). Infatti, è noto che una corrente elettrica può generare un campo magnetico (e che, viceversa, un campo magnetico può produrre una corrente elettrica).

Il campo magnetico della Terra è importante per la vita sul pianeta, perché fa da scudo al *vento solare* e a radiazioni nocive per gli esseri viventi. Esso è anche responsabile di un fenomeno luminoso che si può osservare nel cielo ai poli: le *aurore polari*.

LEGGI NELL'EBOOK →
- Le fasce di Van Allen
- Le aurore polari

IMPARA A IMPARARE

Evidenzia con un colore le informazioni fondamentali sul funzionamento della bussola (nel testo e nelle figure). Usa un altro colore per le informazioni sul campo magnetico terrestre.

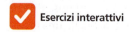 Esercizi interattivi

11. CARATTERISTICHE DELLA LUNA

La Luna, pur avendo dimensioni minori e non essendo adatta alla vita, presenta molte analogie con la Terra. Visto che molto probabilmente i due corpi si sono formati nello stesso periodo e a partire dagli stessi costituenti, la Luna può essere una fonte di informazioni anche sul passato del nostro pianeta.

La *polvere*, che è la parte più fine del *regolite*, è formata da minuscoli frammenti di roccia lanciati in aria all'atto della formazione dei crateri e rimescolati dai numerosi impatti di meteoriti sulla superficie lunare. L'urto delle meteoriti ha provocato anche la fusione di rocce; gocce di rocce fuse si sono poi solidificate, formando delle sferette vetrose.

Simile al basalto terrestre, questa roccia vulcanica lunare è crivellata di fori prodotti dalla liberazione di bolle di gas dalla lava in raffreddamento.

I numeri indicano i luoghi di allunaggio delle diverse missioni Apollo. La prima con uomini a bordo fu Apollo 11: gli astronauti misero piede sul suolo lunare il 20 luglio 1969.

I Montes Apenninus costeggiano il Mare Imbrium.

Il cratere Copernicus.

Il Mare Tranquillitatis.

La **Luna**, unico «satellite naturale» della Terra, è il corpo celeste che oggi conosciamo meglio di ogni altro e l'unico, oltre alla Terra, su cui l'uomo abbia messo piede.

La Luna è un corpo quasi sferico. Ha un **raggio medio** di circa 1738 km, poco più di 1/4 di quello terrestre; la sua **massa** è circa 1/81 di quella della Terra.

Nonostante sembri un corpo molto luminoso, la Luna non brilla di luce propria ma riflette quella che proviene dal Sole.

Sulla Luna mancano sia l'atmosfera, sia l'acqua. Infatti la **gravità** su di essa è appena 1/6 di quella terrestre e non è sufficiente a trattenere i gas, che sono sfuggiti nello spazio. Anche l'acqua andrebbe incontro allo stesso destino: trasformata in vapore dal calore del Sole, si disperderebbe nello spazio. Oggi si pensa che possa esservi del ghiaccio, ricoperto da detriti, in crateri vicini ai poli lunari.

A causa dell'**assenza di atmosfera**, sulla Luna non si verificano i crepuscoli e la temperatura del terreno presenta una grande escursione (si raggiungono i 110 °C durante i periodi di illuminazione e i −150 °C durante la notte).

Il paesaggio lunare è caratterizzato da vari tipi di strutture e forme del rilievo.

I cosiddetti **mari** sono macchie scure che si estendono per aree molto ampie. Sono stati formati dall'impatto con la superficie lunare di gigantesche meteoriti ai primordi dell'evoluzione della Luna; le cavità iniziali sono state colmate da ripetuti espandimenti di lave eruttate da fessure prodottesi nelle aree di impatto. Il fondo dei mari è quasi piatto ed è ricoperto da detriti incoerenti di cui non si conosce lo spessore, chiamati *regolite*.

I **crateri**, presenti su tutta la superficie lunare, possono avere diametri di tutte le dimensioni: da decine di kilometri a qualche centimetro. La loro origine è dovuta in gran parte alla caduta di meteoriti; solo alcuni dei più piccoli sono dovuti a fenomeni vulcanici ora terminati, attivi nei primi momenti di vita del satellite.

Le **terre alte**, ancora più estese dei mari, costituiscono circa il 70% della faccia della Luna rivolta verso di noi e quasi tutta la faccia opposta. Sono regioni di colore chiaro, ricche di crateri. La loro superficie è increspata da rilievi, con cime che possono superare i 9000 metri.

LEGGI NELL'EBOOK →

- La conquista umana della Luna

IMPARA A IMPARARE

Crea una tabella con tutti i dati numerici relativi alla Luna che trovi nel paragrafo.

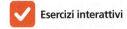 Esercizi interattivi

12. I MOTI DELLA LUNA E LE FASI LUNARI

La Luna compie diversi movimenti simultanei. La conseguenza più nota ed evidente di questi moti consiste nelle le fasi lunari.

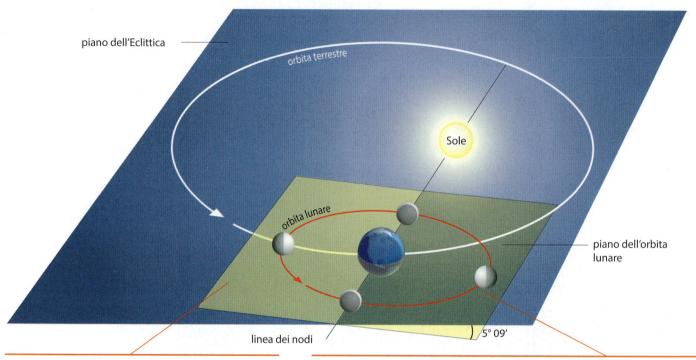

Il piano dell'orbita lunare attorno alla Terra e quello dell'orbita terrestre attorno al Sole sono inclinati tra loro di circa 5°. Essi si intersecano lungo la *linea dei nodi*. Sole, Terra e Luna possono essere perfettamente allineati soltanto lungo questa linea.

La Luna compie un movimento di rivoluzione su un'orbita ellittica di cui la Terra occupa uno dei due fuochi (anche la Luna segue le leggi di Keplero). Quando è al *perigeo* (il punto più vicino alla Terra) si trova a 356 000 km dalla Terra; all'*apogeo* (il punto più lontano) si trova a 407 000 km. La distanza media tra la Terra e la Luna è di circa 384 000 km.

La Luna è dotata di vari movimenti, che si verificano simultaneamente:
- il moto di **rotazione** attorno al proprio asse;
- il moto di **rivoluzione** attorno alla Terra;
- il moto di **traslazione**, insieme alla Terra, attorno al Sole.

Il moto di rivoluzione, che avviene in un lasso di tempo detto **mese sidereo**, ha la stessa durata di quello di rotazione. Per questa ragione la Luna rivolge verso la Terra sempre la stessa «faccia».

Mentre si muove attorno alla Terra, la Luna si sposta anche attorno al Sole insieme al nostro pianeta, con un movimento di traslazione che avviene con la stessa velocità angolare con cui la Terra compie il suo moto di rivoluzione. Il periodo necessario perché si ripeta lo stesso allineamento fra Terra, Luna e Sole viene chiamato **mese sinodico**.

I movimenti che la Luna compie nello spazio causano diversi fenomeni che ci sono più o meno familiari, come le *fasi lunari* e le *eclissi* (che vedremo nel prossimo paragrafo).

Le **fasi lunari** sono i diversi aspetti che assume la Luna dal punto di vista della sua illuminazione e sono dovute alle varie posizioni che essa occupa rispetto alla Terra e rispetto al Sole che la illumina. Le fasi lunari dipendono, cioè, dall'angolo tra la direzione dei raggi solari e la congiungente Terra-Luna. Il fatto che tale angolo sia variabile è responsabile anche del sorgere e tramontare della Luna in momenti diversi del giorno, a seconda della fase in cui essa si trova.

Le quattro fasi lunari principali – *Luna nuova, primo quarto, Luna piena e ultimo quarto* – si hanno quando l'angolo tra le congiungenti Sole-Terra e Terra-Luna è rispettivamente di 0°, 90°, 180° e 270°.

Tra ogni fase e quella successiva passa circa una settimana, il tempo che corrisponde mediamente a un quarto dell'orbita di rivoluzione della Luna attorno alla Terra. E intanto le condizioni di illuminazione della Luna variano gradualmente.

Il periodo completo della successione delle fasi lunari, che corrisponde al *mese sinodico*, è detto anche *lunazione*.

IMPARA A IMPARARE

- Riassumi in una tabella le informazioni sui moti lunari: quali sono, quanto durano, che cosa si vede dalla Terra.
- Elenca le fasi lunari indicando per ciascuna la posizione della Luna e l'aspetto che ha, vista dalla Terra.

 Attività per capire Perché vediamo sempre la stessa faccia della Luna

 Esercizi interattivi

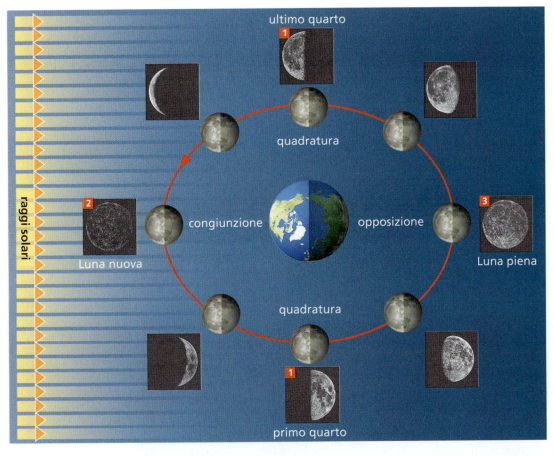

1 Quando la congiungente Terra-Luna è a 90° rispetto alla congiungente Terra-Sole (**quadrature**) della semisfera lunare illuminata dal Sole vediamo solo la metà rivolta verso la Terra. In pratica, possiamo osservare chiaramente un solo quarto dell'intera superficie lunare. Le due fasi in cui si verifica questa condizione si chiamano *primo quarto* e *ultimo quarto*.

2 Quando la Luna si trova dalla stessa parte del Sole rispetto alla Terra (è cioè in **congiunzione**) la «faccia» che rivolge verso di noi non è illuminata. Questa fase si chiama *Luna nuova* (o *novilunio*).

3 Quando la Luna si trova dalla parte opposta al Sole rispetto alla Terra (e in **opposizione**), la semisfera lunare rivolta verso la Terra è totalmente illuminata dai raggi solari. Questa fase si chiama *Luna piena* (o *plenilunio*).

■ La misura del mese

Il moto di rivoluzione della Luna intorno alla Terra consente di fissare un'altra unità di misura del tempo: **il mese**.

La Luna compie un giro completo intorno alla Terra in 27 giorni, 7 ore, 43 minuti e 12 secondi (*mese sidereo*). Il *mese sinodico*, cioè il tempo necessario perché si verifichi lo stesso allineamento Terra-Luna-Sole, è di 29 giorni, 12 ore, 44 minuti e 3 secondi.

La diversa durata del mese sidereo e di quello sinodico è dovuta al fatto che, quando la Luna ha terminato di compiere una effettiva rivoluzione attorno alla Terra, quest'ultima non si trova più nello stesso punto, ma si è spostata lungo la sua orbita attorno al Sole. Di conseguenza, per ripresentarsi nella stessa posizione di partenza rispetto all'allineamento Terra-Sole, la Luna deve procedere per un tratto supplementare della propria orbita.

Quello adottato nei nostri calendari è il mese sinodico, approssimato mediamente a 30 giorni.

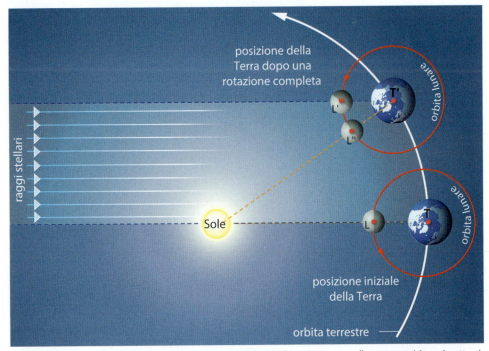

La Luna compie un'intera *rivoluzione siderea* spostandosi da L a L' e si ripresenta nella stessa posizione rispetto ai raggi che le arrivano da una stella (data l'enorme distanza dalla stella, rispetto alla distanza dal Sole, questi raggi si possono considerare paralleli fra loro). Intanto la Terra si sposta sulla propria orbita da T a T' e quindi la Luna per ripresentarsi di nuovo nella stessa posizione rispetto all'allineamento Terra-Sole, cioè per completare una *rivoluzione sinodica*, deve arrivare in L".

13. LE ECLISSI

Le eclissi sono degli oscuramenti o occultamenti temporanei della Luna o del Sole, causati dall'interposizione di un altro corpo (rispettivamente la Terra o la Luna).

Le eclissi totali di Luna si osservano da tutti i luoghi della Terra nei quali la Luna si trova al di sopra dell'orizzonte.

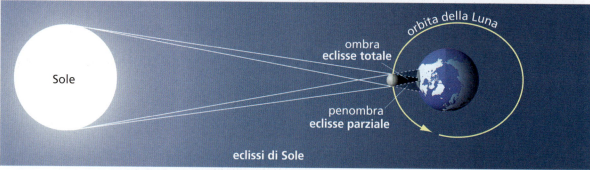

Le eclissi totali di Sole si osservano solo in piccole zone della superficie terrestre (fasce di circa 270 km di ampiezza).

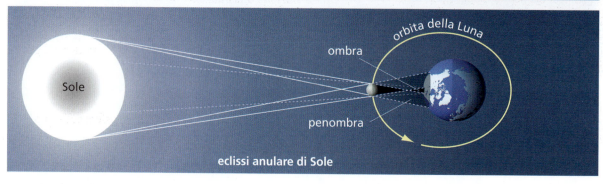

Le eclissi anulari di Sole sono le meno frequenti; esse si verificano quando la Luna, oltre che in congiunzione e sulla linea dei nodi, si trova alla sua massima distanza dalla Terra (*apogeo*).

Un'altra conseguenza dei moti lunari sono le eclissi, che però non sono osservabili così di frequente come le fasi lunari. Quando la Luna si trova quasi allineata con la Terra e il Sole lungo la linea dei nodi – cioè si trova in un nodo o nelle sue immediate vicinanze – si realizza il fenomeno dell'**eclisse**.

L'allineamento dei tre corpi celesti si può verificare sia quando la Luna si trova tra il Sole e la Terra (ed è quindi in fase di Luna nuova), sia quando la Luna si trova dalla parte opposta al Sole rispetto alla Terra (cioè quando è in fase di Luna piena).

1. Se la Luna si trova dalla parte opposta al Sole rispetto alla Terra, è l'ombra della Terra a nascondere la Luna. In questo caso si verifica un'**eclisse di Luna**.

2. Se la Luna si trova tra il Sole e la Terra, essa può inviare il suo cono d'ombra sulla Terra, nascondendo il Sole. In questo caso si verifica un'**eclisse di Sole**.

Le eclissi possono essere **parziali** o **totali**, ma per le eclissi di Sole questa seconda possibilità è molto meno frequente, perché richiede che la Luna si trovi esattamente in uno dei due nodi.

Inoltre, se la Luna è in apogeo si trova troppo distante per occultare completamente il Sole; assistiamo in tal caso a una **eclisse anulare di Sole**, cioè è oscurata solo la sua parte centrale.

IMPARA A IMPARARE

Fai uno schema indicando per ogni tipo di eclisse le condizioni in cui si verifica e la sua visibilità.

 Attività per capire Come fa la Luna a nascondere il Sole?

 Esercizi interattivi

DOMANDE PER IL RIPASSO

 ALTRI ESERCIZI SU ZTE

PARAGRAFO 1
1. Il raggio terrestre è più lungo all'Equatore o ai poli?
2. In cosa differisce il geoide dall'ellissoide?
3. Vero o falso?
   Il raggio medio terrestre misura più di 60 000 km.

PARAGRAFO 2
4. Quanti sono i meridiani geografici?
5. A cosa sono perpendicolari i piani che individuano i paralleli?
6. Perché la longitudine e la latitudine vengono espresse in gradi?
7. Completa.
   Tutti i punti di un parallelo hanno la stessa ....

PARAGRAFO 3
8. Che cosa mette a raffronto la scala di una carta geografica?
9. Che cosa rappresentano le isoipse?
10. Completa.
    Le tecniche di telerilevamento si basano su .... che misurano a distanza la .... emessa, assorbita o riflessa dai corpi.

PARAGRAFO 4
11. Perché le fasi di passaggio tra il dì e la notte sulla Terra sono graduali?
12. Perché la Terra ha una forma schiacciata ai poli?
13. A che cosa è dovuta la deviazione apparente dei corpi che si muovono liberamente sulla superficie terrestre?
14. Completa.
    Vista dal Polo nord celeste la Terra ruota in senso ....

PARAGRAFO 5
15. In che verso la Terra percorre la sua orbita attorno al Sole?
16. Qual è l'ampiezza dell'angolo formato dall'asse terrestre con il piano dell'orbita?
17. Vero o falso?
    Il perielio è il punto dell'orbita più vicino al Sole.

PARAGRAFO 6
18. In quali giorni dell'anno il circolo di illuminazione passa esattamente per i poli?
19. Perché le stagioni sono invertite nei due emisferi?
20. Completa.
    Le zone astronomiche sono caratterizzate da diverse condizioni di .... durante l'anno.

PARAGRAFO 7
21. Quali sono le due cause che, combinandosi, danno luogo alla precessione luni-solare?
22. In che cosa consiste la variazione dell'eccentricità dell'orbita terrestre intorno al Sole?
23. Su che cosa influiscono i moti millenari della Terra?
24. Vero o falso?
    L'inclinazione dell'asse terrestre varia nel tempo di oltre 10°.

PARAGRAFO 8
25. In quali momenti dell'anno nella zona temperata del nostro emisfero il Sole sorge esattamente a Est e tramonta esattamente a Ovest?
26. Come ci si orienta quando non è visibile il Sole?
27. Completa.
    Nell'emisfero australe il Sole sorge a ....

PARAGRAFO 9
28. Quanto tempo impiega il Sole per spostarsi apparentemente da un meridiano a quello successivo?
29. Quale riferimento si può utilizzare per determinare la latitudine di un luogo?
30. A quanti gradi corrisponde l'ampiezza di un fuso orario?
31. Completa.
    Se viaggiamo da Ovest verso Est, attraversando la Linea del cambiamento di data dobbiamo ....

PARAGRAFO 10
32. I poli magnetici della Terra coincidono esattamente con i poli geografici?
33. Come funziona una bussola?
34. Vero o falso?
    La punta annerita (o colorata) dell'ago magnetico della bussola non è sempre rivolta esattamente verso il Polo nord geografico.

PARAGRAFO 11
35. Quali fenomeni comporta l'assenza di atmosfera sulla Luna?
36. Perché la Luna ci appare luminosa?
37. Quali strutture e forme del rilievo caratterizzano il paesaggio lunare?

PARAGRAFO 12
38. Perché la Luna rivolge sempre alla Terra la stessa «faccia»?
39. Che cos'è la linea dei nodi?
40. A che cosa sono dovute le fasi lunari?
41. Completa.
    Quando la Luna è in opposizione si ha la fase di ....

PARAGRAFO 13
42. In quali condizioni si verifica un'eclisse totale di Sole?
43. Da dove sono visibili le eclissi totali di Luna?
44. Vero o falso?
    Un'eclisse di Luna si può verificare soltanto quando essa è in fase di Luna nuova.

4 LABORATORIO DELLE COMPETENZE

1 Sintesi: dal testo alla mappa

- **La forma della Terra**, come quella degli altri pianeti, si può approssimare a una *sfera*. Il solido geometrico che più le si avvicina è l'*ellissoide di rotazione*.
- Anche a causa dell'irregolarità della sua superficie, il nostro pianeta ha una forma del tutto particolare: quella di un solido chiamato **geoide**.
- Il raggio terrestre è più lungo all'Equatore (6378 km) che ai poli (6357 km). Il raggio medio è di 6371 km.

- **Il reticolato geografico** è il sistema di riferimento che consente di individuare la posizione assoluta dei corpi sulla superficie terrestre. Esso è formato dai meridiani e dai paralleli.
- I **meridiani** sono le «circonferenze» che si ottengono sulla superficie terrestre immaginando di tagliare il globo con piani passanti per l'asse di rotazione.
- I **paralleli** sono le «circonferenze» che si ottengono sulla superficie terrestre immaginando di tagliare il globo con piani perpendicolari all'asse di rotazione.
- Le coordinate geografiche sono la *longitudine* e la *latitudine* e si misurano in gradi.
- La **longitudine** di un punto P è data dall'angolo che esprime la distanza tra il meridiano che passa per P e il *meridiano di riferimento* (quello che passa per Greenwich, presso Londra).
- La **latitudine** di un punto P è data dall'angolo formato dal raggio terrestre che passa per P con il piano dell'Equatore (il parallelo di riferimento).
- Per determinare la longitudine e la latitudine del luogo in cui ci troviamo utilizziamo, rispettivamente, l'ora locale e l'altezza di una determinata stella sull'orizzonte.

- **Le carte geografiche** sono *rappresentazioni approssimate* della superficie terrestre.
- La **scala** di una carta ci dice di quante volte le distanze misurate sul terreno sono state ridotte sulla carta.
- Gli oggetti geografici e l'andamento del rilievo sono rappresentati sulla carta con dei simboli, detti **segni convenzionali**.
- La superficie (pressoché sferica) della Terra viene riportata sul piano per mezzo delle *proiezioni geografiche*.
- Le tecniche di **telerilevamento** consentono di «osservare» gli oggetti presenti sulla superficie terrestre mediante la misurazione a distanza dell'energia che questi sono in grado di assorbire, riflettere o emettere.

- **Il moto di rotazione** è quello compiuto dalla Terra intorno al proprio asse. La Terra impiega un **giorno** a completare una rotazione.
- Le conseguenze del moto di rotazione sono:
  - l'alternanza del dì e della notte;
  - la deviazione dei corpi in movimento sulla superficie terrestre;
  - lo schiacciamento polare della Terra.

- **Il moto di rivoluzione** è quello compiuto dalla Terra attorno al Sole. La Terra impiega un **anno** a fare una rivoluzione completa.
- L'asse terrestre è inclinato di 66° 33' rispetto al piano dell'orbita; cioè di 23° 27' rispetto alla perpendicolare a tale piano.
- Una importante conseguenza del moto di rivoluzione terrestre è la **diversa durata del dì e della notte** a seconda della latitudine e del periodo dell'anno. Poiché la quantità di calore ricevuta da ciascun punto della superficie terrestre varia in funzione della durata del dì, nel corso dell'anno variano anche i periodi più caldi e i periodi più freddi, cioè le **stagioni**.
- I due *tropici* e i due *circoli polari* dividono la superficie terrestre in cinque parti (**zone astronomiche**) caratterizzate da condizioni diverse di riscaldamento.

- **I moti millenari** della Terra, causati dall'attrazione gravitazionale che gli altri corpi del Sistema solare (soprattutto Sole e Luna) esercitano sulla Terra sono:
  - la precessione luni-solare;
  - la variazione dell'inclinazione dell'asse terrestre;
  - la variazione dell'eccentricità dell'orbita.

- **Orientarsi** (letteralmente, «rivolgersi verso oriente») significa individuare i punti cardinali (**Nord, Sud, Est, Ovest**) sull'orizzonte di un dato luogo.
- Le stelle – e il loro moto apparente nel cielo, dovuto alla rotazione terrestre – possono essere «utilizzate» per orientarsi.
- Durante il dì la stella più «utile» per l'orientamento è il Sole; di notte osserviamo la Stella polare (nell'emisfero boreale) e la Croce del Sud (nell'emisfero australe).
- L'orientamento si può eseguire in ogni momento con la **bussola**, uno strumento che «sfrutta» il **campo magnetico terrestre** per individuare il Polo nord magnetico, ubicato nei pressi del Polo nord geografico.

- **La Luna** è l'unico satellite naturale della Terra.
- La Luna non brilla di luce propria ma riflette quella del Sole.
- Le sue principali caratteristiche sono:
  - una forma quasi sferica;
  - un raggio 4 volte più corto di quello terrestre;
  - l'assenza di atmosfera e di acqua superficiale;
  - una superficie accidentata.
- La Luna è dotata di vari moti simultanei:
  - *rotazione* attorno al proprio asse;
  - *rivoluzione* attorno alla Terra;
  - *traslazione*, insieme alla Terra, attorno al Sole.

- Il moto di rotazione e quello di rivoluzione hanno la stessa durata (poco più di 27 giorni). Sulla durata della rivoluzione lunare riferita all'allineamento Terra-Sole (circa 30 giorni) si basa il **mese** dei nostri calendari.
- Nel corso della rivoluzione la Luna presenta 4 **fasi** principali: Luna nuova, primo quarto, Luna piena, ultimo quarto.
- Quando la Luna è in fase di Luna piena o di Luna nuova e contemporaneamente si trova in un nodo (uno dei due punti di intersezione dell'orbita lunare con il piano di rivoluzione della Terra intorno al Sole), o nelle sue vicinanze, si verifica un'**eclisse**. Le eclissi possono essere:
  – di Sole, quando la Luna occulta il Sole;
  – di Luna, quando l'ombra della Terra oscura la Luna.

Riorganizza i concetti completando le mappe

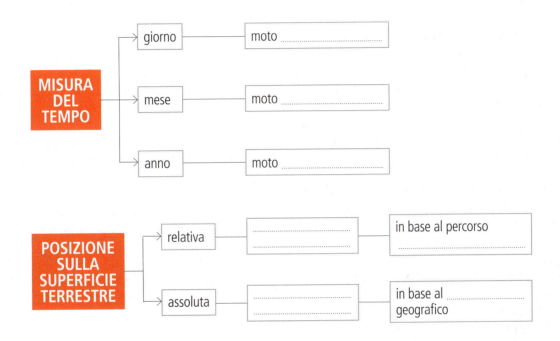

2 Riprendere i concetti studiati

I moti della Terra

Completa le figure e le didascalie relative ai principali moti della Terra.

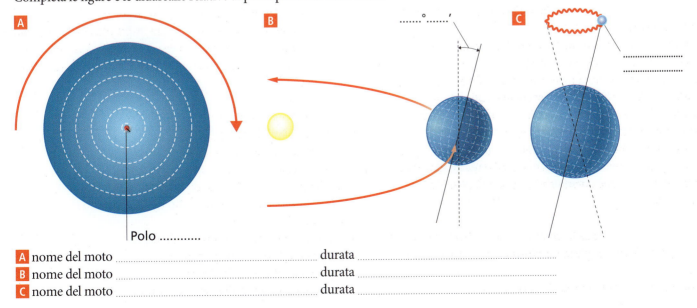

A nome del moto .... durata ....
B nome del moto .... durata ....
C nome del moto .... durata ....

UNITÀ 4 Il pianeta Terra

3 Leggere una carta

La scala

La scala della carta qui riportata è 1:200 000. Determina la distanza in linea d'aria tra Borno e Breno.
Procedi in questo modo:
1. Misura sulla carta il segmento che congiunge Borno e Breno.

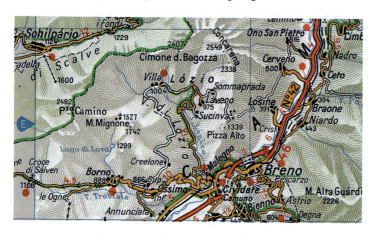

2. Moltiplica la distanza sulla carta per il denominatore della scala.
3. Questo numero corrisponde alla distanza tra Borno e Breno. Trasformalo in kilometri.
▶ Qual è la distanza?
▶ Quanto sarebbe lungo su questa carta un tratto di strada che sul terreno misura 20 km?

4 Comprendere un testo e un'immagine

L'origine della Luna

Come per la genesi dell'Universo e del Sistema solare, anche sull'origine e sull'evoluzione della Luna – o, meglio, del sistema Terra-Luna – sono state avanzate numerose ipotesi e sono state formulate diverse teorie.

Le principali ipotesi finora prospettate, e più o meno sviluppate, sull'origine della Luna si possono raggruppare schematicamente in quattro tipi principali, che tentano di spiegare la nascita di questo corpo celeste secondo meccanismi diversi: fissione, cattura, accrescimento, impatto.

Il quarto gruppo di ipotesi collega la nascita della Luna alla violentissima collisione che sarebbe avvenuta tra la Terra ancora in formazione e uno o più corpi di grosse dimensioni («planetesimali») la cui orbita incrociava quella terrestre. In questo gruppo può essere inserita l'ipotesi dell'impatto gigante, che si è fatta strada dopo le missioni Apollo e, in particolare, a seguito degli studi sulla composizione delle rocce lunari. Attualmente è una fra le ipotesi più accreditate negli ambienti scientifici che si occupano di questa complessa tematica.

Secondo questa teoria, circa 4,5 miliardi di anni fa si sarebbe verificata una sequenza di eventi che si possono schematizzare come segue.

Un planetesimale delle dimensioni di Marte sarebbe entrato in collisione con la Terra alla velocità di circa 5 km/s. Secondo i calcoli dei ricercatori, l'energia liberatasi nella zona di impatto fu elevatissima. I due corpi dovevano già avere un nucleo metallico avvolto da un mantello di materiale meno denso. La gigantesca collisione disintegrò il corpo impattante e una parte del mantello della Terra, lanciando in orbita nello spazio una nube di gas e detriti.

Il denso nucleo metallico del corpo impattante si associò ben presto alla Terra, mentre gran parte del materiale finito in orbita si riaggregò (insieme a materiale terrestre) in un nuovo corpo di grandi dimensioni: la Luna.

Il piccolo nucleo metallico della Luna e la sua densità media, simile a quella della crosta terrestre, sono argomenti a favore di questa ipotesi.

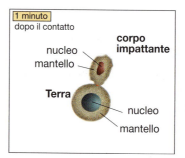
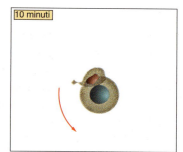
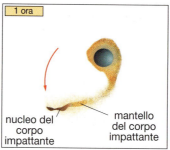
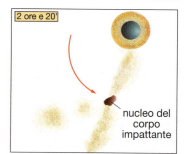
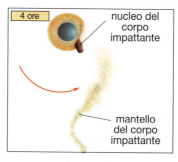
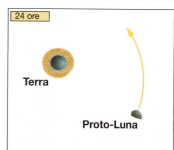

a. Quanti gruppi di teorie sono stati formulati sull'origine della Luna?
b. Quali studi hanno dato sostegno all'ipotesi dell'impatto gigante?
c. Quali caratteristiche avrebbe avuto il corpo entrato in collisione con la Terra?
d. Che cosa sarebbe successo al nucleo del corpo impattante fra 1 ora e 4 ore dopo l'urto?
e. Quali involucri della Terra sarebbero stati coinvolti nella formazione della proto-Luna?

5 Mettere in pratica le conoscenze

Costruisci una carta in scala della tua casa

Utilizzando una fettuccia metrica, misura il perimetro delle stanze della tua casa.
Su un foglio di carta a quadretti di 0,5 cm di lato disegna in scala una pianta della casa utilizzando una scala di 1:100, cioè facendo in modo che 1 cm sulla carta corrisponda a 1 m nella realtà.
Orientandoti con il Sole, stabilisci verso quali punti cardinali sono rivolte le finestre della casa.
Poi controlla le direzioni individuate, usando una bussola. E infine indica sulla tua carta i punti cardinali.

6 Applicare una regola

I fusi orari

Immagina di imbarcarti su un volo in partenza il giorno 3 febbraio alle ore 17:00 (ora civile). Aiutandoti con la carta dei fusi orari, calcola come devi reimpostare l'orologio ed eventualmente anche il datario all'arrivo se stai viaggiando:
▶ da New York a Mosca, verso Est;
▶ da Los Angeles a Tokyo, verso Ovest;
▶ da Pechino a Roma, verso Ovest;
▶ da Sydney a Città del Messico, verso Est.
(Procedi come se in nessuna località fosse in vigore l'ora legale).

7 Applicare una regola

La forza di Coriolis

Nei disegni qui sotto è rappresentata la direzione iniziale di un corpo libero di muoversi sulla Terra.
▶ Completa ciascun disegno con una freccia che descrive la direzione in cui il corpo si sposterà a causa della cosiddetta *forza di Coriolis*.

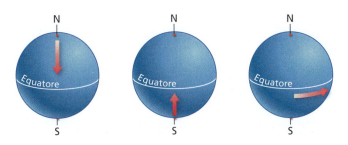

8 Formulare ipotesi

Le eclissi

Prova a immaginare che il piano dell'orbita lunare e quello dell'orbita terrestre coincidano.
▶ Con quale frequenza si vedrebbe un'eclisse di Luna?
▶ E un'eclisse di Sole?

9 Fare collegamenti

Individua la latitudine

Utilizzando un atlante, individua la latitudine delle seguenti località: Murmansk, Montevideo, Kinshasa, Seul.
Stabilisci per ciascuna di esse a quale zona astronomica appartiene e rispondi alle seguenti domande.
▶ In quale località la durata del dì e della notte varia maggiormente fra estate e inverno?
▶ In quale giorno inizia la stagione più calda in ciascuna località?
▶ In quale giorno si ha la notte più lunga in ciascuna località?
▶ In quale di queste località il Sole è allo Zenit a mezzodì due volte l'anno?

10 Completare un modello

Determinare la latitudine mediante il Sole

Completa il disegno che schematizza la determinazione della latitudine mediante l'osservazione del Sole, indicando: l'angolo che corrisponde alla latitudine, l'angolo che è possibile misurare grazie alla posizione del Sole, gli elementi geometrici che rendono possibile questa operazione.

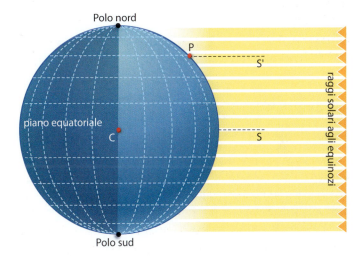

11 Osservare fenomeni naturali

Le fasi lunari

Puoi renderti conto del rapporto che lega le fasi lunari alle posizioni relative di Sole, Terra e Luna osservando la Luna in alcuni momenti precisi del giorno.
Guarda su un calendario che riporti le fasi lunari qual è la prossima data di Luna piena; in quel giorno osserva il satellite alla sera, subito dopo il tramonto.
▶ In quale posizione dell'orizzonte si trova la Luna? Est o Ovest?
Osserva ancora la Luna, sempre subito dopo il tramonto, ma in un giorno in cui sia nella fase di Luna nuova.
▶ In quale posizione dell'orizzonte si trova? Est o Ovest?
Quali conclusioni puoi trarre da queste osservazioni?

UNITÀ 4 Il pianeta Terra

12 Ricercare ed esporre informazioni

Diversi calendari

Dividendo la classe in quattro gruppi, ricercate e approfondite le conoscenze sulla struttura dei calendari:
- gregoriano,
- musulmano,
- ebraico,
- universale.

Utilizzate come traccia le seguenti domande.
- Quali legami hanno questi calendari con l'anno solare (o anno tropico)?
- Come sono connessi con le ricorrenze religiose?
- Che cosa hanno in comune i primi tre calendari?
- Quali sono invece le differenze principali?

Ogni gruppo prepari una presentazione in PowerPoint di 5 slide da presentare al resto della classe. Una volta confrontati i quattro calendari, discutete tutti insieme dell'opportunità di introdurre il calendario universale.
- Per quali aspetti sarebbe in conflitto con i calendari religiosi che avete studiato?

5. The time taken by the Earth to orbit the Sun once with respect to the fixed stars is called
   - A sidereal year.
   - B solar (or tropical) year.
   - C calendar year.
   - D sidereal day.

6. At the Summer solstice, the day is longest at the
   - A Equator.
   - B Tropic of Cancer.
   - C Tropic of Capricorn.
   - D Arctic circle.

Read the text and underline the key terms

When the Earth passes directly between the full Moon and the Sun, a lunar eclipse (which could be total, partial, or penumbral) occurs.

Without the Earth's atmosphere, during each lunar eclipse, the Moon would become completely invisible (something that never happens). The Moon's characteristic reddish colour during the total eclipse is caused by light being refracted by the Earth's atmosphere. It is not dangerous to look at a lunar eclipse directly.

[fonte: *Britannica Illustrated Science Library*]

13 Earth Science in English

Glossary LEGGI NELL'EBOOK →

Solar eclipse	Latitude
Lunar eclipse	Longitude
Equinox	Phase
Geographic coordinate system	Motion of revolution
	Motion of rotation
Geoid	Solstice

True or false?

1. Earth is divided into 12 worldwide time zones, each of which is 30° wide. T F
2. The Earth's magnetic field probably originates in the planet's outer core. T F
3. When the Earth is at its aphelion, the Earth-Sun distance is 152 000 000 km. T F

Select the correct answer

4. When it is autumn in the Southern Hemisphere, in the Northern Hemisphere it is
   - A autumn.
   - B winter.
   - C spring.
   - D summer.

Look and answer

Look at the map and answer the questions.

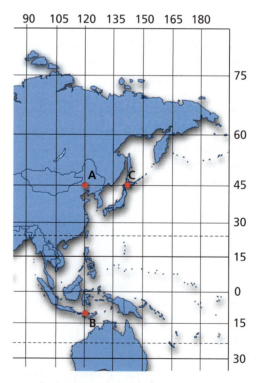

a. Which places do have the same real time?
   - A A and B.
   - B B and C.
   - C A and C.

b. Time is determined by:
   - A longitude.
   - B latitude.

Scienze della Terra per il cittadino

I sistemi di posizionamento satellitari

Il sistema più moderno e accurato per conoscere la posizione di un corpo sulla superficie terrestre è quello noto con la sigla GPS, o *Global Positioning System* (dall'inglese, Sistema di Posizionamento Globale), realizzato dal Dipartimento della Difesa degli Stati Uniti d'America.

Il sistema GPS è stato progettato in maniera da permettere in ogni istante e in ogni luogo del nostro pianeta il posizionamento di oggetti anche in movimento.

L'integrazione di questo sistema con i tradizionali strumenti cartografici e con il computer di bordo, per esempio, consente agli aerei di evitare collisioni e atterrare con maggiore sicurezza anche con visibilità zero. Un ricevitore portatile GPS è grande ormai quanto un telefono cellulare e consente il lavoro di precisione di tecnici, ingegneri e geologi in zone sperdute della Terra.

Oggi le apparecchiature GPS vengono comunemente montate sulle automobili per orientarsi in un viaggio o nel percorso urbano, oppure per consentire il ritrovamento dell'auto in caso di furto.

Il GPS si basa su una «costellazione» di oltre 30 satelliti artificiali che orbitano attorno alla Terra e che consentono di «triangolare» la posizione di un determinato punto, come si fa con le stelle. Per determinare la posizione esatta di un punto sulla Terra occorrono, in teoria, quattro satelliti di riferimento, ma anche tre sono sufficienti se si conosce perfettamente la quota (per esempio, se il punto si trova sul mare). La distanza dei satelliti si ottiene conoscendo il tempo impiegato dal radiosegnale emesso da ciascun satellite per arrivare fino a terra. Tale operazione viene eseguita confrontando un particolare codice digitale assegnato al ricevitore (a terra) con quello attribuito alla sorgente (il satellite) e misurandone il «ritardo», assumendo ovviamente che siano perfettamente sincronizzati e cioè che entrambi i codici «partano» nello stesso momento. Per questa ragione il tempo deve essere misurato con esattezza assoluta sia sul satellite, che è dotato di un orologio atomico precisissimo, sia dal ricevitore. Le orbite dei satelliti GPS sono molto alte e quindi ampiamente prevedibili; comunque, piccole variazioni vengono automaticamente corrette dal controllo generale a terra.

Il sistema GPS, nato negli anni Novanta per scopi militari, è tuttora gestito dal Dipartimento della Difesa degli Stati Uniti d'America, e per questo gli usi civili sono limitati: per esempio, non funziona per oggetti che volano a più di 18 km di altitudine o a velocità di oltre 515 metri/secondo, per evitare che venga montato su missili.

Anche l'Unione Europea, assieme all'Agenzia Spaziale Europea, sta realizzando una sua rete di satelliti, il *Sistema di posizionamento Galileo*, che disporrà di 30 satelliti e la cui entrata in servizio è prevista per il 2014. Diversamente dal GPS statunitense, che è stato addirittura bloccato in tempi di guerra, il servizio europeo sarà disponibile senza limitazioni di accuratezza per tutti gli scopi. Galileo avrà un ruolo strategico per i suoi usi, sia civili, sia militari, permettendo all'Europa di essere autonoma dal GPS.

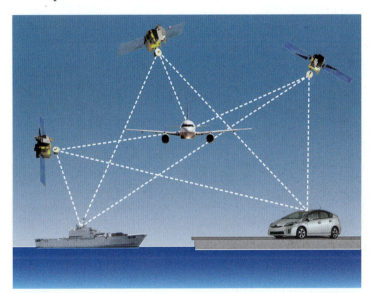

La triangolazione con i satelliti è il fondamento del sistema GPS e viene eseguita misurando le distanze tramite i tempi di percorrenza di messaggi radio. Conosciuta la distanza da ciascun satellite, è necessario conoscere la posizione dei satelliti nello spazio.

PRO O CONTRO?

Immaginate di essere i responsabili del marketing di una azienda che vende dispositivi basati sulla tecnologia del GPS. I vostri strumenti si appoggiano però alla rete di satelliti Galileo.

In occasione di una fiera dovete proporre al pubblico i vostri prodotti, evidenziando:
- la modernità della costellazione di satelliti,
- l'utilità dei dispositivi nei diversi settori delle attività umane,
- la quantità di strumenti tecnologici nei quali può essere integrato il dispositivo.

Dividete la classe in due gruppi. Dopo aver fatto una ricerca su Internet per raccogliere tutte le informazioni necessarie, il primo gruppo realizzi una brochure di 4 pagine da distribuire al vostro stand in fiera; il secondo gruppo realizzi due cartelloni esplicativi da esporre nello stand. (Non dimenticate che il vostro obiettivo è convincere potenziali acquirenti!)

CONFRONTO

Quando i due gruppi avranno concluso il lavoro confrontate i cartelloni e la brochure; un portavoce per ogni gruppo spieghi a quali informazioni si è scelto di dare risalto e perché.

Cercate eventuali differenze nei dati reperiti e cercate di comprendere come mai avete trovato informazioni diverse.

5 L'ATMOSFERA E I FENOMENI METEOROLOGICI

Come gran parte dei pianeti del Sistema solare, anche la Terra è circondata da un «involucro» sferoidale di gas di vario genere: l'**atmosfera**. Le caratteristiche dell'atmosfera terrestre hanno permesso, nel corso di centinaia di milioni di anni, che si creassero le condizioni per lo sviluppo della vita. La porzione di atmosfera più vicina alla superficie del pianeta è sede di diversi fenomeni – come i venti, la formazione di nubi, le precipitazioni – che sono detti **fenomeni meteorologici**. (Nella fotografia, la luce del Sole rivela la stratificazione della parte più bassa dell'atmosfera.)

TEST D'INGRESSO

Laboratorio delle competenze
pagine 106-111

PRIMA DELLA LEZIONE

 Guarda il video *L'atmosfera terrestre e i fenomeni meteorologici*, che presenta gli argomenti dell'unità.

Riassumi in dieci righe il contenuto del video, usando come traccia queste tre domande.
Che cos'è l'atmosfera?
Quali sono le caratteristiche fondamentali dell'atmosfera?
Quali fenomeni avvengono nell'atmosfera?

Guarda le fotografie scattate durante la realizzazione di un semplice esperimento sull'inclinazione dei raggi luminosi.

1 In una stanza buia accendiamo una torcia elettrica e la puntiamo contro un foglio quadrettato, facendo in modo che i raggi colpiscano il foglio con un angolo di 90°.

2 Segniamo con una matita il perimetro della zona illuminata.

3 Ripetiamo l'operazione tenendo la torcia alla stessa distanza dal foglio, ma inclinandola in modo da formare un angolo di 45°.

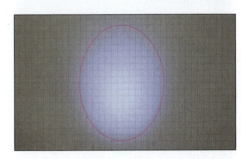

4 Usiamo una matita di colore diverso per tracciare il perimetro della nuova zona illuminata.

Quali differenze osservi tra le fotografie **1** e **3**? In quale caso l'illuminazione è più intensa?
☐ torcia tenuta a 90°
☐ torcia tenuta a 45°.

Confronta i due segni a matita delle fotografie **2** e **4**. In quale caso la superficie illuminata è maggiore?
☐ torcia tenuta a 90°
☐ torcia tenuta a 45°.

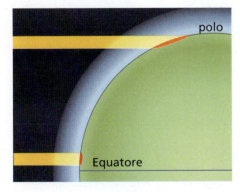

Osserva ora il disegno che raffigura il modo in cui i raggi solari colpiscono la superficie terrestre in zone poste a latitudini differenti.

In quale zona l'illuminazione è più intensa?
☐ alle basse latitudini
☐ alle alte latitudini

In quale zona la superficie illuminata è maggiore?
☐ alle basse latitudini
☐ alle alte latitudini

Ciò che hai visto accadere con la torcia accade – a una scala molto più grande – anche sulla Terra. Esiste un collegamento tra la diversa inclinazione dei raggi solari dovuta alla latitudine e la maggiore o minore intensità di illuminazione della superficie terrestre.

Poiché all'intensità dell'illuminazione corrisponde anche il riscaldamento che il Sole provoca (come puoi verificare ogni volta che una nube lo copre), la diversa inclinazione dei raggi solari influenza il riscaldamento della superficie terrestre. Nel paragrafo 3 vedremo come.

1. CARATTERISTICHE DELL'ATMOSFERA

L'atmosfera terrestre è uno speciale «involucro» che circonda la Terra, composto di gas, vapore acqueo e polveri di vario genere. Essa si estende nello spazio per almeno alcune migliaia di kilometri.

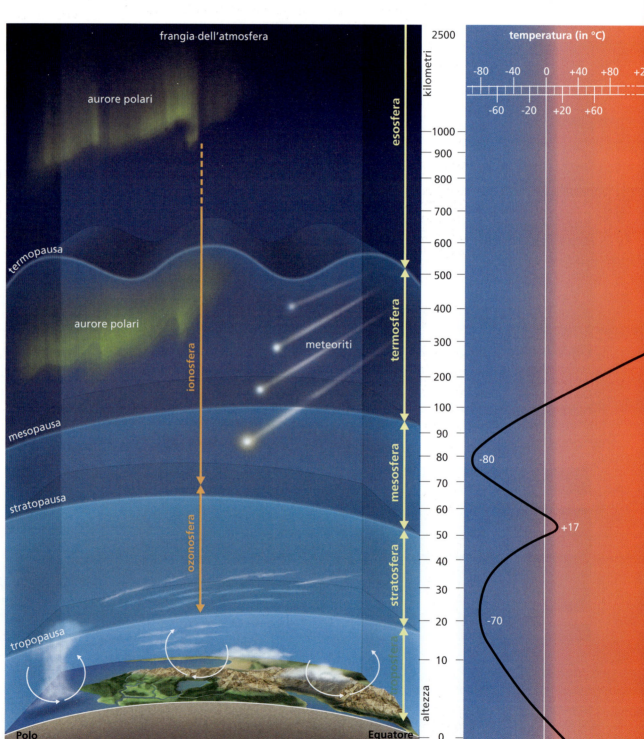

5 L'**esosfera** è la parte più esterna dell'atmosfera. Nella «frangia» più alta le particelle gassose non sono più attratte dalla Terra e non partecipano più alla sua rotazione.

4 Nella **termosfera** l'aria è ancora più rarefatta e la ionizzazione è ancora più intensa, tanto che essa è detta anche *ionosfera*. Da questa regione in poi si ha un continuo aumento di temperatura con l'altezza.

3 Nella **mesosfera** i gas diventano molto rarefatti e aumentano in percentuale quelli più leggeri (idrogeno, elio). La mesosfera contiene un gran numero di ioni (particelle cariche elettricamente). In questo strato la temperatura riprende a diminuire con l'altezza.

2 Nella **stratosfera** l'aria è sempre più rarefatta. Il vapore acqueo e il pulviscolo diminuiscono; perciò qui non si formano nuvole che diano precipitazioni. La temperatura aumenta verso l'alto a causa di uno *strato di ozono* (tra i 20 e i 50 km di quota) che, assorbendo buona parte delle radiazioni solari ultraviolette, si riscalda.

1 La **troposfera** è la parte più bassa dell'atmosfera: ha un'altezza media di circa 12 km (8 sui poli, 17 sull'Equatore). Comprende il 75% della massa di tutta l'atmosfera e quasi tutto il vapore acqueo presente nell'aria. Qui avvengono i principali fenomeni atmosferici: venti, nubi, precipitazioni ecc. In questo «strato» la temperatura diminuisce con l'altezza (di circa 0,6 °C ogni 100 m).

L'atmosfera è costituita essenzialmente da un **miscuglio di gas**.

L'involucro aeriforme del *sistema Terra* è trattenuto dalla forza di gravità e si estende per alcune migliaia di kilometri, diventando sempre più rarefatto verso l'alto. Nell'atmosfera sono riconoscibili diversi *strati* sovrapposti (chiamati «**sfere**»), dalle caratteristiche diverse. Ogni sfera è separata dalla sfera successiva da una zona di transizione, chiamata «**pausa**».

L'aria contiene anche **vapore acqueo**, che si trova concentrato negli strati più bassi dell'atmosfera (in particolare, nella *troposfera*); esso proviene per la maggior parte dall'evaporazione dell'acqua degli oceani.

Nell'atmosfera sono presenti anche polveri finissime, che provengono sia dalla superficie terrestre (come le ceneri degli incendi e delle eruzioni vulcaniche, le sabbie sottilissime, i fumi industriali ecc.), sia dallo spazio. Queste polveri costituiscono il cosiddetto **pulviscolo atmosferico**.

La composizione dell'atmosfera è cambiata nel tempo: i principali gas che la costituivano al momento della formazione della Terra non sono quelli che la formano oggi. In particolare, nell'atmosfera primordiale non era presente l'ossigeno.

> **IMPARA A IMPARARE**
> - Crea una tabella: nella prima colonna scrivi i nomi degli strati da cui è composta l'atmosfera; nella seconda inserisci un + o un – a seconda che la temperatura dell'aria cresca o diminuisca verso l'alto in quello strato.
> - Dopo aver visto l'animazione aggiungi alla tabella una terza colonna e scrivi per ciascuna sfera un fenomeno che vi accade.

▶ **Video** La composizione dell'atmosfera

 Esercizi interattivi

■ La composizione dell'atmosfera

L'aria che costituisce l'atmosfera (non considerando il vapore acqueo e il pulviscolo) è un miscuglio di **gas**: circa 78% di azoto, 21% di ossigeno, 0,9% di argon, poco meno di 0,04% di anidride carbonica e piccolissime quantità di altri gas (neon, elio, idrogeno, ozono ecc.). Questa composizione rimane abbastanza costante fino alla quota di circa 100 kilometri.

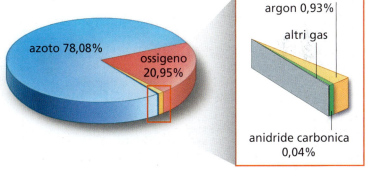

■ L'acqua nell'atmosfera

Il **vapore acqueo** è presente nell'aria perché il calore originato dalla radiazione solare provoca l'evaporazione dell'acqua che si trova sulla superficie terrestre; in massima parte dal mare, ma anche dai laghi, dai fiumi e dal terreno. Una porzione più modesta proviene dalla *traspirazione* delle piante.

Tramite l'**evaporazione** l'acqua passa nell'atmosfera, per ritornare sulla superficie terrestre con le precipitazioni. La quantità di acqua che torna sulle terre emerse con le precipitazioni è maggiore di quella che ne evapora; essa alimenta i corsi d'acqua e le altre riserve idriche. Sul mare, al contrario, cade meno acqua di quanta ne evapori.

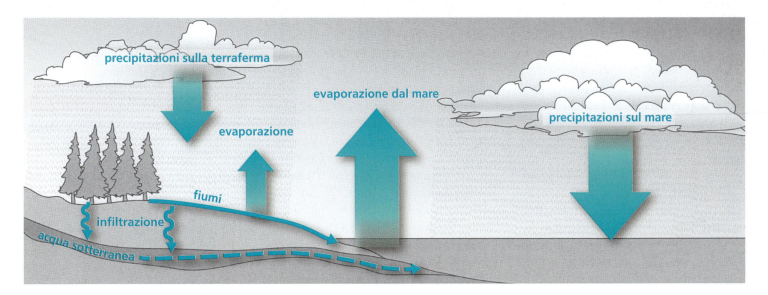

2. LA RADIAZIONE SOLARE E L'EFFETTO SERRA

L'atmosfera regola il riscaldamento della Terra da parte del Sole. Quasi la metà della radiazione solare in arrivo viene in parte riflessa verso lo spazio e in parte assorbita dall'atmosfera; la restante metà perviene al globo terracqueo che la trasforma in calore e riscalda l'atmosfera dal basso.

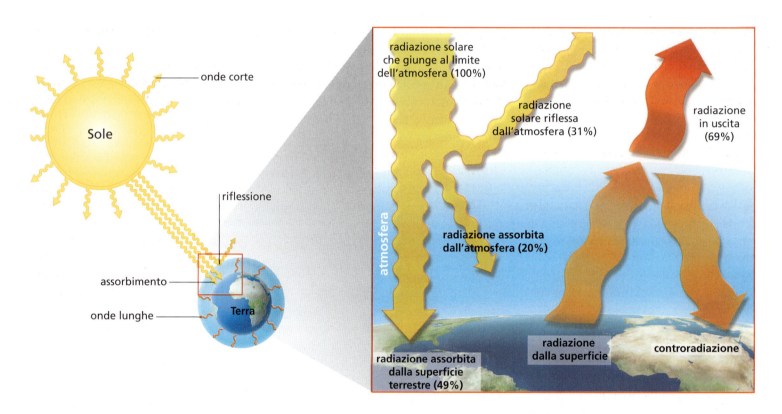

Il Sole produce senza sosta una notevole quantità di **energia** e la emette in ogni direzione dello spazio sotto forma di *onde elettromagnetiche*. Di tutta questa energia, alla Terra perviene soltanto una porzione molto piccola (circa mezzo miliardesimo del totale).

Quasi tutte le radiazioni provenienti dal Sole sono caratterizzate da lunghezze d'onda relativamente piccole e sono perciò chiamate *onde corte*. Le onde corte che dal Sole giungono al limite superiore dell'atmosfera terrestre vanno incontro a destini differenti:
- poco meno di 1/3 è **riflesso nello spazio** dall'atmosfera stessa;
- circa 1/5 è **assorbito dall'atmosfera** direttamente;
- circa 1/2 giunge alla superficie terrestre ed è **assorbito dal globo terracqueo** (rocce, suoli, acque) quasi per intero.

Contrariamente a quanto potremmo pensare, il sistema Terra-atmosfera non si riscalda sempre più con il trascorrere del tempo: la stessa quantità di energia che giunge alla Terra viene infatti riemessa sotto forma di radiazione a *onde lunghe*, cioè di calore. La differenza tra la radiazione solare, in entrata, e quella terrestre, in uscita, costituisce il **bilancio termico globale** del pianeta.

La radiazione a onde lunghe emessa dalla Terra è quella che dà il maggiore contributo al riscaldamento dell'atmosfera, perché viene da questa intercettata (*controradiazione*), prima di uscire – con il tempo – dal sistema Terra-atmosfera. Questo comportamento dell'atmosfera è solitamente detto **effetto serra** perché l'atmosfera si comporta come il vetro di una serra: lascia passare le radiazioni luminose solari, ma intercetta le radiazioni termiche che provengono dal basso. È un *fenomeno naturale* di grande importanza perché permette il mantenimento della vita sul nostro pianeta, il quale altrimenti sarebbe «troppo freddo».

LEGGI NELL'EBOOK →
- Il bilancio termico globale

IMPARA A IMPARARE
- Evidenzia nel testo con un colore le caratteristiche e il percorso dell'energia emessa dal Sole e con un altro colore quelli dell'energia riemessa dalla Terra.
- Dopo aver visto l'animazione, elenca gli attori principali dell'effetto serra.

 Video Il bilancio radiativo del sistema Terra-atmosfera e l'effetto serra

 Esercizi interattivi

3. LA TEMPERATURA DELL'ARIA

La bassa atmosfera riceve calore principalmente dalla superficie terrestre e per questo la temperatura dell'aria dipende dall'altitudine. Altri fattori che la influenzano sono: l'inclinazione dei raggi solari, la distribuzione delle terre e dei mari e la copertura vegetale.

Come abbiamo visto studiando gli strati che compongono l'atmosfera, la temperatura dell'aria diminuisce verso l'alto, fino a circa 20 km di quota. La temperatura dell'aria dipende, quindi, dall'**altitudine**.

Essa è influenzata però anche da altri *fattori geografici*.

1. L'**inclinazione dei raggi del Sole** rispetto alla perpendicolare al piano dell'orizzonte fa variare la radiazione solare che arriva sulla superficie terrestre. Quanto più i raggi giungono inclinati, infatti, tanto più grande è la superficie che possono riscaldare. Inoltre, più i raggi sono inclinati, più è lungo il tragitto che essi devono compiere entro l'atmosfera e maggiore sarà la quantità di energia solare assorbita, che perciò non giunge al globo terracqueo. I fattori che determinano l'inclinazione dei raggi solari sono di tipo astronomico (la *latitudine*, la *stagione* e l'*ora del giorno*) e di tipo topografico (la *pendenza* e l'*esposizione dei versanti*).

2. La temperatura dell'aria è influenzata dalla **distribuzione delle terre emerse e dei mari**, a causa del diverso *comportamento termico* delle terre e delle acque. Le rocce si riscaldano e si raffreddano più rapidamente di quanto non faccia l'acqua, che invece assorbe e cede il calore più lentamente, attenuando le oscillazioni termiche nelle località in vicinanza del mare o di grandi laghi. Il mare inoltre può indurre aumenti o diminuzioni della temperatura nelle regioni costiere a causa delle correnti calde e correnti fredde che vi si svolgono.

3. La **copertura vegetale** è uno dei fattori che influenzano sensibilmente la temperatura dell'aria. Le piante, infatti, assorbono notevoli quantità di energia solare, che utilizzano per le proprie funzioni vitali; perciò la quantità di calore che può raggiungere il suolo in un'area coperta di vegetazione è estremamente ridotta rispetto a quella che arriva al terreno in una zona priva di copertura vegetale.

I valori della temperatura in un'area geografica vengono rappresentati mediante le **carte delle isoterme** (linee ideali che congiungono tutti i punti nei quali si registra la stessa temperatura media).

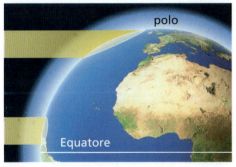

1 A causa della sfericità della Terra, l'inclinazione dei raggi solari varia con la latitudine.

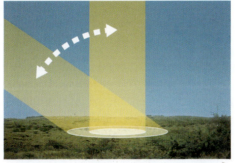

L'inclinazione dei raggi solari, rispetto alla perpendicolare al piano dell'orizzonte, dipende anche dalla stagione e dall'ora del giorno.

A livello locale, l'inclinazione dei raggi solari dipende dalla pendenza del versante e dalla sua esposizione, e cioè dalla direzione verso cui il versante «guarda».

2 Tre differenze che spiegano perché la superficie delle terre emerse si riscalda più intensamente e più rapidamente della superficie del mare.

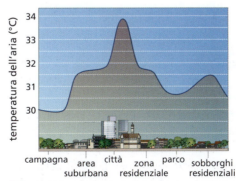

3 Valori della temperatura (alle nostre latitudini, in un pomeriggio estivo) in zone con diversa copertura vegetale.

IMPARA A IMPARARE

- Rintraccia nel testo i 4 fattori generali che influenzano la temperatura dell'aria.
- Elenca le caratteristiche che deve avere un luogo perché riceva il massimo riscaldamento.

▶ **Video** L'influenza dei fattori geografici sulle temperature

👁 **Osservazione** Il muschio sugli alberi

✓ **Esercizi interattivi**

4. L'INQUINAMENTO ATMOSFERICO

L'inquinamento dell'aria consiste nella presenza di impurezze che ne alterano la composizione. L'aumento della concentrazione di anidride carbonica nell'atmosfera è, secondo molti scienziati, la causa principale dell'attuale riscaldamento globale del nostro pianeta.

L'inquinamento atmosferico è causato soprattutto da attività umane.

Le *impurezze* presenti nell'aria sono particelle gassose, liquide e solide prodotte principalmente da attività industriali, che si aggiungono a quelle normalmente prodotte da alcuni fenomeni naturali (come le polveri sollevate dai venti, le ceneri emesse dai vulcani ecc.) e alterano la composizione dell'aria. Poiché queste particelle vengono trasportate dai venti, gli effetti prodotti dalle sostanze inquinanti si fanno sentire anche a grande distanza dal luogo di immissione nell'atmosfera.

Le *sostanze inquinanti* sono molte e hanno vari effetti sull'ambiente.

Tra queste vi sono le **polveri sottili** (o PM10), particelle solide e liquide, composte da diverse sostanze, che provengono in particolare dagli scarichi delle automobili, da attività industriali e dagli impianti di riscaldamento. La sigla PM10 significa che esse hanno un diametro inferiore a 10 micron. Se presenti in concentrazioni elevate possono provocare gravi malattie respiratorie.

L'aumentata presenza di **ossidi di zolfo** e di **azoto** è responsabile del preoccupante fenomeno delle *piogge acide*.

L'aumento della concentrazione di biossido di carbonio (il gas comunemente chiamato **anidride carbonica**) è, secondo molti scienziati, la causa dell'attuale riscaldamento globale dell'atmosfera.

I **clorofluorocarburi** (o *Cfc*) sono, invece, i principali responsabili della riduzione della quantità di ozono nella stratosfera.

LEGGI NELL'EBOOK →
- Il buco nell'ozonosfera

SOSTANZA INQUINANTE	ORIGINE	EFFETTI
Anidride solforosa (ossido di zolfo)	Si libera nella combustione del carbone e del petrolio; è emessa principalmente dalle centrali termoelettriche e dalle raffinerie.	Se si combina con l'aria umida può trasformarsi in acido solforico, responsabile del fenomeno delle piogge acide.
Ossidi di azoto	Liberati principalmente dai gas di scarico degli autoveicoli.	Partecipano alla formazione dello smog, che può generare problemi respiratori.
Monossidi di carbonio e di piombo	Liberati principalmente dai gas di scarico degli autoveicoli.	Molto tossici, in quanto riducono la capacità del sangue di trasportare l'ossigeno.
Anidride carbonica	Si libera nella combustione del carbon fossile e del petrolio; viene emessa soprattutto dalle centrali termoelettriche e dagli autoveicoli.	Il suo incremento, insieme a quello di alcuni altri gas, è responsabile dell'aumento dell'effetto serra.

IMPARA A IMPARARE
- Individua le fonti da cui provengono le impurezze che costituiscono l'inquinamento dell'aria.
- Rintraccia nel testo le cause e gli effetti dell'aumento di anidride carbonica nell'atmosfera.

Video Le piogge acide

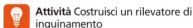
Attività Costruisci un rilevatore di inquinamento

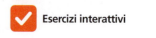
Esercizi interattivi

■ I gas serra

Una delle più preoccupanti forme di inquinamento atmosferico che interessa la Terra è l'aumento della percentuale di *anidride carbonica* (biossido di carbonio, CO_2) contenuta nell'aria. Questo aumento è in parte dovuto alla combustione del carbone fossile e del petrolio, che aumenta sempre più, e in parte ai diboscamenti; la minore copertura vegetale riesce infatti ad assorbire (mediante la fotosintesi clorofilliana) meno anidride carbonica.

L'anidride carbonica – insieme al *vapore acqueo*, al *protossido di azoto* (N_2O) e al *metano* (CH_4) – fa parte dei cosiddetti **gas serra**, che impediscono alle radiazioni infrarosse emesse dalla Terra di disperdersi rapidamente nello spazio. Questi gas sono i responsabili dell'assorbimento del calore da parte dello strato più basso dell'atmosfera, che è a contatto con il globo terracqueo, cioè della troposfera.

Negli ultimi decenni l'**effetto serra** si è intensificato, soprattutto a causa di attività umane. La quantità di alcuni dei gas serra – in particolare l'anidride carbonica – è cresciuta e si sono aggiunti altri gas serra, prodotti soprattutto dagli impianti industriali. Molti scienziati ritengono che la Terra abbia iniziato a riscaldarsi in modo anomalo, proprio a causa dell'aumento dei gas serra.

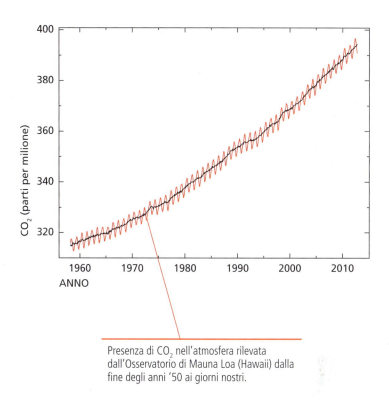

Presenza di CO_2 nell'atmosfera rilevata dall'Osservatorio di Mauna Loa (Hawaii) dalla fine degli anni '50 ai giorni nostri.

■ Le piogge acide

Le piogge acide sono precipitazioni contaminate dall'immissione di ossidi di zolfo e di azoto nell'atmosfera. Questi ossidi, venendo a contatto con l'aria molto umida, si trasformano in acidi, rispettivamente in *acido solforico* e *acido nitrico*. Quando le goccioline d'acqua si riuniscono per formare la pioggia, tali acidi si mescolano all'acqua e ne derivano le **piogge acide**.

Le principali fonti di questo tipo di inquinamento sono le centrali termoelettriche, i veicoli a motore e gli impianti di riscaldamento delle città. I gas emessi da queste fonti possono essere trasportati dai venti anche per lunghe distanze.

Quali sono gli effetti delle piogge acide? Innanzi tutto i serbatoi naturali di acqua, come i laghi e i fiumi, vengono acidificati. Gli organismi che vi vivono subiscono gravi danni. Anche la vegetazione viene danneggiata da questo tipo di precipitazioni: le piante vengono attaccate più facilmente dalle malattie e i loro semi hanno difficoltà a germinare. Persino i materiali rocciosi di edifici e monumenti artistici possono essere alterati dalle piogge acide.

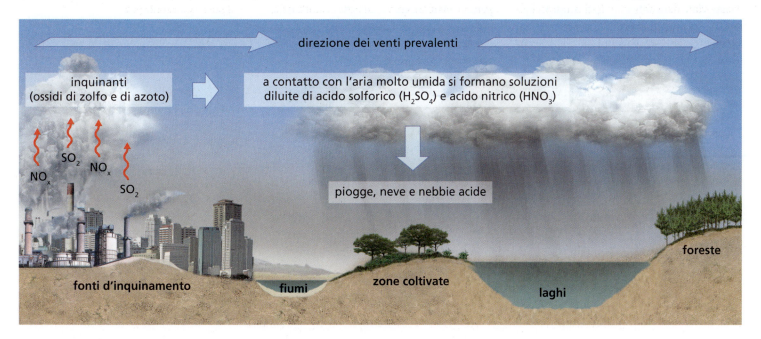

5. LA PRESSIONE ATMOSFERICA

La pressione atmosferica è il rapporto tra il peso dell'aria e la superficie su cui essa grava. Essa dipende dall'altitudine, dalla temperatura dell'aria e dall'umidità dell'aria.

a parità di temperatura e umidità dell'aria

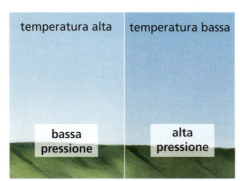

a parità di altitudine e umidità

a parità di altitudine e temperatura

La *pressione* è una grandezza che esprime il rapporto tra una forza e la superficie su cui essa agisce: la pressione diminuisce se la stessa forza viene applicata su una superficie più grande (è per questo che camminando sulla neve con gli scarponi si affonda, mentre con gli sci no).

Anche l'aria ha un peso che grava sulla superficie terrestre, per via dell'attrazione gravitazionale che la «attira» verso il centro della Terra. Il rapporto tra il peso dell'aria e la superficie su cui essa grava si chiama **pressione atmosferica**.

Al livello del mare, alla latitudine di 45° e alla temperatura di 0° C la pressione esercitata dall'atmosfera su una superficie è uguale alla pressione esercitata, su una superficie di pari dimensioni, da una colonna di mercurio alta 760 mm; a questo valore è stato dato il nome di *pressione normale* o *1 atmosfera*, che equivale a 1013 *millibar*.

Il peso dell'aria non è costante, ma varia da luogo a luogo e in una stessa località varia da momento a momento.

I **fattori** principali che determinano i valori della pressione atmosferica sono tre.

1. La pressione diminuisce con l'**altitudine**: la colonna d'aria che grava su una località posta in alta montagna ha infatti un'altezza minore di quella che grava su una località a livello del mare, e quindi ha anche un peso inferiore per unità di superficie.

2. La pressione diminuisce al crescere della **temperatura dell'aria**. Quando si riscalda, una massa d'aria si espande (diviene meno densa) e si sposta verso l'alto; quindi il suo peso per unità di superficie diminuisce (anche quella sopra al fornello di casa si comporta così). Quando si raffredda, l'aria tende a diventare più densa, più pesante, e quindi a tornare verso il basso.

3. La pressione diminuisce al crescere dell'**umidità dell'aria**: la pressione esercitata su una superficie da una massa di *aria umida* (cioè che contiene vapore acqueo) è minore di quella esercitata da una massa di pari volume di *aria secca*. L'aria umida è più leggera, a parità di temperatura, di quella secca perché le particelle di vapore acqueo pesano meno di quelle dei gas che compongono l'aria secca (azoto, ossigeno ecc.).

Per rappresentare la distribuzione della pressione atmosferica vengono utilizzate le **carte delle isobare**, linee chiuse (ideali) che uniscono i punti della superficie terrestre che hanno la stessa pressione. Le isobare delimitano zone dove la pressione è più alta (*aree anticicloniche*, A nella carta) da altre dove è più bassa (*aree cicloniche*, B).

Il concetto di alta e bassa pressione è relativo: un'area è anticiclonica quando la sua pressione è maggiore di quella delle aree vicine, è ciclonica se la pressione è minore.

LEGGI NELL'EBOOK →
- L'esperimento di Torricelli
- La misura della pressione

IMPARA A IMPARARE
- Evidenzia la definizione di pressione atmosferica.
- Elenca i fattori che influenzano il valore della pressione atmosferica. Accanto a ciascuno segna un + se all'aumentare di questo fattore la pressione atmosferica aumenta oppure un − se essa diminuisce.

▶ **Video** Come varia la pressione atmosferica

💡 **Attività per capire** Osserva un effetto della pressione atmosferica

✅ **Esercizi interattivi**

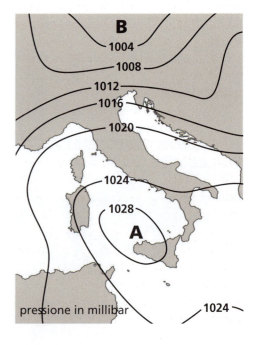

pressione in millibar

6. I VENTI

Le differenze di pressione atmosferica sono la causa dei movimenti di masse d'aria che chiamiamo venti. L'aria si muove sempre da un'area di alta pressione a un'area di bassa pressione.

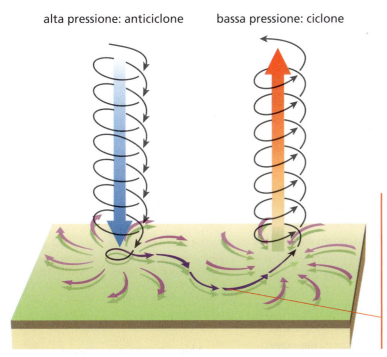

A causa della *forza di Coriolis*, nel nostro emisfero le masse d'aria «escono» dagli anticicloni ruotando in senso orario ed «entrano» nei cicloni ruotando in senso antiorario. Nell'emisfero australe accade il contrario.

In estate l'aria presente sopra il continente si riscalda fortemente e si forma un'area di relativa bassa pressione. Verso di essa allora si muove, dall'Oceano Indiano, dove la pressione è più alta, dell'aria arricchitasi di umidità e sulle terre emerse si verificano abbondanti piogge. È il **monsone estivo**, molto umido, che soffia dal mare verso il continente.

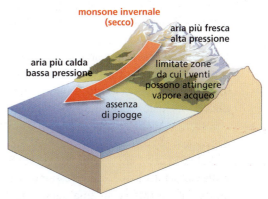

In inverno l'aria presente sopra l'oceano si raffredda più lentamente di quella che si trova sopra le terre emerse; la pressione è di conseguenza più alta sui continenti che sull'oceano e i venti spirano perciò dalla terra verso il mare. È il **monsone invernale**, secco, che soffia dal continente verso il mare.

Nelle aree di alta pressione – che sono dette **anticicloni** – l'aria, relativamente più densa e quindi più pesante, tende a spostarsi verso il basso e a muoversi verso le aree di bassa pressione – dette **cicloni** – dove prende il posto dell'aria che, essendo meno pesante, si sposta verso l'alto. È così che tra due zone di differente pressione si verifica un trasferimento d'aria, cioè un **vento**: l'aria si muove dalle aree anticicloniche a quelle cicloniche.

Alcuni venti possono spirare alternativamente in verso opposto, come conseguenza del verificarsi di inversioni fra le zone di bassa e di alta pressione. Tali movimenti d'aria sono detti *venti periodici*; essi si verificano sia su piccola scala (le *brezze*, con ritmo diurno e notturno), sia su grande scala (i *monsoni*, con ritmo stagionale).

Una causa dei venti periodici è il diverso riscaldamento delle terre e dei mari.

In riva al mare, per esempio, durante il giorno le rocce si riscaldano più rapidamente dell'acqua e riscaldano maggiormente gli strati d'aria sovrastanti. Sulla terraferma si stabilisce, perciò, una condizione di bassa pressione, mentre sul mare la pressione è più alta. Ciò mette in movimento l'aria dal mare verso la terra (a livello locale si parla di **brezza di mare**).

Di notte, invece, la terra si raffredda più rapidamente; gli strati d'aria presenti sulla terra diventano più freddi di quelli sull'acqua e quindi la pressione più alta si stabilisce sulla terraferma. L'aria si muove dalla terra verso il mare (**brezza di terra**).

Anche su vasta scala il meccanismo dei venti periodici è essenzialmente lo stesso. Ad esempio, nell'Oceano Indiano e nella fascia continentale che va dalle coste della Somalia a quelle della Cina orientale si hanno dei venti periodici, chiamati **monsoni**, che spirano alternativamente dall'oceano verso il continente e dal continente all'oceano. In questo caso sono i cambiamenti di temperatura stagionali, anziché quelli giornalieri, a determinare delle differenze di pressione atmosferica.

IMPARA A IMPARARE

- Sintetizza i movimenti dell'aria nei cicloni e negli anticicloni.
- Schematizza con frecce e simboli (A per alta pressione e B per bassa pressione) il movimento delle brezze fra terra e mare.

▶ **Video** Le brezze di mare e di terra

💡 **Attività** Costruisci un anemoscopio

✅ **Esercizi interattivi**

7. L'AZIONE GEOMORFOLOGICA DEL VENTO

Il vento, come gli altri agenti atmosferici, modifica con la sua azione il rilievo terrestre. Agendo sui frammenti rocciosi, il vento può prelevarli, trasportarli e depositarli, ed esercitare quindi una notevole opera di modellamento.

Se si eccettua l'umidità dell'aria, che partecipa a quasi tutti i processi di modellamento del rilievo terrestre, il principale agente atmosferico dell'erosione è il vento.

Il vento denuda i rilievi prelevando e trasportando altrove i detriti più minuti che derivano dal disfacimento delle rocce. La rimozione dei vari frammenti avviene con modalità diverse: i granuli più grossi, sufficientemente leggeri per essere spostati ma troppo pesanti per essere sollevati, vengono trasportati per *trascinamento* o *rotolamento*, mentre le particelle più fini vengono trasportate in *sospensione* nell'aria. L'intero processo è chiamato **deflazione**.

Il vento, però, da solo non è in grado di svolgere una marcata azione erosiva; questa si compie essenzialmente a causa degli urti ad alta velocità delle particelle che l'aria trascina nel suo movimento. Il vento smeriglia e scolpisce le rocce per mezzo dei frammenti rocciosi e dei granuli di sabbia, che fa rotolare o porta in sospensione. Questa azione abrasiva è chiamata **corrasione**.

Caratteristica del vento è poi la sua capacità di agire indipendentemente dalla forza di gravità; quindi, non solo dall'alto verso il basso (come fanno, per esempio, le acque correnti), ma anche orizzontalmente o dal basso verso l'alto.

Poiché i materiali sottoposti al trasporto eolico vengono via via abbandonati, il vento è responsabile della creazione di diverse *forme di accumulo*. I **depositi eolici** sono formati di sabbie e polveri che possono costituire ampie distese sabbiose o piccoli rilievi (le *dune*).

L'azione geomorfologica del vento (la *Geomorfologia* studia le forme del rilievo terrestre) è presente ovunque, ma è particolarmente intensa nelle zone povere di vegetazione (che con le fronde fa da ostacolo e con le radici trattiene le particelle del terreno) e dove è poco marcata l'azione delle acque superficiali. Essa è molto evidente in alta montagna, nelle zone poco piovose e soprattutto nei deserti, dove venti molto forti possono soffiare ininterrottamente per giorni e giorni.

> **IMPARA A IMPARARE**
> - Individua nel testo e sintetizza le tre fasi del modellamento eolico del rilievo.
> - Trascrivi in un elenco le condizioni nelle quali l'azione del vento è più intensa.
>
> ✓ Esercizi interattivi

CHE COSA VEDE IL GEOMORFOLOGO

Escalarte National Monument. Utah (USA).

- I piani di stratificazione costituiscono strisce di più facile attacco eolico
- In questo punto si avrà in futuro il crollo del pilastro
- Strati di arenaria, roccia relativamente tenera
- Questi solchi sono stati scolpiti dalla corrasione eolica

Il vento produce delle forme caratteristiche sulle rocce: alcune si presentano cesellate, con una superficie più o meno bucherellata o costellata di nicchie; altre sono modellate ad archi o a pilastri.

Il processo di formazione delle dune

Il vento è responsabile di diverse forme di deposito, dato che i materiali che esso trasporta vengono abbandonati quando la sua forza diminuisce. I *depositi eolici* sono formati da sabbie e polveri che possono essere state trasportate anche a grandi distanze (centinaia di kilometri) dal luogo in cui sono state prelevate.

La maggior parte dei depositi eolici si trova nei deserti e nelle aree costiere.

Nelle zone pianeggianti, sotto la spinta di un vento forte, il materiale sabbioso viene trasferito da un punto all'altro, e quindi viene deposto contro gli ostacoli o dietro di essi, nei punti in cui l'aria è più calma; qui può accumularsi e formare delle piatte distese sabbiose, oppure dei rilievi sabbiosi chiamati **dune**.

Quando nel deserto la sabbia trasportata dal vento costruisce le dune, essa dapprima risale il lato della duna da cui soffia il vento, poi discende lungo il lato opposto e si deposita in una zona di aria più tranquilla (*zona d'ombra*).

Di solito le dune non sono fisse, ma si spostano con il tempo. La velocità dello spostamento è molto variabile: da pochi decimetri all'anno (nelle zone costiere) fino a 5-6 metri al giorno (in alcune zone desertiche).

Per evitare danni alle opere umane, talvolta la sabbia delle dune viene «fissata» con rivestimenti vegetali, palizzate o muri.

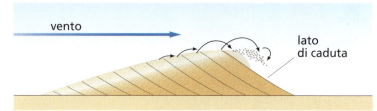

1. Il vento fa rotolare i granelli di sabbia su per il fianco della duna che si oppone al flusso d'aria, e li spinge oltre la sommità.

2. La sabbia cade per gravità al di là della cresta della duna.

3. La duna avanza nello stesso senso del vento.

Una duna fossile

Il modo in cui la sabbia, trasportata dal vento, si stratifica nelle dune è chiamato **stratificazione incrociata**, a causa della differente inclinazione delle superfici di rimozione della sabbia rispetto a quelle di deposizione.

Sulla parete della falesia nella fotografia si vedono strati di sabbia sovrapposti di antiche dune, ora fossili. La successione degli strati arcuati indica la direzione del vento durante la deposizione. Osservando la roccia più da vicino si distinguono i sottili livelli di sabbia che hanno originato le dune.

Il passaggio da dune sabbiose a roccia è avvenuto perché l'antichissima fase di clima arido, che ha permesso la formazione delle dune, è stata sostituita da fasi con climi umidi, durante le quali la sabbia si è compattata e cementata.

In seguito i fiumi hanno inciso nella regione profonde valli e hanno messo a nudo questo tipo di stratificazione.

CHE COSA VEDE IL GEOLOGO

ATTIVITÀ

Lo spostamento delle dune

Procurati della sabbia asciutta (se non vivi nei pressi di una spiaggia puoi trovarla in un negozio di materiali edili) e un grande catino di plastica. Sul fondo del catino metti una manciata di sabbia. Con un asciugacapelli tenuto in posizione orizzontale a circa 40 centimetri di distanza dalla sabbia, soffia a velocità minima dell'aria alla base della piccola duna.

Osserva lo spostamento delle particelle di sabbia.

8. LA CIRCOLAZIONE GENERALE DELL'ARIA

Mentre su scala locale i venti soffiano spesso in modo irregolare e discontinuo, su scala globale si possono individuare alcune fasce, ben delimitate, in cui essi spirano secondo direzioni prevalenti. La circolazione generale nella bassa troposfera dipende dalla presenza di aree stabili di alta pressione e di bassa pressione.

I venti che vanno dalle alte pressioni polari verso le basse pressioni subpolari vengono chiamati **venti polari**.

I venti diretti dalle alte pressioni subtropicali verso le basse pressioni subpolari prendono il nome di **venti occidentali**.

I venti che muovono dalle alte pressioni subtropicali verso l'Equatore sono chiamati **alisei**.

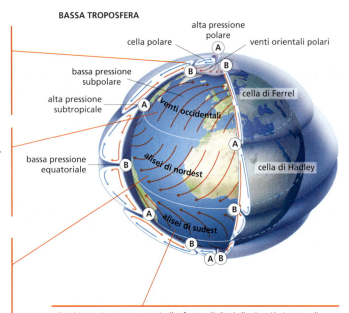

Tutti i venti sono soggetti alla *forza di Coriolis*. Perciò, invece di spirare in direzione dei meridiani, vengono deviati verso la loro destra nell'emisfero boreale, verso sinistra nell'emisfero australe.

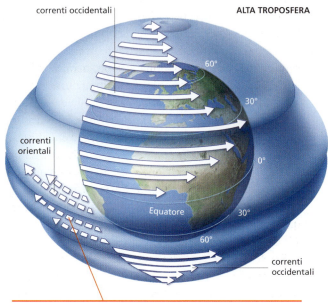

Soltanto in una stretta fascia a cavallo dell'Equatore spirano correnti orientali (sono i riflessi, ad alta quota, degli alisei).

Nella bassa troposfera esistono, per ciascun emisfero, tre sistemi di venti che prendono origine da zone di differente pressione.

1. In prossimità dell'Equatore l'aria, intensamente riscaldata, sale, originando una fascia di **basse pressioni equatoriali**. L'aria che è risalita si sposta verso i poli e poi, raffreddatasi, scende a una latitudine di circa 30°, creando in basso due fasce di **alte pressioni subtropicali**. Si formano così due *celle convettive*, una per emisfero, dette *celle di Hadley* (da immaginare come due «tubi circolari» posti attorno al globo).

2. Dalle fasce di alta pressione subtropicale l'aria che è discesa – perché verso l'alto si è raffreddata – prende due strade diverse:
- in parte ritorna verso le zone di bassa pressione situate all'Equatore («chiudendo» così le celle di Hadley);
- in parte essa si dirige in direzione delle **basse pressioni subpolari** a 60° Nord e Sud di latitudine (alimentando altre due celle convettive, dette *celle di Ferrel*).

3. In corrispondenza dei poli l'aria si raffredda e di conseguenza scende, dando origine alle **alte pressioni polari**. Si muove poi tornando verso le medie latitudini, costituendo le celle di convezione polari.

Le traiettorie di questi venti che spirano alle basse quote sono però notevolmente influenzate dalla distribuzione delle terre e dei mari: i loro movimenti corrispondono perciò solo in linea generale a questa schematizzazione.

Al contrario, mano a mano che si sale in quota gli effetti dell'attrito si fanno sentire sempre meno e – sopra i 3000-5000 metri di altitudine – i venti spirano con grande regolarità e costanza. A queste quote, un sistema di **correnti occidentali** è presente in entrambi gli emisferi ed è maggiormente intenso sopra le zone temperate della Terra.

Nell'ambito di questo sistema di correnti, per ciascun emisfero si individuano due rapidissimi flussi d'aria spessi alcuni chilometri e larghi oltre 500 km; a questi venti, che raggiungono velocità fino a 500 km/h, è stato dato il nome di **correnti a getto**.

LEGGI NELL'EBOOK →
- Le correnti a getto

IMPARA A IMPARARE
- Fai uno schema che riassuma i nomi delle celle convettive in cui circola l'aria nella bassa troposfera, i nomi dei venti e le zone di alta e bassa pressione che generano le celle.
- Confronta i disegni e ipotizza una spiegazione per il comportamento dei venti alla latitudine di 30°, sia nella bassa troposfera, sia nell'alta troposfera.

Video Evoluzione di una corrente a getto del fronte polare

Esercizi interattivi

9. L'UMIDITÀ DELL'ARIA

Il vapore acqueo è uno dei componenti più importanti dell'atmosfera. L'umidità è la quantità di vapore acqueo presente nell'aria. I valori dell'umidità sono strettamente legati a quelli della temperatura.

Il vapore acqueo è presente nell'atmosfera in quantità molto variabili, a seconda dei periodi dell'anno e delle diverse regioni della Terra.

La quantità di vapore acqueo, in grammi, contenuta in 1 m³ d'aria si chiama **umidità assoluta**. Essa aumenta con l'aumentare della temperatura: nelle regioni polari l'umidità assoluta è, in media, di 1-2 g/m³, mentre in quelle equatoriali arriva a 20-25 g/m³.

L'aria non può contenere una quantità illimitata di vapore acqueo: arrivata alla quantità massima possibile, si dice che l'aria è *satura*. La foschia, visibile spesso sul mare, è data dalla saturazione di vapore acqueo nell'aria. Come l'umidità assoluta, anche la saturazione dipende dalla temperatura: più essa è alta, più vapore può essere contenuto in un dato volume d'aria. A 10 °C, ad esempio, 1 m³ d'aria può contenere al massimo 9 g di vapore acqueo, mentre a 25 °C è «saturato» da 23 g.

Per i meteorologi il valore dell'umidità assoluta non è molto significativo. È più utile conoscere l'**umidità relativa**, cioè il rapporto tra l'umidità assoluta e il *limite di saturazione* (l'umidità «massima possibile» a una data temperatura). L'umidità relativa si esprime in percentuale, secondo la formula:

$$\frac{\text{umidità relativa}}{} = \frac{\text{umidità assoluta}}{\text{umidità massima possibile}} \times 100$$

Ad esempio, un valore di umidità relativa del 50% indica che il vapore acqueo presente nell'aria è la metà della quantità massima possibile. L'umidità relativa dell'aria satura è del 100%.

L'umidità relativa varia con la temperatura (quando è costante l'umidità assoluta): se aumenta la temperatura, l'umidità relativa diminuisce.

L'umidità relativa dipende anche dall'umidità assoluta (quando è costante la temperatura): se aumenta l'umidità assoluta, aumenta anche l'umidità relativa.

L'umidità relativa raggiunge i valori massimi all'Equatore, a causa dell'intensa evaporazione, e presso i circoli polari, dove le basse temperature fanno abbassare il limite di saturazione dell'aria.

LEGGI NELL'EBOOK →
- Variazioni dell'umidità dell'aria con la latitudine
- La misura dell'umidità dell'aria

IMPARA A IMPARARE
- Rintraccia nel testo le definizioni di umidità assoluta e umidità relativa.
- Individua i fattori che influenzano l'umidità relativa e indicali con un + o un − a seconda che la facciano aumentare o diminuire.

Attività per capire Confronta la quantità di vapore acqueo che può essere contenuto dall'aria fredda e dall'aria calda

Osservazione L'afa

Esercizi interattivi

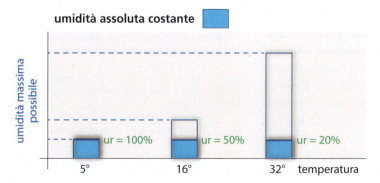

Quando è costante l'umidità assoluta, all'aumentare della temperatura l'umidità massima possibile aumenta; dunque, diminuisce l'umidità relativa.

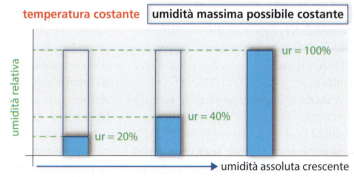

Quando è costante la temperatura, l'umidità massima possibile rimane costante; quindi, se aumenta l'umidità assoluta aumenta anche l'umidità relativa.

10. LE NUVOLE

Le nuvole sono dovute alla presenza di goccioline d'acqua o aghetti di ghiaccio in una massa d'aria. Si formano a causa della condensazione del vapore acqueo in eccesso quando la massa d'aria è satura.

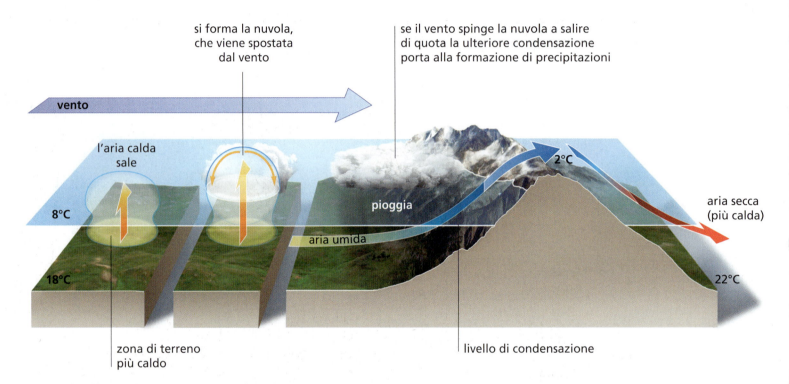

Se la temperatura di una massa d'aria satura di vapore acqueo diminuisce, il vapore in eccesso si condensa. La **condensazione** è il passaggio dell'acqua dallo stato aeriforme a quello liquido. Se la temperatura è molto bassa, il vapore passa direttamente allo stato solido (**sublimazione**).

Il risultato di questi processi è la formazione di goccioline liquide, del diametro di circa 1/100 di mm, o di microscopici cristallini e aghi di ghiaccio (che si formano a temperature inferiori agli 0 °C).

Le goccioline di acqua si formano intorno ai *nuclei di condensazione*, particelle piccolissime di sali, polveri, ceneri ecc., che offrono una superficie su cui l'acqua può condensarsi.

A causa della loro leggerezza, le goccioline d'acqua e gli aghetti di ghiaccio rimangono sospesi nell'aria: si formano così le **nebbie** (in prossimità del suolo e con spessore limitato, da qualche metro a qualche centinaio di metri) e le **nuvole** (ad altezze e con spessori più elevati).

La quantità di vapore acqueo in una massa d'aria può raggiungere e superare quella necessaria alla formazione di nubi:
- per aggiunta di vapore, grazie all'evaporazione (dal mare o da un lago, o da un fiume);
- per raffreddamento di una massa d'aria satura.

L'aria può raffreddarsi perché costretta a salire, ad esempio, per la presenza di una montagna o per l'incontro con una massa d'aria più fredda che vi si incunea sotto.

Quando una massa d'aria umida è costretta a superare il fianco di una montagna, salendo viene a trovarsi a pressioni minori e quindi si espande. L'espansione fa diminuire la temperatura dell'aria, e il vapore acqueo in essa contenuto si condensa. Sul versante di salita si formano le nuvole e spesso piove.

La temperatura alla quale il vapore acqueo inizia a condensarsi, e a formare una nuvola, è detta **punto di rugiada** e varia da un giorno all'altro secondo la temperatura e l'umidità relativa. Esistono diversi tipi di nuvole, ciascuno con una forma caratteristica. I tre tipi principali sono i **cirri** (nuvole filamentose), i **cumuli** (nuvole con grande sviluppo verticale) e gli **strati** (nuvole fatte di strati compatti).

LEGGI NELL'EBOOK →
- **La forma delle nuvole**

IMPARA A IMPARARE
- Riassumi in una frase il fenomeno della condensazione.
- Rintraccia nel testo le condizioni necessarie per la formazione delle nuvole.

▶ **Video** Il meccanismo di saturazione dell'aria

💡 **Attività** Misura il punto di rugiada

👁 **Osservazione** La rugiada e la brina

✅ **Esercizi interattivi**

11. LE PRECIPITAZIONI METEORICHE

Le precipitazioni meteoriche si originano dalle goccioline d'acqua che costituiscono le nuvole. Pioggia, neve e grandine sono varie forme di precipitazioni meteoriche.

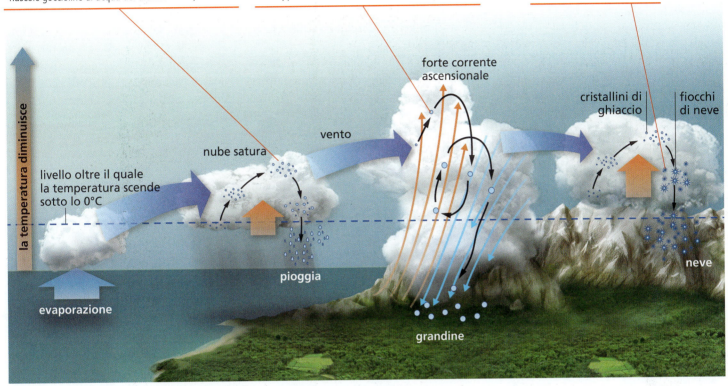

Le gocce di **pioggia** hanno un diametro che può arrivare a 5 mm, ma si formano per aggregazione di minuscole goccioline di acqua del diametro di 0,01 mm.

Un chicco di **grandine** può avere dimensioni diverse a seconda di quanti straterelli di ghiaccio si sono sovrapposti l'uno all'altro.

Ogni fiocco di **neve** è formato da numerosissimi cristallini esagonali di ghiaccio.

Quando le goccioline d'acqua, o gli aghetti di ghiaccio, che formano le nuvole raggiungono dimensioni tali da non poter più essere sostenute dall'aria, allora precipitano sotto forma di pioggia, neve o grandine.

Nelle nostre regioni le precipitazioni di gran lunga più diffuse sono le **piogge**; la **neve** cade quasi solamente d'inverno o in montagna, quando la temperatura dell'aria che è a contatto con il terreno si aggira intorno agli 0 °C.

La formazione della **grandine** è un fenomeno sporadico, associato alle grandi nubi temporalesche. I chicchi di grandine si formano a causa di forti moti convettivi nelle nubi temporalesche, che trascinano le goccioline d'acqua nella parte alta delle nubi. Qui le goccioline congelano; scendono poi nella parte media, dove si ricoprono di altra acqua. Spinte dalle correnti ascendenti, tornano nella parte alta della nuvola, dove un nuovo straterello di ghiaccio si sovrappone al precedente. Il ciclo si ripete più volte, fino a quando il chicco è troppo pesante per essere sostenuto dall'aria e quindi precipita a terra.

Le precipitazioni non sono originate da tutti i tipi di nuvole, ma soltanto da quelle caratterizzate da un notevole sviluppo verticale, che hanno la base a quote non molto elevate; come, ad esempio, certe «nubi miste» (nembostrati e cumulinembi).

La **distribuzione delle precipitazioni** sulla superficie terrestre non è uniforme. La *piovosità* tende a diminuire con la latitudine, come accade per la temperatura, ma in maniera molto più discontinua (è scarsa nelle zone anticicloniche).

La distribuzione geografica delle precipitazioni viene rappresentata sulle carte mediante le **isoiete**, cioè le linee ideali che uniscono tutti i luoghi che ricevono la stessa quantità media di precipitazioni in un anno, oppure nei singoli mesi.

LEGGI NELL'EBOOK →
- La distribuzione delle precipitazioni

IMPARA A IMPARARE

- Fai un elenco dei tipi di precipitazione indicando forma, dimensione e condizioni di formazione.
- Sottolinea la definizione di isoieta.

 Attività Costruisci un pluviometro

 Esercizi interattivi

12. LA DEGRADAZIONE METEORICA

Il lento e continuo lavoro degli agenti atmosferici provoca, mediante processi fisici e chimici, i cambiamenti – spesso minuscoli – che a distanza di anni possiamo notare nelle rocce affioranti in superficie. L'entità di queste modifiche dipende dalle condizioni climatiche (cioè dall'andamento delle condizioni atmosferiche nel tempo) e dal tipo di roccia.

Assieme ai processi che derivano dal calore interno della Terra – che vedremo essere responsabili del sollevamento delle catene montuose e dell'apertura degli oceani – gli **agenti atmosferici** sono corresponsabili del **modellamento** del paesaggio terrestre.

L'attacco dei materiali rocciosi da parte degli agenti atmosferici – come il calore, il gelo e disgelo, l'umidità dell'aria – costituisce la **degradazione meteorica**.

Si distinguono:
- i processi di *degradazione fisica*, che provocano la **disgregazione** delle rocce (cioè la rottura in frammenti) e non ne modificano la composizione chimica;
- i processi di *degradazione chimica*, che consistono invece nell'**alterazione** o nella **dissoluzione** delle rocce.

Questi fenomeni si svolgono congiuntamente; tuttavia, i processi fisici prevalgono nelle regioni aride o fredde, mentre quelli chimici in genere dominano nelle regioni umide e calde.

La degradazione delle rocce produce i **materiali detritici**, estremamente importanti per la *formazione del suolo* e quindi per lo sviluppo della vegetazione.

Quando le superfici rocciose esposte all'attacco degli agenti atmosferici sono orizzontali, oppure poco inclinate, i prodotti della degradazione meteorica rimangono sul posto e – in un tempo di decine, centinaia o migliaia d'anni, a seconda delle condizioni climatiche – finiscono per coprire le «rocce madri» sottostanti con un *mantello detritico*, detto **regolite**.

Con il tempo, il regolite diventa di tale spessore (anche parecchi metri) da rendere via via più debole l'attacco delle rocce sottostanti, fino ad annullarlo. Nella parte superiore del regolite può avvenire la formazione del suolo (o *pedogenesi*).

Se, però, le superfici rocciose sono inclinate, la gravità e gli altri agenti esogeni (come il vento e le acque correnti) tendono ad allontanare i prodotti della degradazione meteorica via via che si formano, ed espongono così nuove superfici all'opera degli agenti atmosferici. Quando la pendenza delle superfici rocciose esposte è forte, i materiali che se ne staccano per degradazione precipitano e si accumulano al piede delle pareti e dei versanti, formando dei pendii di detriti la cui inclinazione è varia.

> **IMPARA A IMPARARE**
>
> Fai uno schema che riassuma i due tipi di fenomeni che costituiscono la degradazione meteorica specificando per ciascuno che genere di processi comprende.

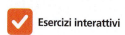 Esercizi interattivi

Le **falde di detrito** sono delimitate in alto da una linea quasi orizzontale.

I **coni di detrito** si espandono a ventaglio, a partire da un apice posto in corrispondenza di un canalone o di un solco che convoglia i materiali in caduta.

13. LA DEGRADAZIONE FISICA DELLE ROCCE

La disgregazione meteorica delle rocce è prodotta principalmente da due fenomeni dipendenti dalle variazioni di temperatura tra il dì e la notte.

Dove è marcata l'*escursione termica giornaliera* (la differenza tra la temperatura massima e quella minima registrate nelle 24 ore) si verifica il **termoclastismo**. Come tutti i corpi, le rocce (soprattutto nelle parti più esterne) si dilatano quando si riscaldano e si contraggono se si raffreddano. A lungo andare, le continue dilatazioni e contrazioni causano l'indebolimento della roccia e il distacco di frammenti.

Un altro e ancor più efficace processo di disgregazione delle rocce è il **crioclastismo**, cioè l'effetto dell'*alternanza di gelo e disgelo*. Quando congela, l'acqua presente negli interstizi e nelle fratture delle rocce aumenta di volume ed esercita sulle pareti delle cavità che la contengono una pressione tanto intensa da allargare le fessure e spezzare la roccia. Così le fessure preesistenti si divaricano e frammenti di roccia di varie dimensioni si staccano.

La disgregazione può essere operata anche da altri agenti, non atmosferici, come gli organismi viventi: in questo caso si parla di **bioclastismo**. In particolare, le piante possono allargare e prolungare, per mezzo delle radici, le fessure esistenti nelle rocce.

Il termoclastismo e il crioclastismo sono tra i primi responsabili della genesi del regolite, i cui materiali, se vengono rimossi dalla gravità, vanno a formare – nel tempo – i **coni di detrito** e le **falde di detrito**.

Quando il distacco e la discesa interessano, oltre al regolite, grandi masse rocciose sottostanti, si hanno le **frane**, che pure sono favorite dalla degradazione meteorica, ma sono connesse soprattutto ad altri fattori, quali la natura delle rocce, la loro giacitura e la quantità di acqua che vi si infiltra (vedi *Scienze della Terra per il cittadino - I movimenti franosi*, nell'unità 8).

> **IMPARA A IMPARARE**
>
> Sintetizza i due più importanti processi di degradazione fisica individuando i tratti comuni ai due processi e le differenze. Per ciascuno di essi indica in quali luoghi avviene più facilmente.

 Video La disgregazione meteorica delle rocce

 Esercizi interattivi

Le forti escursioni termiche giornaliere hanno provocato la fessurazione e la «desquamazione» superficiale della roccia.

La gravità e il vento hanno contribuito a rimuovere i frammenti staccati.

Dove si è potuto accumulare materiale detritico è cresciuta la vegetazione.

L'alternarsi di gelo e disgelo, insieme all'azione chimica dell'acqua, ha allargato le fessure della roccia.

Nelle parti meno esposte all'insolazione la disgregazione della roccia è più lenta.

Il termoclastismo si verifica nelle regioni calde con forti escursioni termiche tra il dì e la notte (come la Enchanted Rock Natural Area, nel Texas). Nei deserti caldi, verso sera, la temperatura dell'aria può scendere in un'ora da 40 °C a 15 °C.

Il crioclastismo è caratteristico delle regioni fredde poste alle alte latitudini (come questi monti scozzesi) e delle zone di alta montagna.

14. LA DEGRADAZIONE CHIMICA DELLE ROCCE

Le rocce possono essere esposte a processi chimici, a causa dei quali è la loro composizione mineralogica a essere alterata. Alcuni minerali subiscono la dissoluzione quando vengono a contatto con le acque meteoriche; altri si combinano con alcuni componenti dell'atmosfera formando nuovi composti chimici, ossia nuovi minerali.

I diversi colori delle rocce in questa fotografia scattata nella zona di Zhangye (Cina) sono dovuti all'ossidazione dei diversi minerali che le compongono.

Le rocce calcaree della zona di Vorarlberg (Austria) presentano solcature connesse al fenomeno della dissoluzione.

La degradazione chimica delle rocce – che è operata essenzialmente dagli agenti atmosferici, ma alla quale concorrono anche gli organismi viventi nel suolo – comprende l'**alterazione** e la **dissoluzione**. Entrambi questi processi consistono in *reazioni chimiche* che si verificano tra i minerali delle rocce e l'aria o l'acqua meteorica (pioggia o neve). Vediamo le principali.

1. L'*ossigeno* contenuto nell'aria, o quello disciolto nell'acqua piovana, agisce soprattutto sulle rocce costituite da minerali che contengono ioni ferro.

Vi sarà probabilmente capitato di osservare come alcune rocce siano ricoperte da una «patina» rossastra. Questa patina è il risultato di una reazione chimica che avviene tra il ferro e l'ossigeno e che porta alla formazione di composti diversi da quelli di partenza: è l'**ossidazione**.

2. Alcuni minerali si trasformano in altri «inglobando» nei propri reticoli cristallini delle molecole d'acqua. È il caso dell'*anidrite*, che si trasforma in *gesso* quando viene a contatto con l'acqua di pioggia, secondo una reazione chimica che viene chiamata **idratazione**.

3. Il fenomeno che avviene più di frequente è l'**idrolisi**, che consiste nella reazione tra gli ioni H^+ e OH^- dell'acqua e alcuni tipi di silicati (minerali composti da silicio e ossigeno assieme ad altri elementi). Per esempio, l'idrolisi dell'*ortoclasio* (un minerale composto da potassio, alluminio, silicio e ossigeno, molto frequente in certe rocce eruttive) porta alla formazione della *caolinite*, un minerale diverso, tipico delle argille, formato da alluminio, silicio, ossigeno e idrogeno; quest'ultimo proviene dall'acqua che ha partecipato alla reazione.

4. L'acqua può anche portare in soluzione vari minerali. Senza l'intervento di altre sostanze, è in grado di sciogliere il *gesso* e il *salgemma* (il comune sale da cucina); insieme all'anidride carbonica, opera perfino nei *calcari*, ben più diffusi sulla superficie terrestre. Questo processo, che è detto **dissoluzione**, è molto importante nel modellamento del rilievo in alcune regioni. La dissoluzione delle rocce calcaree dà luogo al *carsismo* (dal nome della regione del Carso, al confine tra l'Italia e la Slovenia).

IMPARA A IMPARARE
Per ogni processo di degradazione chimica descritto evidenzia l'elemento responsabile della reazione chimica.

 Video Le forme carsiche

 Esercizi interattivi

Il carsismo

L'effetto morfologico della dissoluzione dei calcari è la formazione di **paesaggi carsici**. Ecco che cosa può avvenire in un rilievo calcareo.

1. Nell'aria, la pioggia «cattura» piccole quantità di anidride carbonica.
2. Avviene una reazione chimica tra l'acqua e l'anidride carbonica; così si forma un *acido*.
3. L'acqua *acidulata* viene a contatto con le rocce calcaree.
4. Il carbonato di calcio ($CaCO_3$), principale componente delle rocce calcaree, è quasi insolubile in acqua; ma, a contatto con l'acqua acidulata, si trasforma in bicarbonato di calcio [$Ca(HCO_3)_2$], che è invece solubile.
5. L'acqua meteorica asporta con facilità il bicarbonato di calcio.

Il risultato è visibile in superficie, dove la roccia affiora (*forme carsiche epigee*), ma prosegue anche all'interno delle masse rocciose, dove l'acqua penetra attraverso le fratture e fra gli strati della roccia (*forme carsiche ipogee*).

ATTIVITÀ PER CAPIRE

Osserva l'ossidazione di un metallo

Inumidisci della lana di ferro (la trovi in ferramenta; non usare quella d'acciaio inossidabile) e mettila in un bicchiere. Attendi 24-48 ore e osserva.

- Che aspetto ha il ferro?
- Quale reazione chimica è avvenuta?
- Con che cosa ha reagito il ferro?

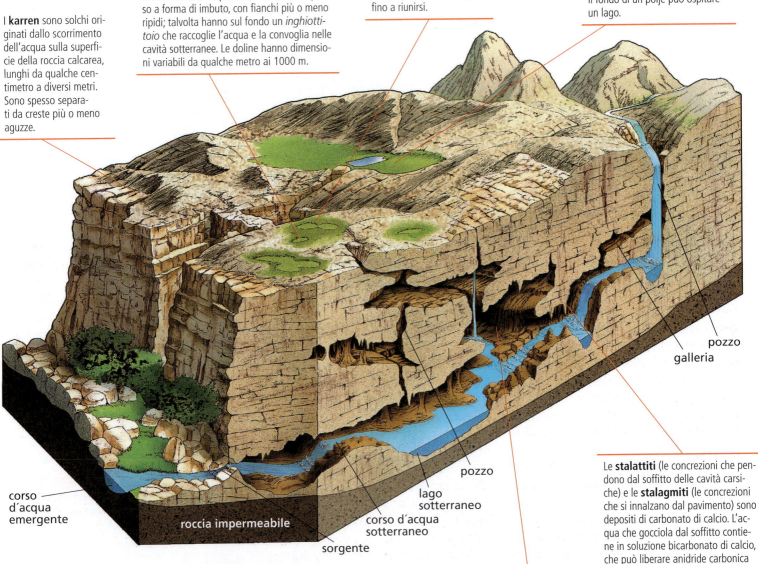

I **karren** sono solchi originati dallo scorrimento dell'acqua sulla superficie della roccia calcarea, lunghi da qualche centimetro a diversi metri. Sono spesso separati da creste più o meno aguzze.

Le **doline** sono depressioni del terreno spesso a forma di imbuto, con fianchi più o meno ripidi; talvolta hanno sul fondo un *inghiottitoio* che raccoglie l'acqua e la convoglia nelle cavità sotterranee. Le doline hanno dimensioni variabili da qualche metro ai 1000 m.

Le **uvala** sono depressioni di forma varia; derivano dalla fusione di più doline che col tempo si sono allargate fino a riunirsi.

I **polje** sono grandi bacini pianeggianti di dimensioni kilometriche, che derivano dallo sviluppo di molte cavità carsiche superficiali. Il fondo di un polje può ospitare un lago.

Le **stalattiti** (le concrezioni che pendono dal soffitto delle cavità carsiche) e le **stalagmiti** (le concrezioni che si innalzano dal pavimento) sono depositi di carbonato di calcio. L'acqua che gocciola dal soffitto contiene in soluzione bicarbonato di calcio, che può liberare anidride carbonica nell'aria, ritrasformandosi in carbonato di calcio; essendo questo insolubile, si deposita sulla roccia.

Le **grotte** sono le forme carsiche sotterranee accessibili all'uomo. Possono essere formate da numerose cavità, chiamate *pozzi* o *gallerie* a seconda che si sviluppino in verticale o in orizzontale. Le grotte possono avere forme e dimensioni molto varie.

UNITÀ 5 L'atmosfera e i fenomeni meteorologici

15. LE PERTURBAZIONI ATMOSFERICHE

La marcata instabilità del tempo (meteorologico), che è caratteristica di molte regioni della Terra, è dovuta alle perturbazioni atmosferiche che vengono indicate come «cicloni tropicali» e «cicloni extratropicali».

Oltre alle alte e alle basse pressioni permanenti, cui si associano condizioni meteorologiche relativamente stabili, esistono anche *anticicloni* e *cicloni temporanei*, che causano invece frequenti mutamenti del tempo.

Gli anticicloni determinano condizioni di «bel tempo». Infatti, a causa della pressione più elevata, l'aria – più densa – si muove verso il basso e verso l'esterno, e abbassandosi si riscalda; quindi, la sua umidità relativa diminuisce e non si formano nuvole. Nei cicloni invece l'aria si muove dall'esterno verso il centro, risale e si raffredda, si formano così nuvole e precipitazioni. Perciò essi vengono chiamati anche **perturbazioni atmosferiche**.

I **cicloni extratropicali** sono perturbazioni di grande estensione (fino a 3000 km di diametro), che influenzano il clima alle *medie latitudini*, tra i tropici e i circoli polari (come in Italia). Si muovono da Ovest a Est, spinti dai venti occidentali, con una velocità di un migliaio di chilometri al giorno.

La formazione di un ciclone extratropicale è dovuta all'incontro, a bassa quota, di due masse d'aria: una fredda e secca, proveniente dalle zone polari, e una calda e umida, proveniente dalle zone tropicali. Quando vengono a contatto, l'aria fredda e quella calda non si mescolano, ma si incontrano lungo superfici di confine dette **fronti**.

I fronti possono essere di due tipi:
- i **fronti freddi**, quando è l'aria fredda a muoversi (incuneandosi al di sotto di quella calda);
- i **fronti caldi**, quando a spostarsi è invece l'aria calda (scivolando sopra a quella fredda).

I **cicloni tropicali** sono perturbazioni più violente, che si verificano alle basse latitudini.

LEGGI NELL'EBOOK →
■ Fronti freddi e fronti caldi

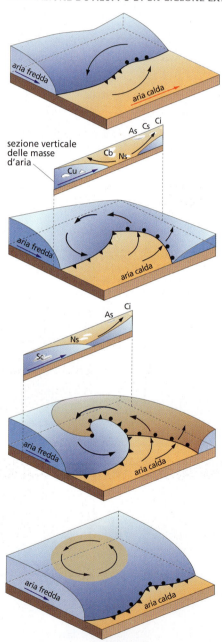

FORMAZIONE E SVILUPPO DI UN CICLONE EXTRATROPICALE

1 Si delinea un *fronte freddo*, che separa l'aria fredda in avanzamento verso quella calda, e un *fronte caldo*, che separa l'aria calda in spostamento verso quella fredda.

2 Il fronte freddo avanza con velocità quasi doppia di quello caldo, tendendo a restringere la zona dell'aria calda, che viene sempre più sollevata dal suolo; ciascun fronte è accompagnato da nubi e precipitazioni caratteristiche.

3 Il fronte freddo raggiunge quello caldo, sollevando completamente l'aria del settore caldo e occludendo così la perturbazione (*fronte occluso*), che ha già raggiunto la massima intensità.

4 Alla occlusione segue lo stadio di dissoluzione: il ciclone si estingue e si origina un nuovo fronte.

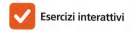

Ci = cirri   Cu = cumuli   Ns = nembostrati
Cs = cirrostrati   Sc = stratocumuli   Cb = cumulonembi
As = altostrati

IMPARA A IMPARARE

- Fai uno schema: per i due tipi di fronte indica quale massa d'aria in movimento ne è la causa e quali nuvole si sviluppano.
- Dai un titolo a ognuna delle 4 fasi di sviluppo di un ciclone extratropicale.

✓ Esercizi interattivi

I cicloni tropicali

I *cicloni tropicali* sono perturbazioni atmosferiche che interessano le regioni situate in due fasce comprese all'incirca tra i 5° e i 30° di latitudine, sia a Nord che a Sud dell'Equatore. Ognuno di essi consiste in un'area di bassa pressione molto pronunciata, con estensione meno ampia di quella dei cicloni extratropicali. Il diametro dei cicloni tropicali infatti è compreso tra i 100 e i 1000 km. Si tratta di perturbazioni assai intense, che durano anche due-tre settimane e possono causare danni enormi.

I cicloni tropicali si formano sul mare, dove l'evaporazione è massima. Mossa da venti che soffiano in direzioni opposte (gli *alisei* dei due emisferi), l'aria molto calda e umida sale rapidamente, ruotando; in questo modo si accentua la bassa pressione, si verificano forti venti e si formano nubi e precipitazioni torrenziali.

Nel centro del vortice (detto *occhio del ciclone*), perduta gran parte dell'umidità, l'aria diventa più pesante e scende lentamente, riscaldandosi. Qui la condensazione del vapore si interrompe e non si hanno né nubi né precipitazioni.

I cicloni tropicali si spostano dalla zona di formazione, muovendosi da Est verso Ovest. Nel loro percorso sono deviati, a causa della rotazione terrestre, verso Nord-Ovest nel nostro emisfero (verso Sud-Ovest nell'emisfero australe).

Un ciclone tropicale sull'Oceano Atlantico.

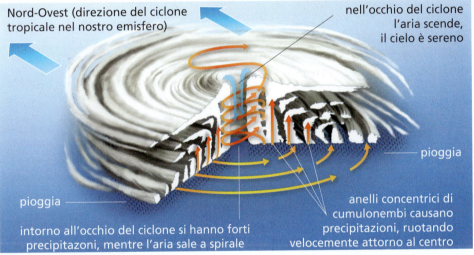

I tornado

Ancora più violenti dei cicloni tropicali, ma molto meno estesi (circa 200 m di diametro), sono i **tornado** o *trombe d'aria*.

Essi si generano da una nube temporalesca e hanno l'aspetto di lunghi e stretti vortici, a forma di imbuto, che dalla nube raggiunge il suolo o il mare.

Nel tornado l'aria si muove a spirale in senso antiorario nel nostro emisfero (in senso orario nell'emisfero meridionale), dal basso verso l'alto, attorno a un asse verticale o inclinato di pochi gradi. Il «risucchio» è fortissimo e solleva dal suolo tutto ciò che incontra. Nessun anemometro resiste al suo passaggio: si stima – dai danni provocati – che i venti superino i 500 km/h.

16. LE PREVISIONI DEL TEMPO

L'uso di strumenti e di tecniche di esplorazione dell'atmosfera sempre più sofisticati ha permesso di comprendere come evolvono le perturbazioni atmosferiche.

La conoscenza del comportamento dei cicloni tropicali ed extratropicali, insieme a quella della circolazione generale dell'atmosfera, ha consentito grandi progressi nel campo delle previsioni del tempo.

Per seguire lo sviluppo e l'estensione delle perturbazioni è stata istituita una rete di **stazioni meteorologiche** che misurano di continuo la temperatura, la pressione, l'umidità, le precipitazioni, i venti.

Oltre ai dati raccolti dalle stazioni a terra, i meteorologi utilizzano anche le immagini riprese dai satelliti meteorologici in orbita attorno al globo, che forniscono delle visioni molto nitide dei sistemi nuvolosi e dei loro movimenti. Queste immagini consentono di individuare rapidamente le perturbazioni atmosferiche e di seguirne gli spostamenti e l'evoluzione. Inoltre, i satelliti registrano le variazioni di temperatura con l'altezza, la distribuzione globale del vapore acqueo e altre caratteristiche atmosferiche.

I valori raccolti vengono rielaborati al computer e utilizzati per particolari tipi di carte: le **carte sinottiche**.

Le carte sinottiche sono carte tematiche nelle quali viene data una rappresentazione grafica dei vari fenomeni e dei diversi dati meteorologici, come i fronti, le isobare o la direzione dei venti. Tramite queste carte, oppure altre carte meteorologiche semplificate, vengono visualizzate le previsioni del tempo.

Per individuare le aree anticicloniche e cicloniche sono state aggiunte, rispettivamente, le lettere A (alta pressione) e B (bassa pressione).

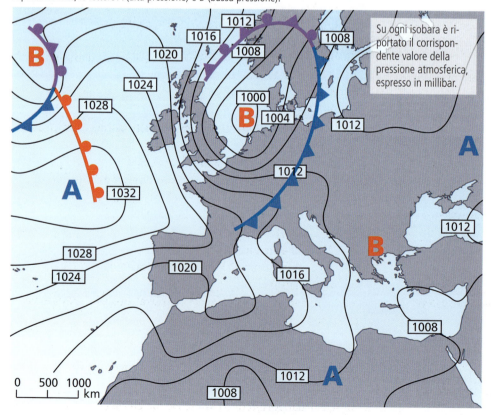

Su ogni isobara è riportato il corrispondente valore della pressione atmosferica, espresso in millibar.

LEGGI NELL'EBOOK →
- Lo spostamento di un ciclone tropicale

IMPARA A IMPARARE
- Confronta l'immagine satellitare e la carta sinottica e individua le corrispondenze fra i sistemi nuvolosi e i simboli usati nella carta.
- Crea poi una legenda per la carta, indicando per ogni simbolo utilizzato a quale elemento meteorologico corrisponde.

Esercizi interattivi

DOMANDE PER IL RIPASSO

ALTRI ESERCIZI SU ZTE

PARAGRAFO 1
1. Come si chiamano gli strati che compongono l'atmosfera?
2. Di quali gas si compone l'atmosfera?
3. A che cosa è dovuta la presenza di vapore acqueo nell'aria?

PARAGRAFO 2
4. Che cosa si intende per bilancio termico globale?
5. Che cosa succede alla radiazione solare nel passaggio dal limite dell'atmosfera fino alla superficie del globo terracqueo?
6. Che cosa si intende per effetto serra?

PARAGRAFO 3
7. Da quali fattori è influenzata l'inclinazione dei raggi solari rispetto alla perpendicolare al piano dell'orizzonte?
8. Come incide il comportamento termico delle terre e delle acque sul riscaldamento dell'aria?
9. Scegli l'alternativa corretta.
   La copertura vegetale fa aumentare/diminuire la quantità di calore che interessa il suolo, poiché le piante assorbono/emettono calore.

PARAGRAFO 4
10. Da che cosa è costituito l'inquinamento atmosferico?
11. A quali fattori si ritiene che sia dovuto l'attuale riscaldamento del globo terrestre?
12. Completa.
    Gli ossidi di zolfo e di azoto causano le _____ ;
    i *Cfc* sono responsabili del _____ .

PARAGRAFO 5
13. Come si definisce la pressione atmosferica?
14. Quali sono i fattori che influenzano la pressione atmosferica?
15. Quale è il valore normale della pressione atmosferica a livello del mare?

PARAGRAFO 6
16. Da cosa sono causati i venti?
17. Come si generano i venti periodici?
18. Vero o falso?
    Un'area è detta ciclonica quando la pressione misurata è inferiore a un valore stabilito.

PARAGRAFO 7
19. Quali effetti produce la deflazione?
20. Che cosa caratterizza l'azione geomorfologica del vento?
21. Completa.
    Le dune sono forme di _____ .

PARAGRAFO 8
22. Che cosa si intende per celle convettive nell'atmosfera?
23. Come si muovono gli alisei?
24. In quale direzione circola l'aria nell'alta troposfera?

PARAGRAFO 9
25. Come varia l'umidità al variare della temperatura?
26. Come si esprime il valore dell'umidità relativa?
27. In quali condizioni diminuisce l'umidità relativa?

PARAGRAFO 10
28. Da che cosa sono costituite le nuvole?
29. Che cosa avviene quando una massa d'aria umida incontra una montagna?
30. Completa.
    La _____ alla quale il _____ si condensa (e si può formare una nuvola) si chiama punto di _____ .

PARAGRAFO 11
31. Da quali tipi di nuvole sono originate le precipitazioni?
32. Come si forma la grandine?
33. Da che cosa sono formati i fiocchi di neve?

PARAGRAFO 12
34. Quali tipi di processi comprende la degradazione meteorica?
35. Che cos'è il regolite?

PARAGRAFO 13
36. Quali tipi di processi di disgregazione delle rocce si possono distinguere?
37. In quali regioni è più frequente il termoclastismo?
38. Completa.
    Il _____ è dovuto all'alternanza di gelo e disgelo.

PARAGRAFO 14
39. Quali sono i fenomeni più diffusi di alterazione chimica delle rocce?
40. Quale fenomeno dà origine al carsismo?
41. In quali fenomeni di degradazione chimica è coinvolta l'acqua?

PARAGRAFO 15
42. Che cosa sono i fronti?
43. Come si forma un ciclone extratropicale?
44. Vero o falso?
    Le regioni interessate dai cicloni extratropicali si trovano vicino all'Equatore.

PARAGRAFO 16
45. Quali informazioni vengono raccolte nelle stazioni meteorologiche?
46. Quali dati forniscono i satelliti ai meteorologi?

5 LABORATORIO DELLE COMPETENZE

1 Sintesi: dal testo alla mappa

- **L'atmosfera**, che circonda il globo terracqueo, è costituita da *gas* (prevalentemente azoto e ossigeno), *vapore acqueo* e *pulviscolo atmosferico*.
- L'atmosfera è suddivisa in diversi *strati* (chiamati **sfere** e separati da **pause**).

- **La radiazione solare**
  - in parte è riflessa nello spazio dalle nubi, dalle polveri e dal vapore acqueo;
  - in parte viene assorbita dall'atmosfera;
  - in parte giunge alla Terra, dove viene assorbita.
- La Terra assorbe radiazione solare e si riscalda in superficie; emette a sua volta *calore* e scalda l'atmosfera sovrastante.
- L'atmosfera terrestre lascia passare senza perdite sensibili le radiazioni luminose solari e trattiene quelle termiche terrestri. Questo fenomeno naturale è detto **effetto serra**.

- **La temperatura dell'aria** nella troposfera dipende da:
  - l'altitudine;
  - l'inclinazione dei raggi del Sole (dovuta a: latitudine, stagione, ora del giorno, pendenza ed esposizione dei versanti)
  - la presenza della vegetazione;
  - la distribuzione delle terre emerse e dei mari.

- **L'inquinamento** dell'atmosfera consiste nella presenza di impurezze nell'aria. Le sostanze inquinanti sono numerose e hanno effetti molto vari sull'ambiente.
- L'aumento della concentrazione di CO_2, intensificando l'effetto serra, può causare un *riscaldamento del pianeta*.
- La presenza di alcuni inquinanti nell'atmosfera è responsabile delle *piogge acide*.

- **La pressione atmosferica** è il rapporto tra il peso dell'aria e la superficie su cui essa agisce.
- La pressione atmosferica varia da luogo a luogo e da momento a momento, a causa:
  - dell'altitudine;
  - della temperatura dell'aria;
  - dell'umidità dell'aria.
- Le aree di alta pressione sono chiamate **anticicloni**; quelle di bassa pressione sono dette **cicloni**.

- **I venti** sono movimenti di masse d'aria che spirano dalle aree di alta pressione a quelle di bassa pressione.
- Sia i **monsoni** (a livello regionale), sia le **brezze** di mare e di terra (a livello locale) sono *venti periodici* causati dal diverso comportamento termico delle acque e delle rocce.

- Il vento esplica un'opera di **modellamento** del rilievo mediante:
  - la *deflazione*, cioè il prelievo e il trasporto di detriti;
  - la *corrasione*, cioè l'erosione delle rocce dovuta ai granuli trasportati.
- I materiali trasportati dal vento vengono abbandonati quando la sua forza diminuisce, dando luogo ai **depositi eolici**.

- **La circolazione generale dell'aria** nella **bassa troposfera** è strettamente connessa alla presenza di aree stabili di alta pressione e di bassa pressione. È caratterizzata da tre sistemi di venti: gli *alisei*, i *venti occidentali* e i *venti polari*.
- Nell'**alta troposfera** le correnti d'aria si muovono a grande velocità da Ovest a Est, secondo l'andamento dei paralleli (*correnti occidentali*), tranne che nella fascia equatoriale, dove spirano da Est a Ovest (*correnti orientali*).

- **L'umidità** è la quantità di vapore acqueo presente nell'aria. L'**umidità assoluta** è la quantità di vapore acqueo presente in 1 m³ d'aria, espressa in grammi.
- L'**umidità relativa** è il rapporto tra l'umidità assoluta e la quantità massima di vapore acqueo che l'aria può contenere a una data temperatura.
- I valori dell'umidità dipendono dalla temperatura.
- Quando l'aria contiene la quantità massima di vapore possibile a una certa temperatura si dice che è *satura*.

- **Le nuvole** si formano a causa della *condensazione* del vapore acqueo in eccesso in una massa d'aria. Questo può avvenire a causa dell'evaporazione (dal mare o da un lago o da un fiume) o per il raffreddamento di una massa d'aria satura.
- Quando le gocce d'acqua o i cristallini di ghiaccio che si trovano all'interno delle nuvole raggiungono dimensioni cospicue provocano le **precipitazioni meteoriche** (pioggia, neve e grandine).

Forme carsiche ipogee nella Grotta di Roland (Francia).

- **La degradazione meteorica** è un insieme di processi che porta al disfacimento delle rocce da parte degli agenti atmosferici.
- I processi di **degradazione fisica** delle rocce (che non ne modificano la composizione chimica) provocano la *disgregazione* delle rocce, cioè la loro rottura superficiale in frammenti. Sono dovuti principalmente a oscillazioni della temperatura.
- La **degradazione chimica** delle rocce comprende:
  – l'alterazione (operata dall'ossigeno o dall'acqua);
  – la dissoluzione.
- La *dissoluzione* delle rocce calcaree operata dall'acqua e dall'anidride carbonica produce la formazione dei *paesaggi carsici*.
- **Le perturbazioni atmosferiche**, associate a cicloni temporanei, causano forti mutamenti del tempo atmosferico.
- Le più importanti perturbazioni atmosferiche sono:
  – i **cicloni extratropicali** (responsabili dell'andamento del tempo alle medie latitudini);
  – i **cicloni tropicali** (responsabili di velocissimi venti e piogge torrenziali alle basse latitudini).
- I dati utili per formulare le **previsioni del tempo** sono principalmente quelli che riguardano la temperatura, la pressione e l'umidità relativa dell'aria. Con essi si costruiscono le *carte sinottiche*.

Riorganizza i concetti completando le mappe

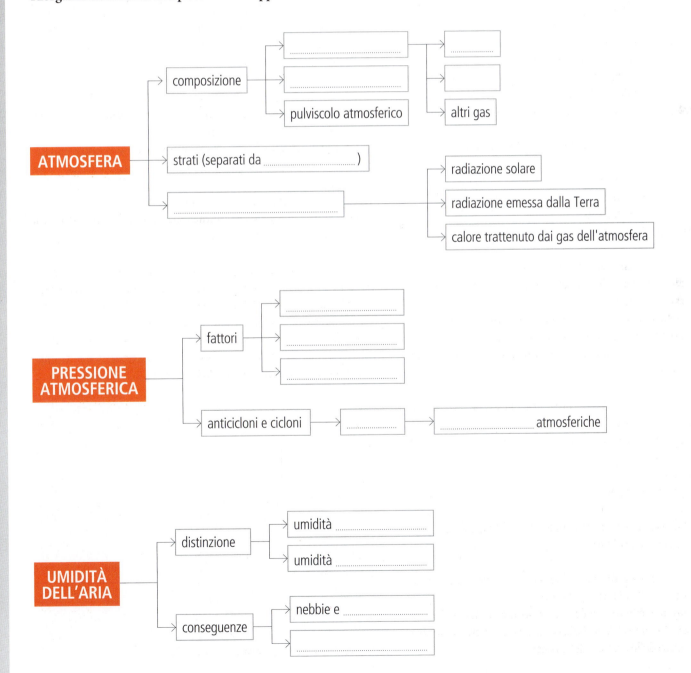

2 Comprendere un testo

L'utilizzazione dell'energia solare

Ogni anno arriva sulla superficie terrestre un flusso di energia solare che è diecimila volte superiore all'attuale consumo mondiale annuo di combustibili convenzionali. Energia rinnovabile e pulita, in quantità inesauribile, ma non utilizzata direttamente su larga scala; perché?

Le ragioni sono fondamentalmente economiche: la tecnologia richiesta per trasformare l'energia solare in altre forme di energia più facilmente utilizzabili ha ancora un rendimento basso ed è troppo costosa. Per fare un esempio, una centrale solare verrebbe a costare 6-7 volte una centrale nucleare di uguale potenza. In secondo luogo, l'energia solare su vasta scala è ancora ingestibile per la tecnologia moderna, che non è in grado di contrastarne gli effetti sul clima; una centrale solare di potenza equivalente a una qualsiasi centrale convenzionale necessiterebbe di un'estensione enorme (almeno 26 km²) e questo come minimo potrebbe produrre sensibili modificazioni della temperatura dell'aria nelle zone circostanti. Tuttavia, è ragionevole ipotizzare che in futuro le cose cambieranno. I costi di gestione diminuiranno e con il progressivo esaurirsi dei combustibili fossili questi ultimi saranno via via meno convenienti.

Attualmente l'energia solare è utilizzata in varie forme. Una delle più diffuse consiste nella sua trasformazione in energia termica a bassa temperatura: attraverso pannelli la radiazione solare si trasmette a un liquido che si scalda, come avviene in una normale caldaia.

Altrimenti, essa può essere convertita in energia elettrica, sia con l'utilizzo di cellule fotovoltaiche (che sfruttano la proprietà di certi materiali, come il silicio, di generare energia elettrica se colpiti da radiazione solare), sia con la conversione di energia luminosa in energia meccanica (e di quest'ultima in energia elettrica).

Una possibilità già ben sviluppata – ma ancora costosa – per sfruttare l'energia proveniente dal Sole consiste nel ricavare energia dalla combustione di biomasse, cioè materiali di origine biologica, o dalla loro trasformazione in combustibili liquidi o gassosi, come il metano.

a. Per quali ragioni l'energia solare non è ancora sfruttata su vasta scala?
b. In quali forme può essere utilizzata l'energia solare?
c. Quale particolare proprietà del silicio viene utilizzata nelle cellule fotovoltaiche?
d. Come si utilizzano le biomasse?
e. Descrivi il percorso dell'acqua all'interno di un pannello solare.

3 Applicare una formula

L'umidità dell'aria

Quale è il valore dell'umidità assoluta di una massa d'aria se il suo limite di saturazione è pari a 23 g di vapore acqueo e la sua umidità relativa è del 43%?

4 Raccogliere e analizzare i dati

Misura la temperatura dell'aria

La temperatura dell'aria è uno degli elementi che caratterizzano il tempo atmosferico.
Per rilevarla in prossimità della superficie terrestre si utilizzano il *termometro a massima* e il *termometro a minima*.
Il termometro a massima registra la temperatura più alta che si è verificata durante la giornata; quello a minima registra la temperatura più bassa della giornata.
Procurati un termometro a massima e un termometro a minima (si trovano generalmente nelle dotazioni tecniche delle scuole). Sistema i termometri in modo che si trovino sempre all'ombra e a una certa altezza dal suolo (circa 1,5 m), cosicché le misure non risentano direttamente della radiazione emessa dal terreno.
Misura ogni giorno, per una settimana, la temperatura massima e quella minima e riportale in una tabella come quella qui sotto. (Se non hai la possibilità di fare la misurazione direttamente, puoi reperire i dati della temperatura massima e della temperatura minima della tua città su un quotidiano.)
In base ai dati che hai inserito nella tabella calcola l'*escursione termica giornaliera*, data dalla differenza tra i due valori.

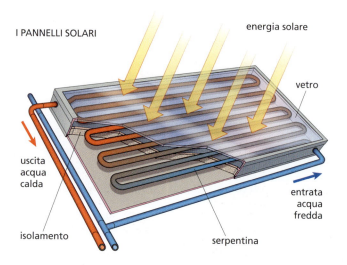

I PANNELLI SOLARI — energia solare, vetro, uscita acqua calda, entrata acqua fredda, isolamento, serpentina

DATA	T MASSIMA (°C)	T MINIMA (°C)	ESCURSIONE TERMICA GIORNALIERA

Ripeti le misure in diverse stagioni dell'anno e confronta i risultati raccolti.

5 Applicare le conoscenze

Formazione di nuvole

Scrivi una didascalia per ciascuna delle seguenti immagini, descrivendo i fenomeni rappresentati.

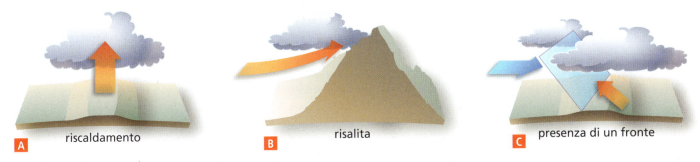

A riscaldamento   B risalita   C presenza di un fronte

6 Leggere una carta

La carta delle isoterme

Per rappresentare la distribuzione della temperatura dell'aria sulla superficie terrestre, o su una parte di essa, si segnano su una carta geografica i valori di temperatura misurati in diverse stazioni. Poi si uniscono con linee continue tutti i punti in cui la temperatura è risultata la stessa (scegliendo dei valori adatti: 0, 5, 10 °C ecc.); le linee così ottenute sono le **isoterme** e le carte sulle quali vengono tracciate sono dette **carte delle isoterme**. A seconda dei dati utilizzati per costruirle, si possono avere isoterme giornaliere, mensili, stagionali o annue.
Osserva la carta che rappresenta le temperature medie del mese di gennaio.

▸ Dove sono registrate le temperature più alte? E le più basse?
▸ Dove immagini che si trovino invece i valori più alti e più bassi nella carta delle isoterme di luglio?
▸ Dove ti sembra che le isoterme abbiano un andamento molto simile ai paralleli geografici? Dove invece l'andamento è più differente?

7 Formulare ipotesi

Voli intercontinentali

Un pilota sta progettando un volo da Los Angeles a Sydney.
▸ In quali condizioni atmosferiche può aspettarsi di viaggiare il pilota, una volta raggiunta l'alta troposfera?
Riguarda le figure del paragrafo 8 e fai delle ipotesi.
▸ Quali venti incontrerà? Incontrerà anche delle correnti a getto?
▸ Rispetto all'aereo spireranno nello stesso verso (facendolo accelerare) o in verso opposto (rallentandolo)?

8 Ricercare e rappresentare dati

I monsoni

Rileggi il paragrafo che spiega il fenomeno dei monsoni. In base a quelle informazioni rintraccia, usando Internet o un atlante, l'elenco dei Paesi coinvolti in questo fenomeno. Per ciascuno indica in quale mese dell'anno le precipitazioni sono più abbondanti.
Utilizzando i dati raccolti crea due o più carte tematiche (una per ciascun periodo delle piogge), in cui siano rappresentate le precipitazioni che avvengono nelle diverse zone monsoniche.

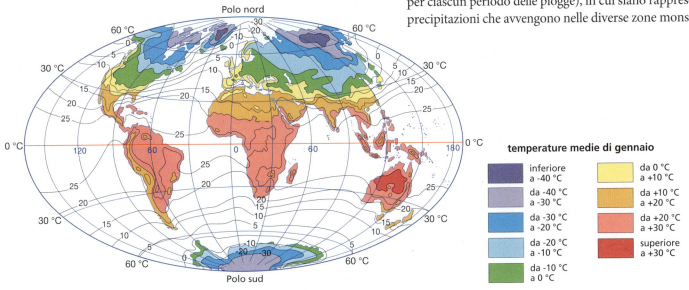

temperature medie di gennaio
- inferiore a -40 °C
- da -40 °C a -30 °C
- da -30 °C a -20 °C
- da -20 °C a -10 °C
- da -10 °C a 0 °C
- da 0 °C a +10 °C
- da +10 °C a +20 °C
- da +20 °C a +30 °C
- superiore a +30 °C

UNITÀ 5 L'atmosfera e i fenomeni meteorologici

9 Ricercare e analizzare dati

L'anticiclone delle Azzorre

Alle nostre latitudini l'anticiclone delle Azzorre è responsabile del caldo asciutto estivo.
Cerca su Internet una carta delle isobare del mese di luglio e una del mese di gennaio.
▸ In quale modo si sposta l'anticiclone delle Azzorre?

10 Ricercare e analizzare dati

Segui l'evoluzione di una perturbazione

Cerca su Internet un sito di previsioni del tempo e consultalo in tre giornate successive di tempo perturbato.
Scarica o stampa alcune immagini di sistemi nuvolosi riprese dai satelliti meteorologici.
▸ Come si sono evoluti i sistemi nuvolosi a distanza di un giorno?
▸ E dopo due giorni noti delle differenze sostanziali oppure l'evoluzione del primo giorno è confermata?

11 Earth Science in English

🎧 Glossary — LEGGI NELL'EBOOK →

Atmosphere
Atmospheric Pressure
Clouds
Greenhouse effect
Humidity

Precipitation
Weather
Weather system
Weathering
Wind

True or false?

1. Heating an air mass causes it to fall. T F
2. In each Hadley cell, air rises over the Equator and descends at about 30° latitude. T F
3. Sea breeze is a local wind blowing from sea to land during the night. T F

Select the correct answer

4. What is the most abundant gas in the Earth's atmosphere?
   A Oxygen
   B Nitrogen
   C Argon
   D Carbon dioxide

5. Which process does not belong to chemical weathering?
   A Oxidation
   B Hydrolysis
   C the action of carbonic acid
   D the action of frost

6. In a warm front, a warm air mass
   A slides up and over a cold air mass.
   B is lifted by a moving cold air mass.
   C remains in contact with the ground near a cold air mass.

Read the text and underline the key terms

When aerosols and gaseous pollutants are present at very high densities over an urban area, the resultant mixture is known as smog. This term was formed by combining the words «smoke» and «fog». Typically, smog allows hazy sunlight to reach the ground, but it may also hide aircraft flying overhead from view. Smog irritates the eyes and throat, and it can corrode structures over long periods of time.

Look and answer

Look at the rise and fall of air temperature recorded for a week, in summer, in San Francisco (California) and Yuma (Arizona) and answer the questions.

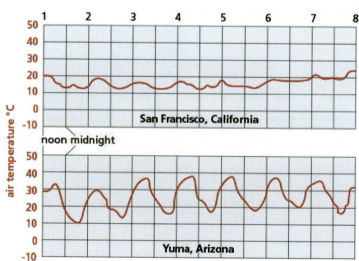

a. Where is the daily temperature cycle more pronounced?
b. Are you able to explain why?

Scienze della Terra per il cittadino

L'energia eolica

Quella del vento è una delle fonti di **energia rinnovabile** più competitive con le fonti tradizionali nella produzione di energia elettrica. Infatti si tratta di un tipo di **energia pulita** molto diffusa, che è disponibile sotto forma meccanica e perciò trasformabile in elettricità con buon rendimento.

Ma l'energia dei venti ha anche dei difetti che ne limitano l'utilizzo. Innanzitutto la concentrazione energetica è molto bassa, e soltanto una piccola frazione di questa energia può essere imbrigliata, poiché la maggior parte della circolazione atmosferica ha luogo ad altitudini troppo elevate. Stime realistiche sulla quantità di energia che si potrebbe ricavare dai venti forniscono valori globali intorno a 1018 joule/anno, mentre l'attuale domanda complessiva di energia nel mondo è circa 300 000 volte maggiore.

Ciononostante, nel quinquennio 2001-2005 la capacità mondiale installata è quadruplicata, e Paesi come la Germania, la Spagna e la Danimarca sono arrivati a produrre con essa una quota significativa del proprio fabbisogno di energia elettrica. L'Italia è tra i primi Paesi al mondo per capacità installata, con una produzione che supera i 3000 MW e diversi progetti in corso di realizzazione, anche se la quota di fabbisogno coperta non è elevata.

Oggi l'energia eolica è in grado di competere sul piano economico con l'energia elettrica prodotta mediante combustibili fossili, e il suo mercato cresce a un ritmo del 25% all'anno. Tuttavia, le prospettive in questo campo sono più limitate di quelle offerte dall'energia solare.

Difatti, la possibilità di usare l'energia del vento per produrre elettricità sufficiente ad alimentare delle vere e proprie reti di distribuzione riguarda solamente le zone della Terra sottoposte a venti costanti e regolari. In aree come quella della Pianura Padana, dove la frequenza dei venti è bassa, le piccole potenze ricavabili dall'energia elettrica potranno avere applicazioni relativamente ristrette: alimentazione di case, alberghi, piccole fabbriche.

Bisogna considerare, inoltre, l'impatto ambientale prodotto dagli aerogeneratori nei luoghi in cui vengono installati: sono rumorosi e ingombranti, e possono «imbruttire» i paesaggi.

Una possibile soluzione è localizzare gli aerogeneratori in mare, creando *parchi eolici offshore*. L'installazione di aerogeneratori in zone marine non molto lontane dalle coste, anche se più costosa, consente di attenuare il problema dello spazio e di accrescere la produzione di elettricità, dato che sul mare i venti sono più costanti e intensi. La Gran Bretagna e la Danimarca hanno intenzione di sviluppare nei prossimi anni l'eolico offshore per produrre fino al 75% del fabbisogno di energia elettrica per usi domestici.

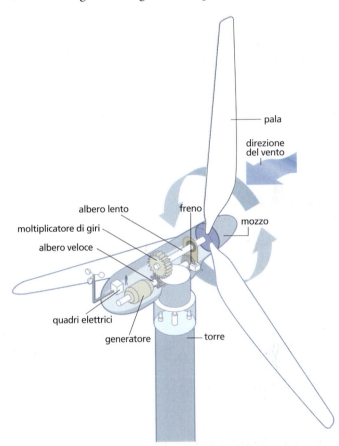

Gli attuali generatori eolici di elettricità (aerogeneratori) derivano dai tradizionali mulini a vento. Essi sono costituiti da un «rotore» formato da alcune pale, fissate su di un mozzo, che sottraggono al vento parte della sua energia cinetica per trasformarla in energia meccanica e quindi, per mezzo di un generatore, in energia elettrica.

PRO O CONTRO?

Alcune associazioni ambientaliste e gruppi di cittadini si oppongono all'installazione di turbine eoliche sul loro territorio. Altri le trovano invece utili.

Come elementi a favore degli impianti a energia eolica ci sono il basso costo della produzione di energia e il fatto che questa è rinnovabile e pulita, oltre che la possibilità di produrla senza gravi rischi ambientali e senza dover costruire centrali di grandissime dimensioni (come è invece nel caso dell'energia solare).

Contro, tuttavia, ci sono la scarsa quantità dell'energia prodotta, lo spazio occupato dagli aerogeneratori, il loro impatto sul paesaggio e infine la loro rumorosità, soprattutto per quelli più grandi e quindi più efficaci.

Dopo avere stilato una lista di motivazioni pro o contro l'energia eolica, discutete in classe l'opportunità di costruire un parco eolico sul vostro territorio.

Tenete presente i fattori ambientali, economici e paesaggistici. Potrebbe essere il caso di prendere anche in considerazione, come termini per un confronto, le altre possibili fonti rinnovabili di energia elettrica.

6 IL CLIMA E LA BIOSFERA

Il **clima** consiste nell'insieme delle condizioni atmosferiche che si susseguono nel corso dell'anno in un determinato luogo del globo terrestre. Esso concorre a determinare gli aspetti del paesaggio, essendo uno dei principali responsabili della formazione del suolo nonché della distribuzione geografica delle formazioni vegetali e, sia pure in misura minore, delle associazioni animali (nella fotografia, alpaca in Bolivia.)
Il clima è cambiato molte volte nella storia del nostro pianeta, per cause naturali. Negli ultimi centocinquanta anni circa si sta registrando un marcato aumento della temperatura atmosferica globale, la cui responsabilità è da attribuire, almeno in parte, a certe attività umane.

 TEST D'INGRESSO

 Laboratorio delle competenze
pagine 128-133

PRIMA DELLA LEZIONE

 Guarda il video *Il clima e la biosfera*, che presenta gli argomenti dell'unità.

Organizza, seguendo la mappa che vedi qui sotto, gli argomenti del video.

Poi immagina di dover preparare 5 manifesti, nello stile dei cartelloni pubblicitari, sul tema dell'unità e di avere a disposizione solo le immagini e le informazioni presenti nel video.

Sempre aiutandoti con la mappa, definisci i testi dei cartelloni e scegli (appuntando i minuti e i secondi in cui compaiono) le immagini. Infine puoi fare uno schizzo dei tuoi manifesti per aggiungere tutti gli elementi grafici che pensi possano renderli più accattivanti. Ciascun cartellone deve avere un titolo, un sottotitolo che faccia da spiegazione sintetica e una o più fotografie significative.

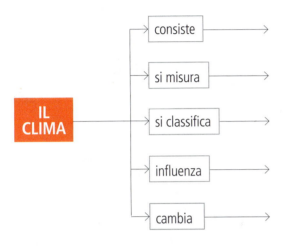

Guarda le fotografie scattate durante la realizzazione di un esperimento sulla fusione del ghiaccio.

1 Versiamo acqua fino a un determinato livello in un contenitore graduato e aggiungiamo tre cubetti di ghiaccio. Poi riempiamo un secondo contenitore fino allo stesso livello raggiunto dal primo con il ghiaccio. Sopra il secondo contenitore appoggiamo un imbuto con tre cubetti di ghiaccio come quelli inseriti nel primo.

2 Osserviamo i due contenitori dopo che tutti i cubetti di ghiaccio si sono sciolti.

Quando i cubetti si sono sciolti, in quale contenitore l'acqua ha raggiunto il livello più alto?
☐ Contenitore con ghiaccio dentro l'acqua.
☐ Contenitore con ghiaccio a parte.

Se i cubetti di ghiaccio nei due contenitori rappresentano, rispettivamente, i ghiacci marini e i ghiacci continentali, che cosa sarà più pericoloso, dal punto di vista dell'innalzamento del livello del mare?
☐ Lo scioglimento dei ghiacci marini.
☐ Lo scioglimento dei ghiacci continentali.

L'innalzamento del livello del mare è uno dei rischi più gravi a cui si andrà incontro se proseguirà la fusione dei ghiacciai attualmente in atto a causa dell'aumento della temperatura globale dell'atmosfera terrestre.

Nel paragrafo 11 vedremo quali conseguenze si teme che possa avere il riscaldamento atmosferico globale e quali misure sono state prese finora per cercare di prevenirle.

1. GLI ELEMENTI E I FATTORI DEL CLIMA

Gli elementi che forniscono le informazioni più significative sul clima di una località sono la temperatura dell'aria e le precipitazioni. Come quelli degli altri elementi climatici, i loro valori variano in funzione di numerosi fattori geografici.

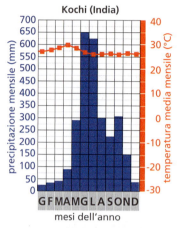

Kochi è una località della costa indiana sud-occidentale; la bassa latitudine (circa 10° N) fa sì che le temperature oscillino poco durante l'anno, mentre la posizione in zona monsonica determina l'alternarsi di una stagione molto umida e una molto asciutta.

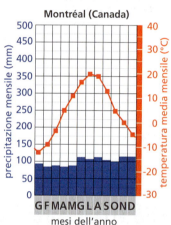

Montréal (Canada) si trova a media latitudine (intorno ai 45° N) e per questo presenta una marcata differenza di temperatura fra l'estate e l'inverno; le precipitazioni sono invece ben distribuite durante l'anno.

Il **clima** può essere definito come la serie delle varietà quotidiane del *tempo atmosferico* che si realizzano abitualmente in un dato luogo della Terra durante l'anno.

In sostanza, gli **elementi** del clima e del tempo atmosferico sono gli stessi:
- la temperatura,
- la pressione e i venti,
- l'umidità e le precipitazioni.

Così come sono gli stessi anche i **fattori** che concorrono a determinare le diversità del tempo e del clima nelle varie regioni e nei singoli luoghi della Terra:
- la latitudine,
- l'altitudine,
- la distribuzione delle terre e dei mari,
- le correnti marine,
- la vegetazione,
- le attività umane.

Ma, mentre il tempo risulta da una combinazione momentanea dei suddetti elementi, il clima è costituito dal loro andamento durante l'anno.

Per definire adeguatamente il clima di una località si devono registrare i dati meteorologici tutti i giorni dell'anno per almeno trent'anni. Le osservazioni condotte per brevi periodi di tempo, infatti, non sono sufficienti per definire con certezza il clima, perché potrebbe capitare di compiere le misure in un'annata eccezionale (ad esempio, molto più fredda del normale).

L'andamento del clima di un certo luogo può essere visualizzato costruendo un grafico, chiamato **climatogramma** (o *diagramma climatico*). Sull'asse delle ascisse sono indicati i mesi dell'anno, mentre sull'asse delle ordinate vengono riportati:
- a destra, i valori delle temperature medie mensili in °C (linea rossa);
- a sinistra, i valori delle precipitazioni medie mensili in mm (colonne azzurre).

IMPARA A IMPARARE
- Evidenzia la definizione di «clima».
- Rintraccia nelle didascalie i fattori dai quali dipendono i climi delle due località raffigurate.

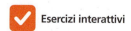 Esercizi interattivi

2. IL SUOLO

Il suolo influenza la distribuzione della vegetazione naturale, delle coltivazioni e degli insediamenti umani. Il clima è uno dei maggiori responsabili della formazione e delle caratteristiche del suolo.

Il **suolo** è la «pellicola» più esterna, sottile e discontinua della crosta terrestre, che si forma ad opera degli agenti atmosferici e degli organismi viventi. Il suolo è composto da sostanze solide, liquide e aeriformi.

La *parte solida* è formata sia da materia inorganica, che deriva dalla disgregazione delle rocce, sia da sostanza organica, composta da materiali vegetali e animali, sia vivi che decomposti, come le radici delle piante, i funghi, i batteri ecc.

La *parte liquida* è una soluzione complessa, nella quale predomina l'acqua.

Infine i *gas*, che si trovano negli spazi tra le particelle del suolo, sono all'incirca gli stessi che si trovano nell'atmosfera.

La **pedogenesi** (il processo di *formazione del suolo*) avviene in tempi piuttosto lunghi.

All'inizio la **roccia madre** viene degradata fisicamente e chimicamente dagli *agenti atmosferici*. Si forma così un certo spessore di *regolite*: frammenti rocciosi su cui possono vivere organismi vegetali semplici, come muschi e licheni. Inizia così l'*attività biologica*, fondamentale nello sviluppo del suolo. Il suolo viene progressivamente elaborato dagli agenti atmosferici: per esempio, l'acqua, penetrando in profondità, trasporta verso il basso alcune sostanze, che si depositano nelle porzioni inferiori.

Con il passare del tempo nel suolo si differenziano vari livelli sovrapposti chiamati **orizzonti**, con caratteristiche fisiche, chimiche e biologiche proprie.

Una caratteristica importante è il *colore*: in genere, più il suolo è di colore scuro e maggiore è la quantità di **humus** che contiene. L'humus è formato da materia organica finemente suddivisa e parzialmente decomposta; la sua quantità dipende dall'abbondanza della vegetazione e della vita microbica presente nel suolo.

Lo *spessore* del suolo varia da pochi centimetri a una decina di metri, e dipende dal tempo che esso ha avuto per svilupparsi, dalla composizione della roccia madre e dal clima del luogo.

I suoli si possono classificare in base al clima che ne ha influenzato la formazione.

La scienza che studia la natura, l'evoluzione e la distribuzione dei vari suoli è la **Pedologia** (dal greco *pédon*, terreno).

LEGGI NELL'EBOOK →
- Formazione di tipi diversi di suolo

IMPARA A IMPARARE
Evidenzia con colori differenti: la definizione, la composizione, gli stadi di formazione e le altre caratteristiche importanti del suolo.

▶ **Video** Il profilo pedologico

💡 **Attività** Determina la quantità di acqua presente nel suolo

✓ **Esercizi interattivi**

CHE COSA VEDE IL PEDOLOGO

Profilo di un suolo in una zona con clima fresco e umido.

L'**orizzonte A**, coperto da un sottile straterello di sabbia con sostanza organica indecomposta (come foglie, radici ecc.), è costituito da sostanza organica decomposta (humus) e da minerali insolubili.

L'**orizzonte B** (rossiccio) è povero di materia organica e ricco di minerali che provengono dall'orizzonte A. Qui si sono depositati i composti chimici che l'acqua ha trasportato in soluzione infiltrandosi nel terreno.

L'**orizzonte C** è costituito da frammenti alterati, di varie dimensioni, della roccia madre sottostante.

A.N. Strahler

3. I CLIMI DEL PIANETA

In base alle temperature e alle precipitazioni e tenendo conto delle diverse formazioni vegetali che li caratterizzano, i climi della Terra sono stati classificati in cinque grandi gruppi climatici.

A Nelle zone con **climi caldi umidi** le temperature medie mensili superano sempre i 15 °C e le precipitazioni sono abbondanti.

Foresta amazzonica, Perù.

B Le zone con **climi aridi** sono accomunate da precipitazioni scarsissime (possono mancare anche per anni).

Il deserto del Namib, Namibia.

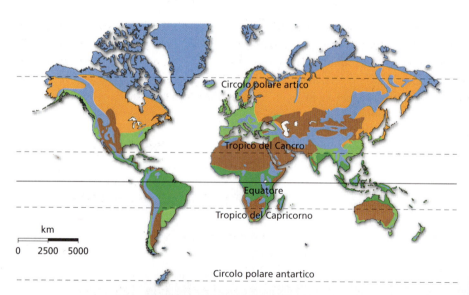

C Le zone con **climi temperati** hanno inverni non rigidi e precipitazioni generalmente moderate.

Abel Tasman National Park, Nuova Zelanda.

Taiga nella Siberia occidentale, Russia.

Tundra sulla costa occidentale della Groenlandia.

D Nelle zone con **climi freddi** prevalgono i mesi freddi; le precipitazioni sono moderate o scarse e si verificano soprattutto durante l'estate.

E Nelle zone con **climi nivali** la temperatura media del mese più caldo è sempre inferiore a 10 °C; le precipitazioni (soprattutto nevose) sono scarse.

Abbiamo visto che gli elementi del clima dipendono da numerosi fattori geografici; per questo motivo, le condizioni climatiche sono diverse da un luogo all'altro del nostro pianeta.

Sulla base dei dati termici e pluviometrici sono stati individuati 5 **gruppi climatici** fondamentali, che indicheremo procedendo dall'Equatore verso i poli.

A. **climi caldi umidi**, detti anche *climi megatermici umidi*;

B. **climi aridi**;

C. **climi temperati**, detti anche *climi mesotermici*;

D. **climi freddi**, detti anche *climi microtermici*;

E. **climi nivali**.

Ciascun gruppo climatico comprende inoltre alcuni **tipi climatici**, ai quali corrispondono determinate *formazioni vegetali* (raggruppamenti di specie vegetali che presentano esigenze ambientali simili) e *associazioni animali* (raggruppamenti di animali con esigenze ambientali più o meno comuni).

Per esempio, il gruppo dei climi caldi umidi comprende il *clima della foresta equatoriale* e il *clima della savana*.

Entrambi questi tipi climatici sono caratterizzati da temperature medie elevate e da precipitazioni abbondanti; essi differiscono sensibilmente, però, per il modo in cui le precipitazioni sono distribuite nel corso dell'anno.

Tra le zone caratterizzate da climi differenti non esiste un limite netto, ma si verifica un passaggio graduale.

> **IMPARA A IMPARARE**
> - Per ogni gruppo climatico indica le caratteristiche delle precipitazioni.
> - Osserva il planisfero e completa le didascalie indicando per ciascun gruppo a quali latitudini si trova.
>
> ▶ Video La carta dei climi
>
> ▶ Video Clima e vegetazione
>
> ✓ Esercizi interattivi

Clima, vegetazione e fauna

Dal clima di una regione dipende il tipo di **vegetazione** che in essa vive. Ogni specie vegetale richiede infatti, per il proprio sviluppo, una combinazione particolare degli elementi climatici.

Perciò, andando dall'Equatore verso i poli non troviamo soltanto climi diversi, ma anche formazioni vegetali diverse.

Vediamo quali sono i fattori essenziali per la vita delle piante.

1. La **luce**. Senza di essa non può avvenire il processo della fotosintesi clorofilliana. L'entità del *soleggiamento* di un luogo influisce sulle forme vegetali che lo popolano.

2. Il **calore**. Per ciascuna specie esiste un intervallo di temperature ottimale per la sopravvivenza, compreso tra un punto minimo e uno massimo. L'area di diffusione delle varie specie vegetali è determinata dalla distribuzione sulla superficie terrestre di questi valori estremi.

3. L'**acqua**. È assorbita dal suolo tramite le radici. Le precipitazioni sono un fattore importante nel determinare la distribuzione delle diverse specie vegetali, che necessitano di differenti quantità d'acqua.

4. Il **suolo**. Contiene i sali minerali che contribuiscono al nutrimento delle piante. Le varie specie sono adattate ai diversi tipi di suolo, il quale a sua volta è influenzato dal clima. Località caratterizzate da condizioni climatiche differenti hanno suoli diversi e, di conseguenza, ospitano formazioni vegetali diverse.

Gli **animali**, per la loro mobilità, sono meno legati delle piante alle condizioni climatiche; comunque essi sono dipendenti dalla disponibilità di acqua e di vegetazione, che a loro volta dipendono dal clima.

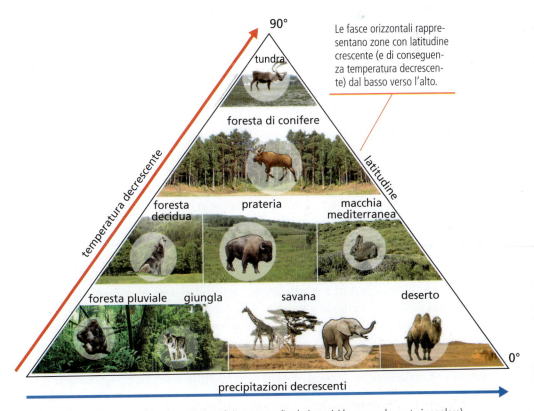

Le fasce orizzontali rappresentano zone con latitudine crescente (e di conseguenza temperatura decrescente) dal basso verso l'alto.

Da sinistra a destra si susseguono ambienti con aridità crescente (i valori termici hanno andamento irregolare).

4. I CLIMI CALDI UMIDI

Nelle regioni con clima caldo umido le temperature medie mensili non scendono mai al disotto dei 15 °C, anche nel mese più freddo. Le precipitazioni sono abbondanti: in casi eccezionali possono raggiungere i 12 000 mm in un anno.

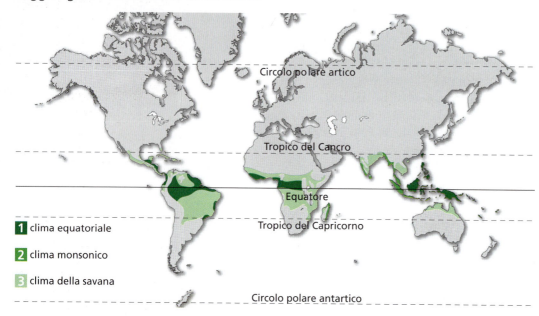

1 clima equatoriale
2 clima monsonico
3 clima della savana

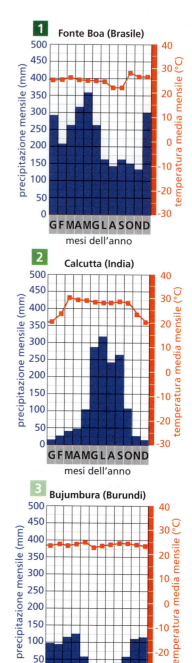

1 Fonte Boa (Brasile)

2 Calcutta (India)

3 Bujumbura (Burundi)

I climi caldi umidi (o *megatermici umidi*) sono caratteristici di vaste aree della fascia indicativamente compresa tra i tropici, detta anche *zona torrida*, poiché è quella che riceve la maggiore quantità di calore dal Sole durante l'anno.

In base al *regime pluviometrico* (ossia alla diversa distribuzione delle precipitazioni nell'arco dell'anno) il gruppo dei climi caldi umidi può essere suddiviso in tre «tipi».

1. Il **clima equatoriale** è un clima senza stagioni vere e proprie; difatti il dì e la notte hanno circa la stessa durata e i raggi solari giungono quasi perpendicolari tutto l'anno. Le temperature medie sono elevate (25-30 °C) e le precipitazioni sono abbondanti e ben distribuite nel corso dell'anno.

Questo clima si riscontra in Amazzonia, nel bacino del fiume Congo, lungo le coste del Golfo di Guinea e in Asia meridionale.

L'elevata umidità e la grande abbondanza d'acqua favoriscono lo sviluppo della fitta **foresta pluviale**. Le numerosissime specie vegetali che la compongono sono sempreverdi. Caratteristiche di questa foresta sono la pianta della gomma, il mogano, l'ebano, il palissandro, le liane e le mangrovie.

2. Il **clima monsonico** è tipico di una fascia che si estende per gran parte dell'Asia meridionale e interessa anche il Madagascar.

Questo clima è caratterizzato da un periodo di forti precipitazioni durante lo spirare del monsone estivo, da maggio a ottobre, e da una marcata siccità durante il monsone invernale, da ottobre a maggio.

Nel clima monsonico la formazione vegetale prevalente è la **giungla**: una fitta boscaglia nella quale molti alberi perdono le foglie durante la stagione secca.

3. Il **clima della savana** si estende ai margini delle zone a clima equatoriale ed è presente in tutti i continenti eccetto l'Europa.

In queste aree le temperature sono sempre elevate; la media annua supera i 20 °C. Le precipitazioni sono abbondanti, ma non uniformi durante l'anno: esistono generalmente due stagioni più calde e umide (soprattutto la tarda primavera), e due stagioni meno calde, che sono invece secche.

Nella savana acacie e baobab (alberi dal tronco assai robusto) punteggiano grandi praterie di erbe alte, rigogliose nelle stagioni delle piogge, ma che seccano completamente nelle stagioni aride.

LEGGI NELL'EBOOK →
- I paesaggi dei climi caldi umidi

IMPARA A IMPARARE
- Evidenzia le caratteristiche generali dei climi caldi umidi.
- Schematizza le caratteristiche dei tre tipi di clima caldo umido, elencando per ciascuno: dove si trova, in che cosa si distingue dagli altri due e quale copertura vegetale favorisce.

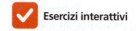 Esercizi interattivi

5. I CLIMI ARIDI

Le regioni aride della Terra sono accomunate non tanto da temperature elevate, quanto dalla scarsità delle precipitazioni, che possono essere assenti anche per anni interi, e dalle escursioni termiche elevate.

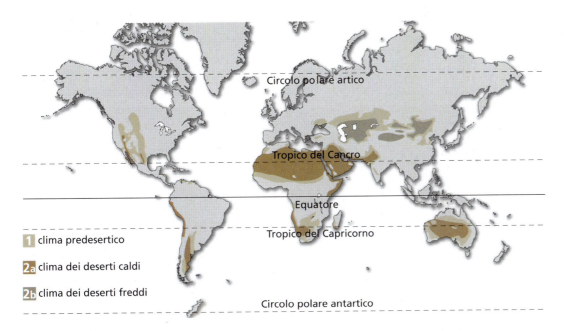

1 clima predesertico
2a clima dei deserti caldi
2b clima dei deserti freddi

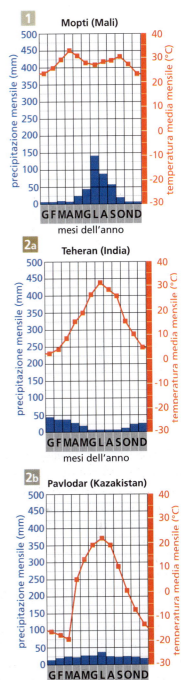

Nelle regioni aride si distinguono due tipi climatici principali, in base alla quantità di precipitazioni.

1. Il **clima predesertico** è caratterizzato da precipitazioni medie in genere inferiori ai 250 mm all'anno, talvolta sotto forma di acquazzoni concentrati in un breve periodo. La vegetazione è bassa e rada, costituita in prevalenza da piccoli arbusti e cespugli. Vicino ai tropici si incontrano anche arbusti spinosi (acacie), piante grasse e altre piante con radici profonde e foglie piccole.

2. Il **clima desertico** è caratterizzato dalla quasi totale assenza di precipitazioni. In base alle temperature e alle diverse escursioni termiche si distinguono due varietà.

a. Nelle regioni dei **deserti caldi** si hanno forti *escursioni termiche giornaliere*: le massime durante il dì possono superare i 60 °C e le minime di notte essere inferiori a 0 °C.

I deserti caldi si trovano principalmente a cavallo dei tropici. L'aridità è dovuta soprattutto alla presenza dell'*anticiclone subtropicale*, un'area di alta pressione nella quale l'aria tende a spostarsi verso il basso e di conseguenza a riscaldarsi; pertanto il vapore acqueo non si condensa, non si formano nuvole e non si verificano piogge.

Talvolta l'aridità è accentuata dalla presenza di rilievi montuosi che sbarrano la via all'aria umida proveniente dal mare. Altre volte le stesse condizioni si verificano lungo la costa quando una corrente marina fredda la lambisce; l'aridità è allora dovuta alla scarsa evaporazione. È il caso dei deserti costieri in Namibia e in Cile.

La rada vegetazione dei deserti è costituita da erbe e cespugli. Se una falda acquifera è vicina alla superficie si possono formare le *oasi*, zone con vegetazione rigogliosa.

b. Nei **deserti freddi** si riscontrano invece forti *escursioni termiche annue* (nel mese più freddo si può arrivare a –30 °C). Le notevoli differenze tra le temperature estive e quelle invernali sono dovute alla posizione geografica di questi deserti: essi si trovano a latitudini medie o alte – dove l'insolazione muta parecchio durante l'anno – e all'interno dei continenti, lontani da masse d'acqua mitigatrici del clima. L'aridità dei deserti freddi è dovuta, dunque, alla distanza dal mare o alla presenza di rilievi montuosi che impediscono alle masse d'aria umida provenienti dagli oceani di penetrarvi.

LEGGI NELL'EBOOK →
- I paesaggi dei climi caldi aridi

IMPARA A IMPARARE
- Evidenzia le caratteristiche generali dei climi aridi.
- Schematizza le caratteristiche dei tipi e delle varietà di clima arido elencando per ciascuno di essi: dove si trova, in che cosa si distingue e quale copertura vegetale favorisce.

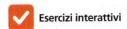
Esercizi interattivi

6. I CLIMI TEMPERATI

I climi temperati sono caratterizzati da inverni non troppo rigidi (le temperature medie del mese più freddo sono comprese tra i 15 °C e i 2 °C) e da precipitazioni moderate.

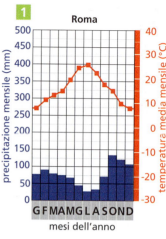

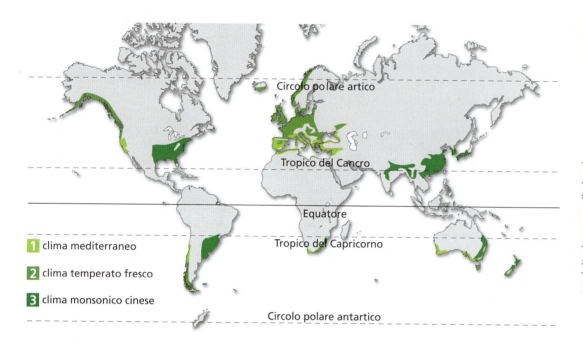

1 clima mediterraneo
2 clima temperato fresco
3 clima monsonico cinese

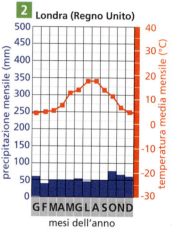

I climi temperati (o *mesotermici*) sono presenti nelle regioni che si trovano alle *medie latitudini*, specialmente nell'emisfero boreale (alle stesse latitudini nell'emisfero australe prevalgono grandi distese oceaniche).

Fanno parte del gruppo dei climi temperati il clima mediterraneo e il clima temperato fresco (entrambi presenti in Italia).

1. Nelle regioni temperate che sono interessate dal **clima mediterraneo** le estati sono calde (la temperatura media del mese più caldo si aggira sui 22-28 °C) e secche; ad esse seguono autunni e inverni relativamente tiepidi e umidi. Le precipitazioni sono in genere inferiori a 1000 mm all'anno.

In queste regioni è presente una vegetazione spontanea tipica, formata da alberi bassi e da arbusti sempreverdi: si tratta della **macchia mediterranea**.

Gli alberi e i cespugli della macchia mediterranea hanno foglie piccole e coriacee. La consistenza delle foglie è un adattamento delle piante alla siccità estiva. Molte specie mediterranee – anche quando non sono sempreverdi – non si spogliano completamente delle foglie, ma le rinnovano a piccoli gruppi. Specie vegetali tipiche del clima mediterraneo sono l'ulivo, la quercia da sughero, il leccio, l'eucalipto, l'agrifoglio, il pungitopo.

2. Il **clima temperato fresco** è caratterizzato da estati fresche e inverni miti, per cui non si registrano forti escursioni termiche.

Questo clima è mediamente umido, con precipitazioni annue tra i 700 e i 1500 mm. Nelle regioni dove si fa sentire molto l'influenza del mare le piogge sono frequenti in tutte le stagioni, mentre all'interno dei continenti esse sono concentrate in estate.

Nel clima temperato fresco la vegetazione spontanea è costituita prevalentemente dalle **foreste di latifoglie decidue**, formate cioè da alberi con «foglie larghe» che «cadono» in autunno. Nelle zone meno umide predominano invece le **brughiere**, con arbusti e cespugli bassi.

A causa della posizione climatica favorevole alla vita umana, molte foreste delle regioni temperate, che un tempo occupavano le pianure, sono state sostituite dalle coltivazioni e dagli insediamenti urbani.

3. Un terzo tipo di clima temperato – il **clima sinico** (o **monsonico cinese**) – si può considerare come una varietà meno calda e meno umida del clima monsonico di cui si è parlato nei climi caldi umidi.

LEGGI NELL'EBOOK →
- I paesaggi dei climi temperati

IMPARA A IMPARARE
- Evidenzia le caratteristiche generali dei climi temperati.
- Schematizza le caratteristiche dei tipi di clima temperato, elencando per ciascuno di essi: dove si trova, in che cosa si distingue e quale copertura vegetale favorisce.

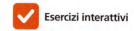
Esercizi interattivi

7. I CLIMI FREDDI

I climi freddi sono caratterizzati da inverni lunghi e rigidi con temperature medie mensili anche sotto i 2 °C, mentre nel mese più caldo si superano i 10 °C. Le precipitazioni si verificano soprattutto d'estate e in genere non sono molto abbondanti (300-1000 mm annui).

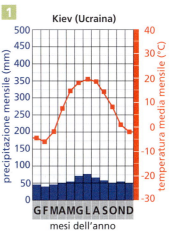

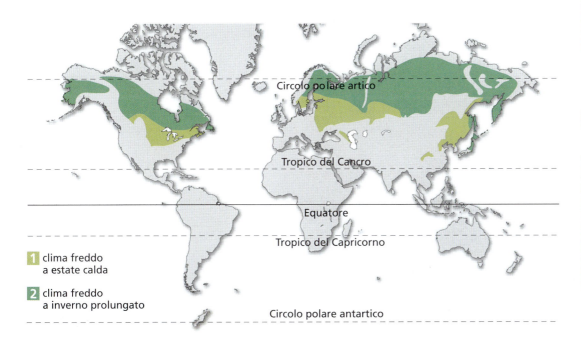

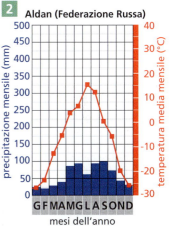

Nelle regioni caratterizzate da climi freddi il manto vegetale presenta aspetti caratteristici, ma varia da zona a zona, a seconda dell'altitudine, della latitudine e della distanza dal mare, e quindi delle diverse condizioni termiche e pluviometriche.

È possibile distinguere due tipi principali di climi freddi (o *microtermici*).

1. Il **clima freddo a estate calda** è un clima che segue in latitudine, e nelle zone più interne dei continenti, il clima temperato fresco. Esso si estende fino alla latitudine di quasi 60° N in Europa, 50° N nell'Asia orientale e 45° N nell'America Settentrionale.

Questo clima ha inverni rigidi, che durano anche otto mesi; le estati sono brevi e relativamente calde. L'*escursione termica annua* è, perciò, notevole. Le precipitazioni si verificano in tutte le stagioni, con maggior concentrazione nel periodo estivo. Come per le contigue regioni a clima temperato fresco, la vegetazione spontanea prevalente in molte zone è quella delle grandi *foreste di latifoglie decidue*. Nelle aree più interne, con clima meno umido, la foresta decidua lascia il posto alle **steppe-praterie**, distese di erbe che vivono appena qualche mese (dalla fusione delle nevi fino a giugno, mentre in estate esse seccano).

2. Nel nostro emisfero, a Nord della fascia climatica di cui si è appena detto si estende il **clima freddo a inverno prolungato** (fino a una latitudine di circa 70° N). Qui l'inverno dura più di otto mesi e le estati sono molto brevi. Le stagioni intermedie sono spesso assenti; l'*escursione termica annua* è molto elevata e può superare anche i 60 °C (Verkhojansk, in Siberia). Il terreno rimane coperto di neve per 5-8 mesi, durante i quali laghi e fiumi gelano.

Nel clima freddo a inverno prolungato la vegetazione predominante è quella delle grandi **foreste di conifere**. Le conifere (o *aghifoglie*) hanno foglie strette e allungate, che si sono appunto trasformate in «aghi»: un adattamento che consente loro una minore perdita di acqua per traspirazione. La foresta di conifere è la formazione vegetale più estesa sulla Terra: nell'emisfero boreale copre gran parte della Scandinavia, della Siberia (dove è detta *taiga*) e del Canada.

LEGGI NELL'EBOOK →
- I paesaggi dei climi freddi

IMPARA A IMPARARE
- Evidenzia le caratteristiche generali dei climi freddi.
- Schematizza le caratteristiche dei tipi di clima freddo, elencando per ciascuno di essi: dove si trova, in che cosa si distingue e quale copertura vegetale favorisce.

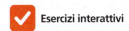 Esercizi interattivi

8. I CLIMI NIVALI

Nei climi nivali la temperatura media del mese più caldo è inferiore a 10 °C (vicino ai poli scende di molto sotto lo zero); in inverno può raggiungere i – 80 °C. Le precipitazioni sono scarse, a causa della presenza di aree di alte pressioni permanenti.

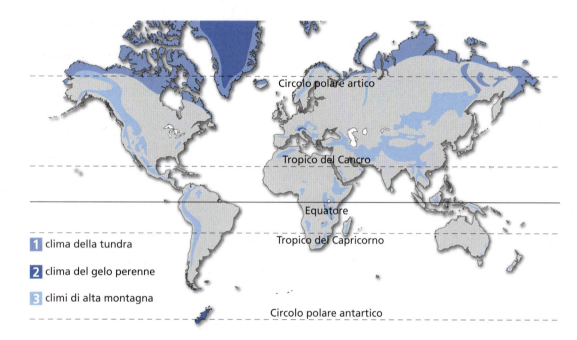

1 clima della tundra
2 clima del gelo perenne
3 climi di alta montagna

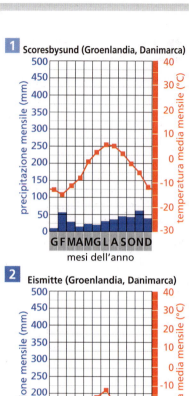

I **climi nivali** caratterizzano soprattutto le regioni della Terra situate oltre i circoli polari (cioè a latitudini maggiori di 66° 33'). Sono presenti anche a latitudini medie (e persino basse) ma a quote molto elevate. Sappiamo, infatti, che la temperatura dell'aria diminuisce verso l'alto e che le masse d'aria spesso si scaricano di umidità prima di raggiungere le cime dei rilievi.

Sui fianchi delle montagne, a causa della quota crescente, è possibile osservare una successione di *piani altitudinali*, ciascuno caratterizzato da un proprio clima e da particolari tipi di vegetazione e fauna.

Fra i climi nivali distinguiamo tre tipi.
1. Nel nostro emisfero, nelle terre comprese tra le foreste di conifere e i ghiacci artici, si trova il **clima della tundra**. La vegetazione supera di rado l'altezza del ginocchio; agli alberi si sostituiscono arbusti molto bassi, muschi e licheni. È un adattamento che consente alla vegetazione di resistere ai forti venti. Inoltre, gli alberi alti richiedono radici profonde che qui non possono svilupparsi poiché il terreno della tundra di solito è gelato. Solo in estate si ha un brevissimo disgelo superficiale, che interessa uno spessore variabile da alcuni decimetri a qualche metro; la parte di terreno sottostante rimane invece in permanenza ghiacciata ed è pertanto chiamata **permafrost**.

Nell'emisfero australe il clima della tundra non è presente, poiché le aree che potrebbero averlo sono quasi tutte oceaniche.
2. Il **clima del gelo perenne** (o **polare**) interessa le zone coperte quasi per intero e costantemente dai ghiacci, come tutta la parte interna della Groenlandia, le terre polari artiche e il Continente Antartico.
3. Al gruppo dei climi nivali appartiene anche il **clima di alta montagna**, che ha caratteristiche analoghe al clima del gelo perenne, ma causate non dalle alte latitudini, bensì dalle elevate quote. Esso caratterizza le zone più alte dei grandi rilievi del nostro pianeta: le Alpi in Europa, l'Himalaya e il Pamir in Asia, le Montagne Rocciose in Nordamerica, le Ande in Sudamerica.

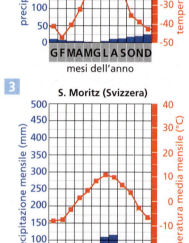

LEGGI NELL'EBOOK →
- I piani altitudinali
- I paesaggi dei climi nivali

IMPARA A IMPARARE
- Evidenzia le caratteristiche generali dei climi nivali.
- Elenca per ciascun tipo di clima nivale: dove si trova, quali elementi caratteristici presenta e quale vegetazione favorisce.

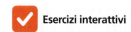 Esercizi interattivi

9. I CLIMI DELL'ITALIA

Il territorio italiano è caratterizzato principalmente da due tipi di clima: il clima mediterraneo, delle zone costiere, e il clima temperato fresco, di quelle più interne. Sui rilievi sono presenti anche il clima freddo e il clima nivale.

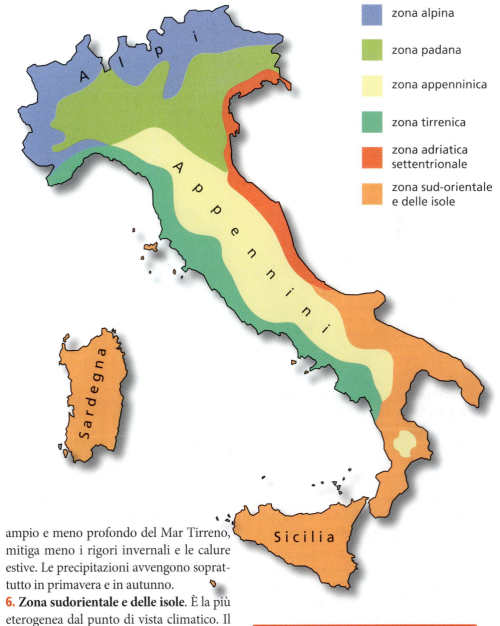

- zona alpina
- zona padana
- zona appenninica
- zona tirrenica
- zona adriatica settentrionale
- zona sud-orientale e delle isole

Il territorio italiano, esteso per circa 11° di latitudine, percorso da due catene montuose (Alpi e Appennini) e lambito dal mare su tre lati, presenta caratteristiche climatiche molto varie.

Sulla base delle diverse condizioni climatiche, è possibile individuare nel nostro Paese – schematicamente – almeno sei differenti zone. Naturalmente il passaggio dall'una all'altra zona climatica è graduale; e anche in una stessa zona i valori delle temperature e delle precipitazioni non sono ovunque gli stessi.

1. Zona climatica alpina. Le temperature sono molto influenzate dall'altitudine. Le estati sono fresche; l'inverno è freddo, lungo e caratterizzato da precipitazioni nevose. Le piogge sono prevalentemente estive.

2. Zona climatica padana. È costituita in massima parte dalla Pianura Padana. Le estati sono calde e gli inverni freddi, caratterizzati da gelo e neve. Le precipitazioni sono prevalentemente primaverili e autunnali.

3. Zona climatica appenninica. Presenta estati e inverni più miti di quelli alpini: la zona risente dell'altitudine in modo meno drastico, dato che i rilievi sono meno elevati e il mare è più vicino. Le precipitazioni sono in prevalenza autunnali e invernali.

4. Zona tirrenica. Si estende dal confine con la Francia fino alla Campania. Il clima di questa zona è tipicamente mediterraneo. Le temperature sono miti anche in inverno e l'escursione termica annua è ridotta dall'azione mitigatrice del Mar Tirreno, piuttosto ampio e profondo. Le precipitazioni avvengono soprattutto in autunno e in inverno, mentre sono minime in estate.

5. Zona adriatica settentrionale. È una stretta fascia di territorio che si estende dal confine con la Slovenia quasi fino al Gargano. L'inverno è più freddo di quello della zona tirrenica: il Mare Adriatico, meno ampio e meno profondo del Mar Tirreno, mitiga meno i rigori invernali e le calure estive. Le precipitazioni avvengono soprattutto in primavera e in autunno.

6. Zona sudorientale e delle isole. È la più eterogenea dal punto di vista climatico. Il clima della Puglia e della Calabria ionica è il meno influenzato dal mare. Quello della Calabria tirrenica e della Sicilia è il più nettamente mediterraneo: l'inverno è mite e piovoso, l'estate è calda e molto secca; l'escursione termica annua è abbastanza elevata, nonostante la presenza mitigatrice del mare, a causa della forte insolazione estiva. Il clima della Sardegna, mediterraneo, è caratterizzato da un'elevata ventosità.

IMPARA A IMPARARE

- Sintetizza in un breve elenco le ragioni per le quali il clima italiano è molto vario.
- Fai un elenco delle zone climatiche indicando per ciascuna di esse soltanto le temperature e le precipitazioni.

 Video I climi dell'Italia

 Esercizi interattivi

10. I CAMBIAMENTI CLIMATICI

Lo studio congiunto dei movimenti della Terra nello spazio e della storia geologica del nostro pianeta – compresa la sua atmosfera – dimostra che il clima è in continua evoluzione.

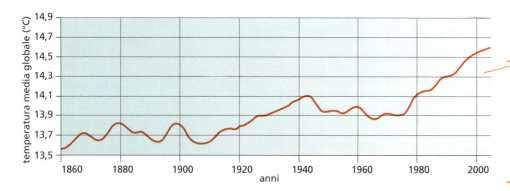

Nel complesso, negli ultimi cento anni la temperatura media globale dell'atmosfera terrestre è aumentata di circa 0,7 °C.

Il giacciaio Arapaho nelle Rocky Mountains (Colorado, Stati Uniti d'America), in due fotografie scattate nel 1898 e nel 2003. Le misure eseguite dal 1960 ad oggi indicano che il ghiacciaio si è assottigliato di almeno 40 metri da quella data. Per il periodo tra il 1898 e il 1960 non sono disponibili misurazioni dirette, ma i ricercatori stimano che si sia assottigliato di più di 40 metri.

Dalla **Paleoclimatologia**, che studia le variazioni del clima nella lunga storia della Terra, sappiamo che in tempi passati il nostro pianeta è stato interessato da età glaciali ed età interglaciali. In particolare, negli ultimi 2 milioni di anni si sono susseguite cinque grandi **età glaciali**, l'ultima delle quali, durata circa 60 000 anni, si è conclusa intorno a 10 000 anni fa. Ma anche a partire da allora il clima della Terra, e in particolare quello del nostro emisfero, non è rimasto invariato.

Grazie allo studio dei dati storici e di quelli (dal 1860 circa) rilevati direttamente, si è potuta approfondire l'indagine sul clima degli ultimi secoli. Si è così osservato che alla metà del XIX secolo, dopo un lungo intervallo freddo, è iniziata una nuova fase climatica caratterizzata da un generale riscaldamento, durato fino alla metà del XX secolo, interrotto soltanto da piccole oscillazioni contrastanti.

Il generale aumento di temperatura nel periodo 1850-1950 è confermato da diversi dati. Le misure dirette eseguite sui ghiacciai hanno messo in evidenza una diminuzione del volume di ghiaccio ed un arretramento delle fronti glaciali rispetto alla posizione raggiunta nel 1850. E le prove zoologiche confermano la generale modificazione del clima in senso caldo: numerose specie di animali estesero il loro habitat verso Nord, soprattutto nella Scandinavia e nella Russia settentrionale, mentre molti uccelli modificarono il periodo delle migrazioni.

A partire dal 1950 il clima della Terra ha subìto numerose oscillazioni contrastanti, ma globalmente è stata registrata la tendenza verso un certo riscaldamento.

IMPARA A IMPARARE

Elenca in ordine cronologico tutte le variazioni climatiche che puoi rintracciare nel testo. Poi indica da quale momento in poi esse sono state rilevate in maniera diretta.

- **Video** Variazioni termiche del recente passato
- **Video** Temperatura atmosferica e anidride carbonica
- **Attività per capire** Effettua un carotaggio
- **Esercizi interattivi**

La Paleoclimatologia

Le oscillazioni del clima che si sono succedute dopo la fine dell'ultima glaciazione sono oggetto di studio della *Paleoclimatologia*.

Potendo contare su rilevazioni dirette solo per gli ultimi 150 anni, per studiare il clima dei secoli precedenti i paleoclimatologi sono costretti a utilizzare gli indizi registrati dalla natura. Ad esempio, i *ghiacci* della Groenlandia e dell'Antartide si sono conservati dalle grandi età glaciali fino a oggi e quindi racchiudono migliaia di anni di storia del clima. Nella stazione scientifica di Dome C, in Antartide, tra il 1996 e il 2004 sono stati estratti più di 1000 campioni di ghiaccio. Grazie all'analisi delle bolle d'aria intrappolate nel ghiaccio si sono ricavate informazioni sulla composizione e sulla temperatura dell'atmosfera terrestre a partire da circa 800 000 anni fa.

Un altro mezzo per decifrare la storia del clima è racchiuso nelle *profondità oceaniche*. Difatti, sul fondo degli oceani si trovano numerosi resti di minuscoli organismi, molti dei quali vivevano in prossimità della superficie dell'acqua milioni o migliaia di anni fa. Uno studio delle specie di questi microrganismi consente di risalire alle condizioni di salinità, profondità e temperatura dell'acqua marina di quel tempo. Inoltre la posizione che questi resti fossili occupano negli strati di sedimenti depositatisi sui fondali oceanici permette di stimare il momento della loro deposizione. In base a questi dati si può ricostruire l'andamento della temperatura degli oceani nell'arco di migliaia di anni.

Le analisi di laboratorio eseguite sui campioni di ghiaccio prelevati in profondità (detti «carote» per la forma) consentono di evidenziare la presenza di alcuni isotopi dell'idrogeno nelle molecole d'acqua del ghiaccio. È possibile così ricostruire quale sia stata la temperatura al momento della formazione di un certo strato di ghiaccio.

Temperatura dell'aria e anidride carbonica

Negli ultimi decenni si è assistito anche ad una progressiva accentuazione dell'inquinamento atmosferico ed in particolare all'incremento della concentrazione di CO_2, che tende a far elevare la temperatura dell'atmosfera. E questa tendenza non si sta arrestando.

I dati finora raccolti sembrano dimostrare che a partire dalla rivoluzione industriale le concentrazioni di gas serra e i cambiamenti climatici siano strettamente legati. E le perforazioni condotte in Antartide mostrano non solo che negli ultimi 650 000 anni la concentrazione di anidride carbonica nell'aria è variata in proporzione con le variazioni di temperatura, ma anche che negli ultimi due secoli essa è salita ben al di sopra del limite di variabilità naturale.

È però opportuno ricordare che le variazioni climatiche sono provocate anche da diverse cause naturali. Le grandi eruzioni vulcaniche esplosive, ad esempio, possono far diminuire la temperatura dell'aria per vari anni, poiché immettono nella stratosfera enormi quantità di polveri e soprattutto di prodotti acidi che, in goccioline minutissime, formano un «aerosol» capace di riflettere la radiazione solare e quindi di far raffreddare la sottostante troposfera.

Molti climatologi ritengono che negli anni futuri assisteremo a un ulteriore e marcato riscaldamento del clima, connesso all'influenza sempre più marcata dell'uomo sui processi atmosferici. I dati attualmente disponibili e la complessità delle cause che concorrono al fenomeno fanno sì che la ricerca scientifica non sia ancora in grado di trarre conclusioni certe, specialmente sull'entità e sul ritmo di un tale riscaldamento.

Secondo i dati raccolti, l'andamento della concentrazione di **anidride carbonica** nell'atmosfera da 650 000 anni fa a oggi è variato proporzionalmente alle variazioni di temperatura, con valori minimi durante le fasi glaciali e massimi durante gli interglaciali.

Ricostruzione delle variazioni della **temperatura atmosferica** media annua negli ultimi 750 000 anni, in base alle analisi condotte sul ghiaccio estratto in Antartide.

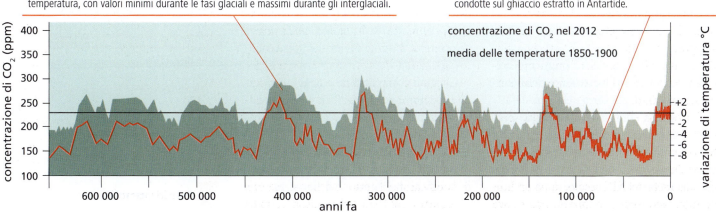

11. IL RISCALDAMENTO GLOBALE

Negli ultimi decenni si è posto il problema di un possibile riscaldamento globale dell'atmosfera terrestre anomalo rispetto all'andamento delle oscillazioni climatiche naturali. Le cause e le conseguenze che può avere sono attualmente oggetto di intense ricerche.

Fra gli effetti più preoccupanti di un sensibile riscaldamento del clima vi è la riduzione o scomparsa del *permafrost* (terreno permanentemente gelato), che provocherebbe dissesti di enormi distese di terreno nelle regioni subpolari (dalla Siberia al Canada). Se il ghiaccio del permafrost fonde le case le cui fondamenta poggiavano nel terreno gelato finiscono per crollare.

Nonostante i notevoli progressi della Climatologia compiuti in questi anni, il problema del **riscaldamento globale** è ancora lontano dall'essere risolto, a causa della enorme complessità del sistema climatico e dell'insufficienza dei dati disponibili.

Seppure molti argomenti in proposito siano al centro di controversie, vi sono però alcune considerazioni condivise da una decisa maggioranza della comunità scientifica internazionale:
- la temperatura media dell'atmosfera terrestre è attualmente in aumento;
- la concentrazione dei gas serra nell'atmosfera è in crescita;
- vi è una correlazione fra l'aumento della temperatura e l'incremento della concentrazione di gas serra nell'atmosfera;
- l'aumentata concentrazione di gas serra nell'atmosfera è almeno in parte dovuta a emissioni antropiche.

Inoltre, un certo livello di consenso scientifico si sta formando anche sul tema degli *effetti del riscaldamento atmosferico globale*. Molti dei ghiacciai presenti in varie parti del mondo mostrano una recente riduzione del proprio volume; mediamente gli oceani stanno diventando più caldi e acidi; la differenza di temperatura media fra il dì e la notte si sta attenuando; alcune specie animali stanno spostando il loro habitat verso i poli; e diverse specie vegetali fioriscono giorni o addirittura settimane prima rispetto al passato.

Se la fusione di masse glaciali continentali procederà ancora in maniera molto consistente c'è rischio che si realizzi un *innalzamento del livello marino* che potrebbe essere devastante per molte aree costiere del mondo.

Gli studi compiuti fino a oggi – malgrado le lacune e le contraddizioni, che peraltro sono parte integrante del modo di procedere di ogni ricerca scientifica – hanno il merito di aver convogliato l'attenzione sui problemi della biosfera e sulle conseguenze delle azioni dell'uomo. Tali azioni rischiano di creare danni irreversibili non tanto per la geosfera, quanto per la specie umana. Il Pianeta Terra infatti ha grandi capacità di reazione, ma i suoi tempi sono troppo lunghi perché ne possa beneficiare l'uomo, che quindi rischia di autodistruggersi.

Nonostante l'incertezza che caratterizza la previsione, il rischio di un forte riscaldamento atmosferico globale impone di adottare il **principio di precauzione**, ossia di intraprendere comunque iniziative concrete di contenimento delle attività potenzialmente dannose.

IMPARA A IMPARARE

- In base alle informazioni presenti nel testo dai una definizione di «riscaldamento atmosferico globale».
- Sottolinea e numera tutti gli effetti del riscaldamento globale citati nel testo.

 Video Le variazioni del livello del mare

 Esercizi interattivi

DOMANDE PER IL RIPASSO

PARAGRAFO 1
1. Quali sono gli elementi del clima?
2. Da quali fattori dipende il clima di una località?
3. Quali dati sono riportati, rispettivamente, sulle ascisse e sulle ordinate di un climatogramma?
4. Completa.
   Per potere definire il clima di una località è necessario registrare i dati meteorologici tutti i .... per almeno ....

PARAGRAFO 2
5. Come avviene la formazione del suolo?
6. Quali informazioni si possono ricavare dal colore del suolo?
7. Quale orizzonte del suolo è il più ricco di materia organica?
8. Completa.
   I frammenti di roccia prodotti dalla degradazione meteorica sono chiamati ....

PARAGRAFO 3
9. In base a che cosa sono stati raggruppati i climi del pianeta?
10. Quali gruppi climatici sono individuabili in Europa?
11. Perché nelle diverse zone climatiche troviamo differenti tipi di copertura vegetale?
12. Quali sono i fattori essenziali per la vita delle piante?
13. Vero o falso?
    Tra le diverse zone climatiche non esiste un limite netto.
    Motiva la risposta.

PARAGRAFO 4
14. Quali variazioni durante l'anno presenta il clima equatoriale?
15. Qual è la formazione vegetale prevalente nelle regioni con clima monsonico?
16. In quali regioni geografiche troviamo il clima della savana?
17. Completa.
    La distribuzione delle precipitazioni nell'arco dell'anno è detta ....

PARAGRAFO 5
18. In base a che cosa si distingue il deserto dal predeserto?
19. Quali tipi di escursione termica caratterizzano i deserti caldi e i deserti freddi?
20. Quali fattori determinano la presenza di deserti costieri?
21. Vero o falso?
    Nei deserti caldi le temperature minime superano gli 0 °C.

PARAGRAFO 6
22. Quali caratteristiche presentano i climi temperati?
23. In quali regioni della Terra la vegetazione tipica è la macchia mediterranea?
24. Quali formazioni vegetali si trovano nelle zone caratterizzate da clima temperato fresco?

25. Completa.
    Il clima monsonico .... è una varietà .... calda e .... umida del clima monsonico megatermico.

PARAGRAFO 7
26. A quali latitudini si trovano i diversi tipi climatici che appartengono al gruppo dei climi freddi?
27. Quali sono le caratteristiche delle precipitazioni nelle regioni a clima freddo?
28. Quale vegetazione spontanea è tipica dei climi freddi?
29. Scegli l'alternativa corretta.
    La taiga è una steppa/foresta di conifere tipica della Siberia.

PARAGRAFO 8
30. Perché i climi nivali possono essere presenti anche a basse latitudini?
31. In quali parti del pianeta si trova il clima della tundra?
32. Che cosa si intende per «piani altitudinali»?

PARAGRAFO 9
33. In quali zone del territorio italiano il clima è più tipicamente mediterraneo?
34. In quali parti del territorio italiano si possono riscontrare climi freddi e climi nivali?
35. Quale clima si trova nella zona climatica padana?
36. Completa.
    Nella zona climatica .... il mare antistante è meno ampio e meno profondo rispetto alla zona climatica .... , e perciò l'estate è più .... e l'inverno più ....

PARAGRAFO 10
37. Che cosa studia la Paleoclimatologia?
38. Di che genere di dati sul clima disponiamo per il periodo 1850-1950?
39. Quali informazioni possono ricavare i paleoclimatologi dall'analisi delle «carote di ghiaccio»?
40. Vero o falso?
    Dalla metà del XVI secolo a oggi si è registrato un progressivo e regolare aumento della temperatura globale.
    Motiva la risposta.

PARAGRAFO 11
41. In quale maniera gli esseri umani possono essere responsabili di un aumento della temperatura atmosferica globale?
42. Quali conseguenze del riscaldamento atmosferico globale hanno individuato gli scienziati?
43. Perché gli effetti del riscaldamento globale rappresentano un rischio soprattutto per gli esseri viventi?
44. Che cosa si intende per «principio di precauzione»?

6 LABORATORIO DELLE COMPETENZE

1 Sintesi: dal testo alla mappa

- **Gli elementi del clima** sono: la temperatura, la pressione e i venti, l'umidità e le precipitazioni.
- Mentre il **tempo atmosferico** consiste in una combinazione momentanea di questi elementi, il **clima** consiste nell'insieme delle varietà quotidiane del tempo atmosferico che si verificano mediamente nel corso dell'anno.
- Gli elementi climatici variano in funzione di numerosi **fattori**: latitudine, altitudine, distribuzione delle terre e dei mari, correnti marine, vegetazione, attività umane.
- L'andamento del clima di un certo luogo può essere visualizzato costruendo un grafico, chiamato **climatogramma**, nel quale sono indicati i valori medi della temperatura e delle precipitazioni nei diversi mesi dell'anno.

- **Il suolo** è un insieme di frammenti rocciosi degradati, materia organica, acqua e aria. Esso si forma mediante l'attività congiunta degli agenti atmosferici e degli organismi viventi.

- **I climi della Terra** vengono suddivisi in 5 **gruppi climatici**, in base ai valori di temperatura e precipitazioni e tenendo conto delle formazioni vegetali presenti nelle varie regioni.
- Ciascun gruppo comprende due o più **tipi climatici**.
- Il clima è un componente fondamentale dell'ambiente di una regione e influisce in particolare sulla sua copertura vegetale.

- **I climi caldi umidi** si trovano nella fascia intertropicale.
- Le temperature medie mensili sono sempre maggiori di 15 °C e le precipitazioni annue sono molto abbondanti.
- Il gruppo dei climi caldi umidi comprende:
    - il **clima equatoriale**,
    - il **clima monsonico**,
    - il **clima della savana**.

- **I climi aridi** sono caratterizzati non tanto da alte temperature quanto da *scarsità di precipitazioni* (in genere, meno di 250 mm all'anno).
- Del gruppo dei climi aridi fanno parte:
    - il **clima predesertico**,
    - il **clima del deserto** (in cui si distinguono le varietà del *deserto caldo* e del *deserto freddo*).

- **I climi temperati** interessano soprattutto le regioni poste alle medie latitudini nell'emisfero boreale. Sono caratterizzati da inverni non troppo rigidi e da precipitazioni moderate.
- Fanno parte di questo gruppo di climi:
    - il **clima mediterraneo**,
    - il **clima temperato fresco**.

- **I climi freddi** sono caratterizzati da inverni lunghi e rigidi. Durante il mese più caldo la temperatura media supera i 10 °C. Le precipitazioni sono soprattutto estive e non sono molto abbondanti (300-1000 mm).
- Si distinguono due tipi climatici:
    - il **clima freddo a estate calda**,
    - il **clima freddo a inverno prolungato**.

- **I climi nivali** interessano le regioni a latitudini superiori ai circoli polari e le località ad alta quota. La temperatura del mese più caldo è inferiore ai 10 °C e le precipitazioni sono piuttosto esigue.
- Si distinguono:
    - il **clima della tundra**,
    - il **clima del gelo perenne**,
    - il **clima di alta montagna**.

- **L'Italia** è caratterizzata soprattutto da due tipi di clima: il clima mediterraneo e il clima temperato fresco. Ma sono presenti anche il clima freddo e il clima nivale.
- Analizzando le caratteristiche climatiche delle varie località, si possono distinguere almeno 6 *zone climatiche* diverse:
    - la zona alpina,
    - la zona padana,
    - la zona appenninica,
    - la zona tirrenica,
    - la zona adriatica settentrionale,
    - la zona sud-orientale e delle isole.

- **I cambiamenti climatici** caratterizzano da sempre la storia della Terra. In particolare, durante gli ultimi 10 000 anni il clima della Terra ha subito varie oscillazioni, che conosciamo grazie alle ricerche della **Paleoclimatologia**.
- Mediante dati indiretti (come la variabile estensione dei ghiacciai e l'analisi delle bolle d'aria nel ghiaccio) e le misurazioni dirette (a partire dal 1860), è stato possibile ricostruire l'andamento della temperatura atmosferica negli ultimi 1000 anni.
- È stata rilevata, a partire dalla metà del XIX secolo, una tendenza al **riscaldamento globale**. I dati attualmente disponibili indicano che contemporaneamente è cresciuta la concentrazione di gas serra (in particolare di *anidride carbonica*) nell'atmosfera.
- Allo stato attuale delle conoscenze non è possibile determinare con precisione quanto influiscano le cause naturali e quanto le cause antropiche sull'attuale aumento della temperatura atmosferica. Ma il rischio di un forte riscaldamento atmosferico globale impone di adottare il **principio di precauzione**, ossia di intraprendere preventivamente iniziative efficaci di contenimento di certe attività almeno potenzialmente dannose (come l'emissione di gas serra).

Riorganizza i concetti completando la mappa

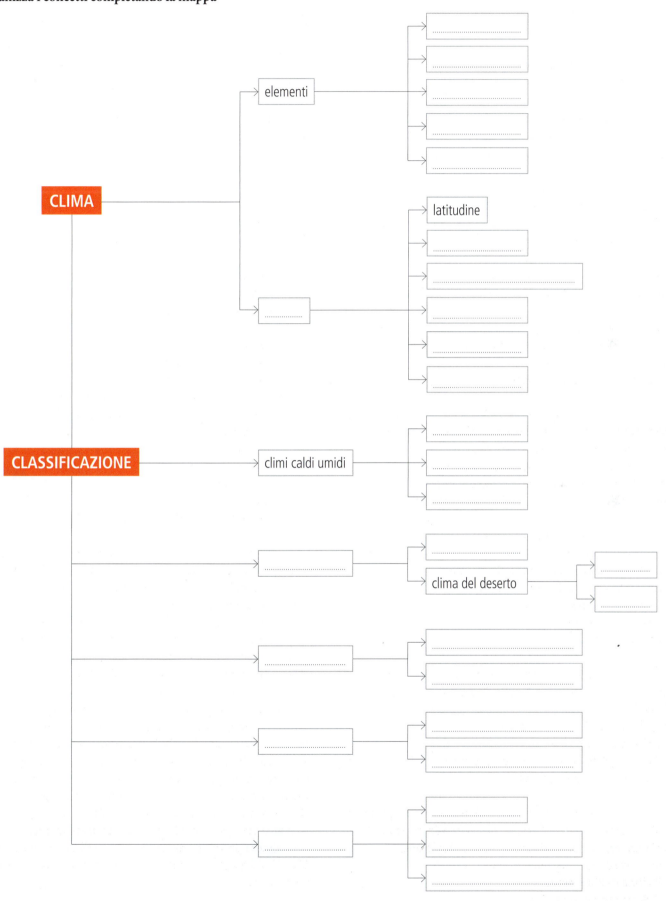

2 Riprendere i concetti studiati

La distribuzione dei climi sulla Terra

Il grafico qui accanto è stato costruito immaginando di raggruppare per latitudine tutte le terre emerse. Poi sono state colorate in base alla distribuzione dei principali gruppi climatici e di alcuni tipi climatici. In base alle tue conoscenze, completa la legenda usando le voci qui elencate: clima della savana, climi aridi, climi nivali, climi freddi, clima equatoriale, climi temperati, clima di alta montagna.

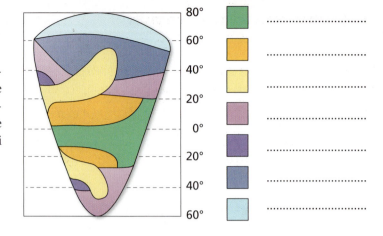

3 Riprendere i concetti studiati

La copertura vegetale

Associa a ogni clima la formazione vegetale tipica.

- A Foresta pluviale
- B Giungla
- C Foresta di conifere
- D Macchia mediterranea
- E Tundra
- F Brughiera
- G Steppa-prateria

- ☐ Clima freddo a estate calda
- ☐ Clima equatoriale
- ☐ Clima monsonico
- ☐ Clima nivale
- ☐ Clima freddo a inverno prolungato
- ☐ Clima mediterraneo
- ☐ Clima temperato fresco

4 Applicare le conoscenze

I climi italiani

Osserva i tre climatogrammi relativi a tre diverse zone climatiche italiane.

▸ In base alle tue conoscenze, indica a quale località si riferisce ciascun grafico fra: Milano, Cortina, Cagliari.

▸ Per ciascuna località descrivi le caratteristiche principali della temperatura e delle precipitazioni.

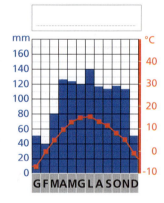 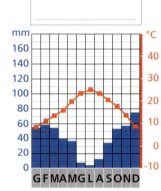 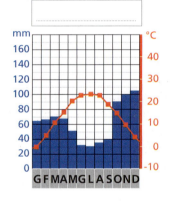

5 Comprendere e rielaborare un grafico

Le stagioni nella savana

Osserva il climatogramma di Nairobi (Kenya) e completa il disegno che rappresenta il paesaggio della savana nei diversi mesi dell'anno, scrivendo nelle caselle in basso i nomi dei mesi.

▸ Scrivi una breve didascalia che descriva l'andamento delle stagioni nelle località con clima della savana.

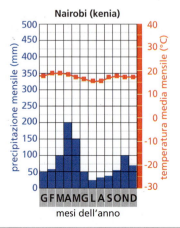 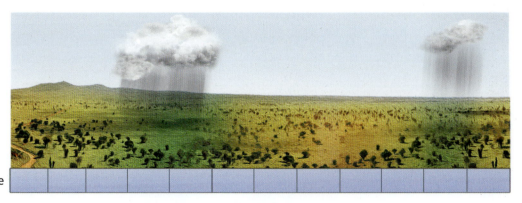

6 Rappresentare i dati con un grafico

Costruisci un climatogramma

Disegna, su carta millimetrata, il diagramma climatico per la località nella quale sono stati rilevati i dati di temperatura e precipitazioni contenuti nella tabella qui accanto.

▸ Confronta il diagramma con quelli presentati nell'unità. A quale gruppo climatico puoi dedurre che appartenga la località in cui sono stati raccolti questi dati?

MESE	°C	mm
Gennaio	26	100
Febbraio	26,5	102
Marzo	27,4	125
Aprile	27,4	270
Maggio	28,2	352
Giugno	27,5	220

MESE	°C	mm
Luglio	27,1	150
Agosto	27,2	126
Settembre	27	151
Ottobre	26,4	350
Novembre	26	325
Dicembre	25,9	195

7 Approfondire un tema complesso

Il grafico hockey stick

Fra le rappresentazioni più note dell'andamento nei secoli della temperatura atmosferica vi è il grafico hockey stick, *chiamato così per la sua forma a bastone da hockey, con una parte quasi verticale – la «paletta» – che rappresenta l'incremento di temperatura riscontrato negli ultimi cento anni.*

I dati su cui gli scienziati hanno costruito il grafico sono stati raccolti da migliaia di ricercatori in tutto il mondo, in modo inevitabilmente eterogeneo e variabile.

La pubblicazione del grafico ha causato un intenso dibattito nell'ambiente accademico. Ciò che il grafico sembra indicare è l'anomalia di un aumento improvviso della temperatura atmosferica globale rispetto all'andamento dei 900 anni precedenti. Anomalia che la maggioranza dei climatologi riconosce come almeno in parte imputabile alle attività umane seguite alla rivoluzione industriale, e quindi all'immissione di gas serra nell'atmosfera.

Ma il grafico hockey stick *raffigura davvero accuratamente le temperature dell'emisfero settentrionale negli ultimi 1000 anni? La ricostruzione delle temperature del passato in base a dati indiretti è ricca di insidie. I dati contengono molto «rumore di fondo» (cioè variazioni casuali o verificatesi per periodi brevissimi) dal quale non è affatto facile far emergere i segnali rilevanti. Oltre a ciò, l'elaborazione statistica utilizzata per analizzare i dati fino a ottenere un risultato di temperatura media, è estremamente complicata e pertanto passibile di imprecisioni.*

Qual è, dunque, il valore del grafico delle temperature hockey stick? *In generale, nella ricerca scientifica ciò che più conta è che un risultato nella sua globalità possa essere replicato ed eventualmente integrato da altri. Oggi si contano più di dodici moderni studi, alcuni dei quali usano diversi metodi statistici o differenti combinazioni di dati indiretti, che hanno prodotto ricostruzioni dell'andamento della temperatura atmosferica simili al grafico* hockey stick. *Tutti questi studi – al di là di piccole varianti – sostengono la stessa conclusione generale: la nostra troposfera verso la fine dell'Ottocento ha iniziato a riscaldarsi, aumentando la propria temperatura media di circa 0,6 °C in cento anni, e l'ultimo decennio del Novecento è stato probabilmente il più caldo degli ultimi 1000 anni.*

a. Quale particolarità presentano i dati con cui è costruito il grafico *hockey stick*?
b. Perché la ricerca su questi dati è ritenuta «insidiosa»?
c. In quale modo può essere confermata l'attendibilità di una ricerca, secondo il metodo scientifico?
d. Quali conclusioni sono state tratte dallo studio del grafico *hockey stick*?
e. Descrivi con parole tue gli elementi da cui è composto il grafico e il suo andamento.

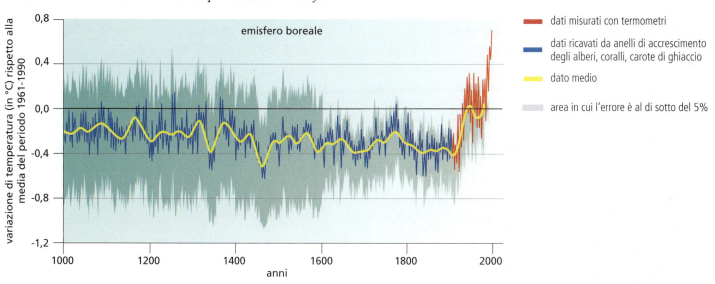

8 Scrivere una relazione

Il «tuo» clima

Scrivi una relazione di massimo 200 parole per descrivere le caratteristiche del clima del luogo in cui vivi.
Segui questa semplice traccia.
- Come variano durante l'anno le precipitazioni e le temperature?
- Cosa puoi dire dell'escursione termica giornaliera e annua?
- A quale zona climatica italiana appartiene la località in cui vivi (riguarda il paragrafo 9)?

9 Ricercare e presentare informazioni

La dendroclimatologia

Per lo studio delle variazioni della temperatura dell'atmosfera terrestre avvenuti prima del 1850 bisogna fare ricorso a dati indiretti; fra questi vi sono quelli desunti dall'analisi degli anelli di accrescimento del legno degli alberi. La branca della Paleoclimatologia che si occupa di queste ricerche prende il nome di «Dendroclimatologia».
- Ricerca su Internet, o in biblioteca, informazioni sulla dendroclimatologia.
- Prepara una presentazione in PowerPoint (di 5 slide) in cui sia illustrato: che cosa studia questa disciplina, quali informazioni è in grado di raccogliere, come si possono interpretare queste informazioni.

10 Earth Science in English

Glossary — LEGGI NELL'EBOOK →

Climate
Climograph
Global warming
Ice age
Parent material
Soil

True or false?

1. Toward the poles temperatures are colder and their annual range is greater. T F
2. Costal regions experience a smaller annual variation in temperature. T F
3. Colder regions have high precipitations. T F

Select the correct answer

4. The Mediterranean climate is distinguished by its
   A cool summer and wet winter.
   B wet summer and cold winter.
   C dry summer and wet winter.

5. In the tundra climate, the mean temperature of the warmest month is always
   A below 10 °C.
   B below 20 °C.
   C below 0 °C.

6. The monsoon megathermal climate occurs
   A between latitudes 5° and 25° N and S.
   B at latitudes higher than 25° N and S.
   C only between Equator and 25° N.

Read the text and answer

Mineral matter in the soil consists of individual mineral particles that vary widely in size. The term «soil texture» refers to the proportion of particles that fall into each of three size grades (from bigger to smaller): sand, silt and clay. The finest soil particles, which are included in the clay size grade, are called colloids. Soils can be characterised by their proportions of sand, silt and clay. Soil texture determines the capability of the soil to hold water.

a. What is soil texture?
b. Make a list of mineral particles in soil, starting from the smallest.
c. What does soil texture determine?

Look and answer

Look at the factors affecting global warming and cooling (measured in watts per square metre).

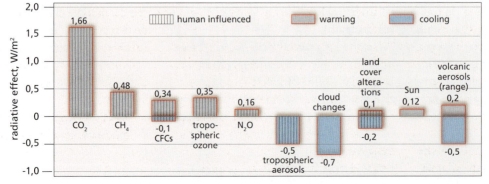

a. What effect do human influenced factors have?
b. Which factor enhances global warming most?
c. Why do both clouds and volcanic aerosols inhibit global warming?

Scienze della Terra per il cittadino

Provvedimenti urgenti

Oltre ai rischi per la vita (in particolare quella umana) che abbiamo visto essere connessi al **riscaldamento climatico**, altre considerazioni sulla necessità di modificare il nostro comportamento vengono dall'economia.

Uno studio inglese ha paragonato i costi del cambiamento del clima, attualmente in discussione, con quelli degli interventi necessari per mitigare gli effetti di tale cambiamento o per far sì che il mondo vi si possa adattare. Le conclusioni dello studio indicano che agire al più presto comporterebbe risparmi enormi a lungo termine. Nel 2100 il cambiamento del clima potrebbe arrivare ad assorbire fra il 5 e il 20% del prodotto interno lordo britannico. Le cifre potrebbero ridursi all'1% se le misure per la riduzione delle emissioni dannose fossero adottate immediatamente: un investimento destinato a produrre immensi risparmi per il futuro.

L'anidride carbonica è il gas serra sul quale è concentrata la maggiore attenzione, sia della comunità scientifica, sia dell'opinione pubblica, perché è considerata l'emissione antropica dominante e perché, una volta immessa nell'atmosfera, non è facilmente rimuovibile (persiste per circa 100 anni). Le emissioni annue di anidride carbonica sono passate da 5 a 7 miliardi di tonnellate cubiche dall'epoca preindustriale a oggi. Le proiezioni per il futuro sono molto variabili, a seconda che le emissioni continuino a crescere in modo costante, oppure che vengano prese misure di contenimento.

La comunità scientifica concorda sul fatto che l'impresa di contenere le emissioni è ardua. Ciononostante, negli ultimi dieci anni sono emerse numerose proposte, che seguono ipotesi e filosofie differenti.

Negli ultimi anni anche la società civile ha cercato di trovare soluzioni politiche condivise internazionalmente per risolvere il problema di un eventuale rapido riscaldamento atmosferico globale.

Nel 1997 è stato stipulato il cosiddetto Protocollo di Kyoto, che prevedeva che i Paesi industrializzati riducessero le proprie emissioni di sei gas serra in percentuali variabili a seconda di considerazioni storiche, economiche e politiche relative a ciascun Paese. A scala globale gli effetti del Protocollo di Kyoto sono stati piuttosto limitati. L'accordo non è stato ratificato da alcuni Stati e una parte di quelli che lo hanno sottoscritto ha ancora emissioni di anidride carbonica ben al di sopra dei limiti stabiliti.

Una manifestazione di sensibilizzazione sul cambiamento climatico a Sydney. Il numero 350 rappresentato dai manifestanti indica il valore a cui bisognerebbe far scendere la concentrazione di anidride carbonica (in parti per milioni).

ATTIVITÀ

Quali sono le principali fonti di CO_2? Fai una ricerca su Internet per capire quali attività sono responsabili dell'emissione di CO_2 nell'atmosfera terrestre.

Abbiamo visto che alcune misure per contenere le emissioni di gas serra sono state prese a livello governativo. Ma un contributo alle emissioni lo dà ciascuno di noi in molte delle azioni che compie nella sua vita quotidiana: dall'uso di energia elettrica prodotta da fonti non rinnovabili al riscaldamento delle case, dall'impiego di mezzi di trasporto inquinanti all'utilizzo di buona parte dei beni di consumo.

Per valutare la quantità di emissioni che viene prodotta con le diverse attività umane è stato introdotto un indicatore, il «carbon footprint», che misura la quantità di gas che hanno un effetto sul clima emessi da un'azienda, da una persona o da un prodotto (nell'arco della sua intera vita, dall'estrazione delle materie prime e la loro lavorazione, al loro uso e al loro riciclaggio o smaltimento).

Fai una ricerca per valutare il «carbon footprint» di alcune attività e degli oggetti della tua vita quotidiana. Non importa trovare il valore numerico, ma è sufficiente che raccogli informazioni sulle fasi «inquinanti» della vita dei prodotti che usi o delle attività che svolgi.

Ora si divida la classe in tre gruppi. Ciascun gruppo, sulla base delle ricerche fatte dai singoli, produca una proposta che comprenda almeno 2 azioni a carico dei governi e 2 azioni da parte dei singoli cittadini, volte alla riduzione delle emissioni di gas serra. La proposta deve essere corredata, oltre che dai dati che ciascun gruppo sarà in grado di reperire, da una valutazione di quanto le azioni individuate possano risultare gravose per i Paesi e per i cittadini.

Dopo che le proposte sono state presentate in classe, si faccia una votazione per scegliere, tra quelle proposte, l'azione più efficace da indicare ai governi e ai cittadini.

7 L'IDROSFERA MARINA

L'insieme delle acque di oceani e mari costituisce l'**idrosfera marina**. Essa caratterizza il nostro pianeta distinguendolo dagli altri corpi del Sistema solare, nei quali manca una così imponente e diffusa «copertura di acqua». Questa massa liquida in perenne movimento trasporta materia ed energia per tutto il globo, influenzando profondamente le terre emerse che lambisce e svolgendo un ruolo fondamentale nell'equilibrio dinamico del sistema Terra.
L'enorme massa di organismi delle acque marine e l'ambiente in cui essi vivono formano un *ecosistema* che è il più esteso dell'intera biosfera.

✓ TEST D'INGRESSO

📖 Laboratorio delle competenze
pagine 152-155

PRIMA DELLA LEZIONE

CIAK si impara!

Guarda il video *L'idrosfera marina*, che presenta gli argomenti dell'unità.

Completa la mappa aggiungendo tutte le ramificazioni che ritieni necessarie per rappresentare i concetti contenuti nel video.

Guarda le fotografie scattate durante la realizzazione di un esperimento sulle correnti calde e fredde.

Riempiamo per tre quarti un contenitore trasparente con acqua e aspettiamo il tempo necessario perché l'acqua vada a temperatura ambiente. Sistemiamo, in verticale, un po' decentrato, un tubo di plastica lungo almeno una volta e mezzo l'altezza del contenitore. Prepariamo a parte dell'acqua bollente, che coloriamo di rosso, e dell'acqua fredda (raffreddata con ghiaccio) che coloriamo di blu.

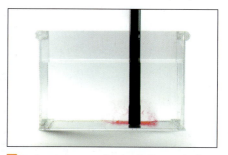

1 Versiamo una tazza di acqua bollente nel tubo, tenendolo premuto contro il fondo. Poi togliamo lentamente il tubo.

2 Osserviamo il movimento dell'acqua calda.

3 Mentre l'acqua calda sta ancora muovendosi, ripetiamo l'operazione con l'acqua fredda. Osserviamo come si muovono le due «correnti» d'acqua.

Dove scorre l'acqua calda?
Dove scorre l'acqua fredda?

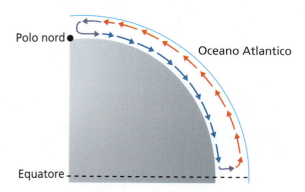

Osserva ora lo schema che rappresenta il meccanismo di base della circolazione delle acque nell'Oceano Atlantico per l'emisfero boreale.

Come si forma, secondo te, una corrente calda, nella realtà?
E una fredda?
Che cosa fa sì che l'acqua salga o sprofondi, all'Equatore o ai poli?

I fattori che influenzano l'andamento delle correnti oceaniche sono molteplici e determinano un sistema molto articolato (lo vedremo nel paragrafo 7). Inoltre le acque delle diverse correnti non si caratterizzano solo per una differenza di temperatura, ma anche di salinità.

Nonostante questo, il comportamento dell'acqua che abbiamo osservato nella bacinella corrisponde a quello dell'acqua dell'oceano: le correnti fredde fluiscono sul fondo perché più dense, quelle calde vicino alla superficie perché meno dense.

1. IL CICLO DELL'ACQUA

Il ciclo dell'acqua – che coinvolge tutto il «sistema Terra» – consiste in una serie continua di scambi fra i diversi *serbatoi idrici* del nostro pianeta.

L'acqua sul nostro pianeta è presente in tutti e tre gli *stati fisici della materia*, immagazzinata nei **serbatoi idrici naturali**:
- allo *stato liquido* si trova nei mari, nei fiumi, nei laghi, nelle falde idriche sotterranee;
- allo *stato solido* la troviamo nei ghiacciai;
- allo *stato aeriforme* (vapore acqueo) si trova soprattutto nell'atmosfera.

Tra questi serbatoi, di consistenza e caratteristiche diverse, si verificano scambi continui, causati dall'evaporazione, dalla condensazione e dalle conseguenti precipitazioni, nonché dalla formazione e dalla fusione dei ghiacci.

L'insieme di questi scambi, che consente all'acqua di lasciare l'*oceano globale* (compresi i mari), immettersi nell'atmosfera, pervenire alle terre emerse, per ritornare all'oceano globale, è detto **ciclo dell'acqua** (o **ciclo idrologico**).

Nel ciclo dell'acqua sono interessate tutte le componenti che costituiscono il sistema Terra: l'*idrosfera*, l'*atmosfera*, la *litosfera* e la *biosfera*.

Il motore del ciclo dell'acqua è il *Sole*: grazie alle reazioni termonucleari che avvengono al suo interno, il Sole emette di continuo una grande quantità di *energia*, sotto forma di radiazioni elettromagnetiche. L'energia solare riscalda il nostro pianeta e permette che si verifichino i *cambiamenti di stato* dell'acqua, che costituiscono i processi di «spostamento» tra i vari serbatoi naturali.

Soltanto l'acqua compie interamente questo ciclo; le sostanze in essa disciolte, come i sali minerali, si separano invece dall'acqua al momento dell'evaporazione.

> **IMPARA A IMPARARE**
> Elenca i processi nei quali può essere suddiviso il ciclo dell'acqua indicando per ciascuno quali serbatoi idrici sono coinvolti, in quali stati fisici si trova l'acqua prima e dopo, quanti km³ di acqua sono coinvolti ogni anno.

1 Evaporazione Il calore del Sole provoca l'evaporazione di una parte dell'acqua superficiale degli oceani (ogni anno circa 455 000 km³). Si formano così grandi quantità di vapore acqueo che entrano nell'atmosfera e vengono trasportate dai venti.

2 Precipitazioni Raffreddandosi, il vapore acqueo condensa in minuscole gocce che formano le nuvole, dalle quali l'acqua torna in basso sotto forma di precipitazioni (pioggia, neve, grandine). La maggior parte dell'acqua delle precipitazioni (*acqua meteorica*) ricade direttamente nel mare (409 000 km³ l'anno). Sulle terre emerse cadono circa 108 000 km³ d'acqua (di cui 46 000 km³ provengono dall'evaporazione degli oceani).

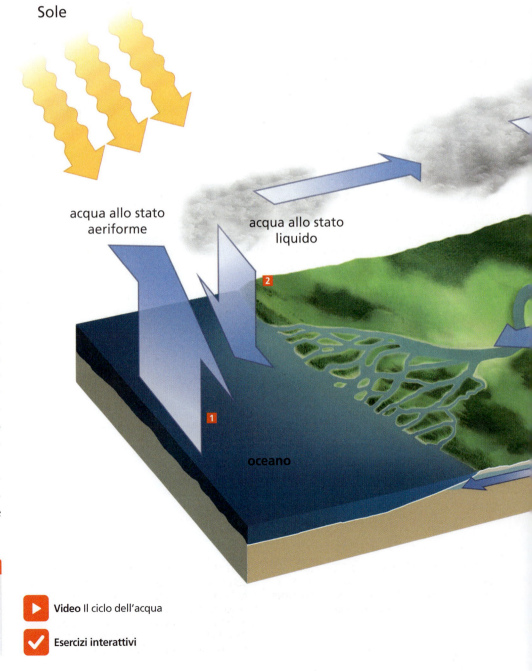

▶ **Video** Il ciclo dell'acqua

✓ **Esercizi interattivi**

3 Evapotraspirazione Una parte dell'acqua che cade sulle terre emerse passa direttamente all'atmosfera (circa 62 000 km^3 l'anno):
– o evaporando direttamente;
– o perché viene assorbita dalle radici delle piante ed è successivamente rilasciata dalle foglie sotto forma di vapore, con un processo chiamato *traspirazione*.

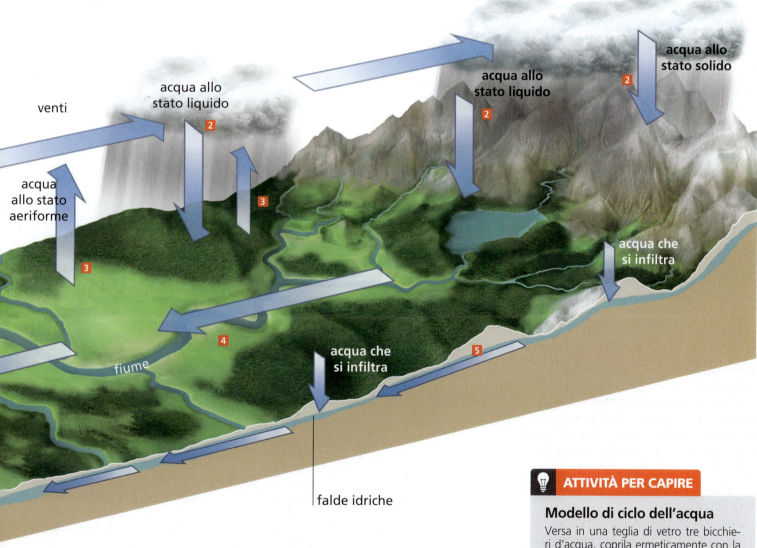

4 Deflusso superficiale Una parte dell'acqua che cade sulle terre emerse scorre in superficie, insieme a quella che deriva dalla fusione dei ghiacci e della neve, si raccoglie nei corsi d'acqua e torna in mare.

5 Deflusso profondo Una porzione dell'acqua caduta sulle terre emerse va infine a costituire le riserve sotterranee d'acqua: le *falde idriche*. L'acqua delle falde torna, prima o poi, in superficie e può incanalarsi anch'essa nei corsi d'acqua che scorrono fino al mare. Deflusso superficiale e deflusso profondo portano in mare ogni anno circa 46 000 km^3 di acqua.

ATTIVITÀ PER CAPIRE

Modello di ciclo dell'acqua

Versa in una teglia di vetro tre bicchieri d'acqua, coprila ermeticamente con la pellicola da cucina (magari fissata con del nastro adesivo) e mettila al sole.
Quando un po' d'acqua sarà evaporata appoggia sulla pellicola un sacchetto con dentro qualche cubetto di ghiaccio.
- Che cosa succede?
- Che cosa hai simulato con il ghiaccio?
- Cosa rappresenta il fondo della teglia? E l'aria sotto la pellicola?

2. LE ACQUE SULLA TERRA

Le risorse idriche totali della Terra sono enormi: circa 1,46 miliardi di kilometri cubi di acqua. L'acqua di oceani e mari ricopre circa il 71% della superficie terrestre.

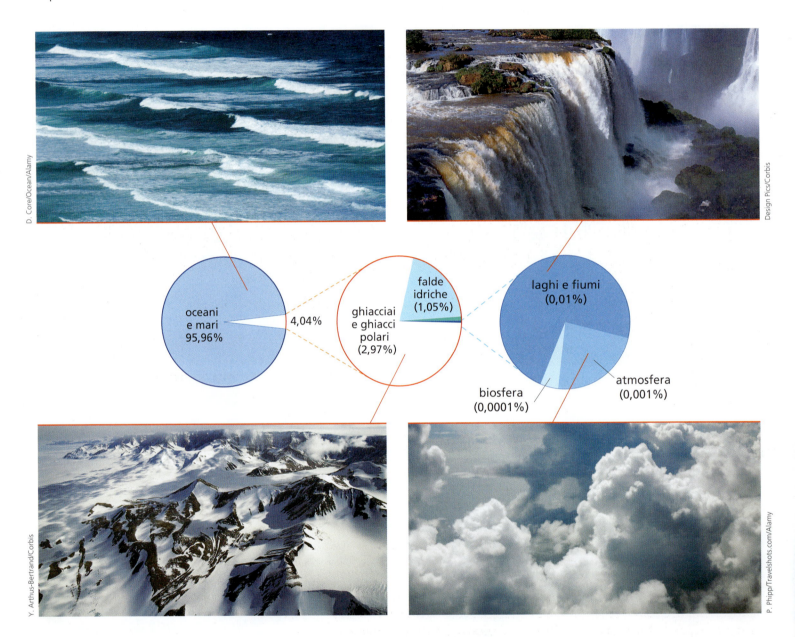

La maggior parte dell'acqua presente sul nostro pianeta – e cioè il 96% circa – si trova raccolta negli **oceani** e nei **mari** ed è salata.

L'acqua dolce è immagazzinata soprattutto sotto forma di ghiaccio (per circa il 3% dell'acqua totale) nei **ghiacciai** e nei **ghiacci polari**; in minor parte si trova come **acqua sotterranea** (circa l'1% del totale).

Laghi e **fiumi** contengono una quantità d'acqua relativamente modesta (lo 0,01%).

Infine, una piccola – ma molto importante – quantità d'acqua è contenuta nell'atmosfera, sotto forma di **vapore acqueo** (lo 0,001%).

Anche la **biosfera** rappresenta un piccolissimo «serbatoio» d'acqua: lo 0,0001% dell'acqua presente in totale sulla Terra è contenuto nel corpo degli animali e delle piante. L'acqua, infatti, è indispensabile per tutte le forme di vita presenti sulla Terra.

LEGGI NELL'EBOOK →
- L'origine dell'idrosfera

IMPARA A IMPARARE
Elenca i serbatoi naturali in cui è contenuta l'acqua calcolando per ciascuno quanti km³ di acqua contiene.

 Esercizi interattivi

3. OCEANI E MARI

L'insieme delle acque di oceani e mari costituisce l'*idrosfera marina*. Mentre nel linguaggio comune i termini «oceano» e «mare» sono usati quasi come sinonimi, in senso scientifico è necessario distinguerli.

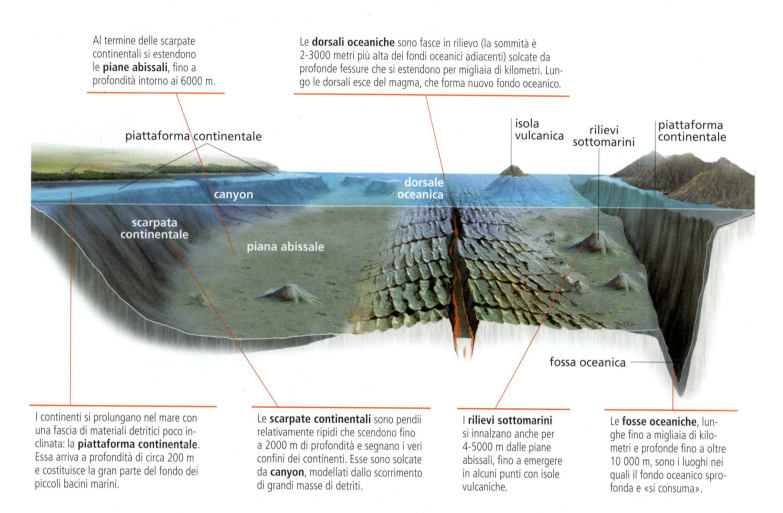

Al termine delle scarpate continentali si estendono le **piane abissali**, fino a profondità intorno ai 6000 m.

Le **dorsali oceaniche** sono fasce in rilievo (la sommità è 2-3000 metri più alta dei fondi oceanici adiacenti) solcate da profonde fessure che si estendono per migliaia di kilometri. Lungo le dorsali esce del magma, che forma nuovo fondo oceanico.

piattaforma continentale – canyon – scarpata continentale – piana abissale – dorsale oceanica – isola vulcanica – rilievi sottomarini – piattaforma continentale – fossa oceanica

I continenti si prolungano nel mare con una fascia di materiali detritici poco inclinata: la **piattaforma continentale**. Essa arriva a profondità di circa 200 m e costituisce la gran parte del fondo dei piccoli bacini marini.

Le **scarpate continentali** sono pendii relativamente ripidi che scendono fino a 2000 m di profondità e segnano i veri confini dei continenti. Esse sono solcate da **canyon**, modellati dallo scorrimento di grandi masse di detriti.

I **rilievi sottomarini** si innalzano anche per 4-5000 m dalle piane abissali, fino a emergere in alcuni punti con isole vulcaniche.

Le **fosse oceaniche**, lunghe fino a migliaia di kilometri e profonde fino a oltre 10 000 m, sono i luoghi nei quali il fondo oceanico sprofonda e «si consuma».

Sappiamo che la maggior parte delle acque presenti sulla Terra è raccolta in tre grandi **oceani**: l'Oceano Pacifico (che ricopre circa il 50% della superficie marina totale), l'Oceano Atlantico e l'Oceano Indiano. Gli oceani si prolungano in bacini più piccoli chiamati **mari**, con acque meno profonde.

Oceani e mari presentano alcune importanti differenze:
- gli oceani hanno dimensioni molto maggiori dei mari;
- le acque degli oceani sono mediamente più profonde di quelle dei mari;
- i mari in molti casi si insinuano nei continenti, mentre in genere gli oceani ne lambiscono le coste senza penetrarvi;
- i fondali degli oceani e quelli dei mari si sono formati attraverso processi geologici differenti.

I grandi oceani, e spesso anche i piccoli mari, hanno fondali assai vari, accidentati almeno quanto le terre emerse.

I fondi oceanici – che per più dell'80% si estendono con le *piane abissali* – hanno caratteristiche geomorfologiche peculiari, con una struttura e una conformazione a grandi linee simmetriche rispetto a un'asse costituito da una *dorsale oceanica*.

Nel disegno la vastità del fondale è molto ridotta, mentre sono accentuate le dimensioni dei rilievi sottomarini e l'ampiezza della fossa oceanica.

LEGGI NELL'EBOOK →
- I tre oceani

IMPARA A IMPARARE
Scrivi un elenco delle forme del rilievo che caratterizzano il fondo oceanico, indicando per ciascuna di esse la profondità.

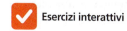 Esercizi interattivi

4. CARATTERISTICHE DELLE ACQUE MARINE

Le caratteristiche chimiche e fisiche dell'acqua degli oceani e dei mari sono strettamente legate tra loro. Esse presentano valori molto variabili in superficie e alle diverse profondità, nelle varie parti dell'oceano globale.

In dipendenza dell'insolazione e di vari fattori geografici, le caratteristiche chimico-fisiche dell'acqua marina offrono le condizioni per l'esistenza di una straordinaria **biodiversità**, ossia la molteplice «varietà di organismi», che si riscontra nel mare.

1. La più importante caratteristica dell'acqua del mare è la presenza di *sali* in essa disciolti. La quantità totale di sali presenti nell'acqua è detta **salinità**. In 1000 g di acqua marina sono contenuti in media 35 g di sali; la salinità media del mare è perciò del 35‰.

Il sale presente nella quantità maggiore (che dà all'acqua il gusto salato) è il cloruro di sodio, cioè il comune sale da cucina, che rappresenta più dei tre quarti di quei 35 grammi. Oltre ad altri sali – come quelli di magnesio – l'acqua di mare contiene in soluzione quasi tutti gli elementi conosciuti (persino l'oro), molti dei quali in piccolissime concentrazioni. La salinità varia da mare a mare e in uno stesso luogo con l'alternarsi delle stagioni. Quando è più caldo, l'evaporazione dell'acqua è maggiore e dunque la salinità è più alta.

2. Il riscaldamento delle acque ha luogo soprattutto in superficie e nei primi metri di profondità. A profondità via via maggiori la **temperatura dell'acqua** diminuisce gradualmente, perché la radiazione solare è assorbita dall'acqua sovrastante fino a scomparire del tutto.

La *quantità di radiazione* che penetra nell'acqua dipende da due fattori:
- la *trasparenza* dell'acqua;
- l'*inclinazione dei raggi solari*, che dipende soprattutto dalla latitudine (ma anche dalla stagione e dall'ora del giorno).

In profondità la temperatura dell'acqua marina varia a seconda dell'area geografica, ma non è mai elevata: ha un valore medio attorno agli 0 °C per tutto il globo. Complessivamente, la temperatura media delle acque, superficiali e profonde, è di 3,8 °C.

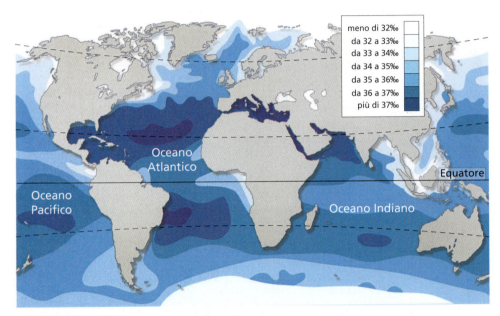

Valori medi della **salinità** delle acque marine durante la nostra estate.
Nei mari caldi (dove l'evaporazione dell'acqua è maggiore) la salinità è più alta che nei mari freddi. Per esempio, nel Mar Rosso (un mare caldo) la salinità supera il 40‰, mentre nel Golfo di Finlandia, dove l'acqua è molto fredda e sfociano molti fiumi, la salinità è appena del 3,5‰.

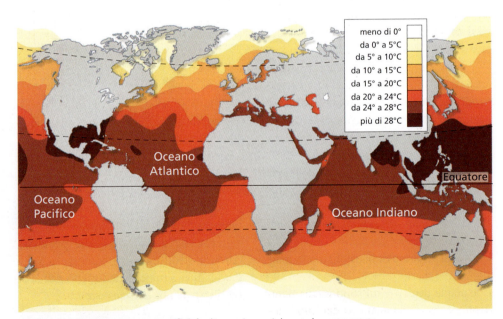

Valori medi della **temperatura superficiale** di oceani e mari durante la nostra estate.
All'Equatore, in mare aperto, la temperatura dell'acqua in superficie supera di poco i 27 °C, mentre scende a −1,7 °C presso le coste dell'Antartide e sotto il ghiaccio marino che ricopre il Polo nord. Sul fondo del Mediterraneo, che è un mare piuttosto caldo, la temperatura dell'acqua è di circa 13 °C.

3. La salinità dell'acqua influenza la sua **densità**: più l'acqua è salata, maggiore è la sua densità. Se pesassimo con una bilancia di precisione due volumi d'acqua uguali ma di salinità diversa, potremmo constatare che l'acqua che contiene una maggiore quantità di sali pesa di più.

La densità dell'acqua marina aumenta anche con la *profondità*. Questo fenomeno è dovuto al fatto che le molecole d'acqua vengono avvicinate le une alle altre dal peso della colonna d'acqua sovrastante. E dato che il volume diminuisce, mentre la massa rimane costante, la densità aumenta.

4. Con la profondità aumenta anche la **pressione**, perché al peso dell'aria (che al livello del mare equivale a 1 atmosfera) si somma quello esercitato dall'acqua stessa. Quanto più si scende in profondità, tanto maggiore è la pressione: ogni 10 m circa la pressione aumenta di 1 atm.

IMPARA A IMPARARE
Schematizza i rapporti reciproci fra le diverse caratteristiche delle acque: indica come varia ogni caratteristica al variare della profondità, della latitudine e delle altre caratteristiche.

In questo modello dei rilievi del pianeta sono visibili le **profondità** degli oceani (il blu intenso corrisponde alle maggiori profondità), da cui dipendono due caratteristiche fisiche delle acque. La *densità* aumenta in modo regolare fino a 1000 m di profondità e poi tende a stabilizzarsi. La *pressione*, nelle grandi fosse oceaniche a più di 10 000 m di profondità, può arrivare oltre le 1000 atm.

- ▶ **Video** La salinità dell'acqua marina
- 💡 **Attività per capire** Verifica come varia la pressione dell'acqua
- 👁 **Osservazione** Il galleggiamento
- ✓ **Esercizi interattivi**

■ Il colore del mare

Come abbiamo visto studiando le stelle, la luce del Sole, che ci appare bianca, è in realtà formata da diverse componenti (i colori dell'arcobaleno) che sommate tra loro danno il colore bianco. Ogni oggetto che noi vediamo ha il colore della luce che diffonde.

Quando i raggi del Sole attraversano gli strati d'acqua, le varie componenti vengono assorbite in modo differente: la prima a essere assorbita è la luce rossa, mentre quella verde-blu viene assorbita solo in profondità. La luce che dall'acqua giunge ai nostri occhi ha quindi in gran parte questa tonalità. Ciò spiega la colorazione delle acque del mare e dei laghi.

Il colore del mare dipende poi dalla riflessione del colore del cielo e dalle caratteristiche proprie dell'acqua. Il colore verdastro è spesso legato alla presenza di fitoplancton, mentre colori giallastri sono dovuti ai materiali scaricati dai fiumi; altri colori, come il grigio e il rossastro, sono generalmente da attribuire alla presenza di sostanze inquinanti.

La differenza di profondità fra il Great Blue Hole (al largo delle coste del Belize), profondo oltre 120 metri, e i fondali circostanti è rivelata in maniera evidente dal colore dell'acqua.

5. LE ONDE

Le onde del mare sono generate dal vento che colpisce le particelle superficiali dell'acqua e le mette in movimento.

1 In tutti i tipi di onda è possibile riconoscere vari elementi: la **cresta**, il **ventre**, la **lunghezza d'onda**, l'**altezza**. La **velocità** dell'onda è lo spazio percorso dalla cresta (o dal ventre) nell'unità di tempo.

3 Presso la costa, quando la profondità del fondale è inferiore alla metà della lunghezza d'onda, le orbite circolari delle particelle d'acqua si deformano in ellissi, sempre più schiacciate via via che si scende; sul fondo l'acqua ha un moto praticamente rettilineo alternato (avanti e indietro). Queste si chiamano **onde di traslazione**, perché spostano acqua.

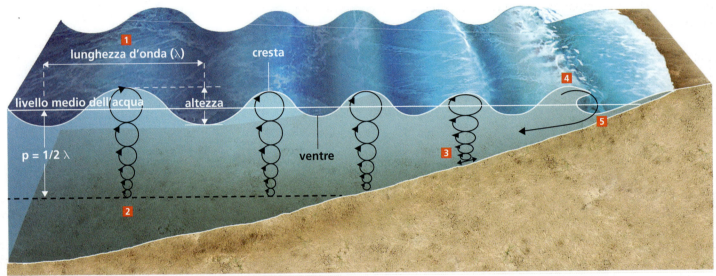

2 Nelle **onde di oscillazione** le particelle d'acqua si muovono secondo orbite circolari, il cui diametro si riduce progressivamente in profondità.

4 Quando, a causa dell'attrito con il fondale marino, le particelle d'acqua superficiali sono più veloci di quelle vicine al fondo, si ha la «rottura» dell'onda, e si produce il **frangente**.

5 Dopo la «rottura» dell'onda, l'acqua si muove in senso contrario sotto il frangente e ritorna verso il mare aperto. Il flusso d'acqua di ritorno si chiama **risacca**.

Le onde costituiscono un esempio di interazione tra atmosfera e idrosfera. La pressione esercitata dal vento sulle particelle superficiali dell'acqua provoca inizialmente la formazione di leggere increspature che si fanno via via più accentuate fino a diventare onde. Le onde così generate si chiamano **onde forzate**. Le onde forzate, una volta prodotte, si allontanano dal luogo in cui si sono formate, anche per migliaia di kilometri. Le onde che si propagano in zone lontane dal luogo di origine e sono riscontrabili anche in assenza di vento vengono dette **onde libere**.

In mare aperto le onde non provocano il moto traslatorio degli oggetti, ma trasportano soltanto energia. Quando il vento colpisce le particelle d'acqua che si trovano in superficie, esse si abbassano e premono sulle particelle sottostanti, costringendole ad innalzarsi. Si genera così un moto circolare. Tali onde, in cui non si ha trasporto d'acqua, sono dette **onde di oscillazione**.

L'agitazione delle particelle d'acqua che partecipano al moto ondoso non interessa tutta la colonna d'acqua, ma si esaurisce a una certa *profondità*, pari alla metà della lunghezza d'onda.

In prossimità della costa le particelle in movimento iniziano a «sfregare» sul fondale e le onde di oscillazione si trasformano in **onde di traslazione** che, oltre a energia, trasportano anche materia (l'acqua e ciò che essa contiene).

L'**altezza delle onde** varia da zona a zona e di solito non supera i 9 m (eccetto i casi in cui le onde sono prodotte da terremoti sottomarini, e non dal vento). Nei mari chiusi, come il Mediterraneo, le onde sono meno alte rispetto a quelle che si sviluppano negli oceani.

La **velocità delle onde** dipende dalla forza del vento che le produce; essa si può esprimere (come quella delle automobili) in kilometri all'ora. In media le onde viaggiano a 30-40 km/h, ma negli oceani possono raggiungere velocità di 70 km/h.

IMPARA A IMPARARE

- Evidenzia nel testo la differenza fra onde forzate e onde libere.
- Riassumi per punti la differenza fra onde di oscillazione e onde di traslazione.

▶ Video Il moto ondoso

✓ Esercizi interattivi

La rifrazione delle onde marine

Da qualunque parte provenga il moto ondoso, in corrispondenza di bassi fondali si verifica il fenomeno della **rifrazione**: la diminuzione della profondità dei fondali fa diminuire progressivamente la velocità delle onde, ad iniziare dai settori dove la profondità pari alla metà della lunghezza d'onda viene incontrata prima (per esempio, in corrispondenza di promontori); le onde, perciò, vengono deviate dalla loro direzione originaria, che avevano al largo. Questo cambiamento di direzione, essendo dovuto al fatto che le onde – a mano a mano che avanzano – incontrano un fondale sempre meno profondo, tende a disporre le creste delle onde parallelamente alla riva.

Dove la diminuzione della profondità fa risentire i suoi effetti in più breve spazio, le onde aumentano di altezza. Questo fenomeno spiega l'erosione dei promontori, dove l'energia delle onde si concentra, e l'accumulo di sabbia nelle baie, dove le onde si distendono e arrivano con meno energia.

In corrispondenza di fondali alti, invece, quando le onde battono contro un ostacolo possono essere soltanto *riflesse*. L'onda riflessa può conservare buona parte dell'energia che aveva e, componendosi con la successiva onda incidente, dà luogo a un'*onda stazionaria*, cioè un'oscillazione verticale del livello dell'acqua a breve distanza dall'ostacolo. Questo è quello che accade, per esempio, a ridosso delle banchine dei porti, dove le barche vengono alzate e abbassate dall'onda stazionaria.

ATTIVITÀ PER CAPIRE

Simula un'onda

In un catino pieno d'acqua metti un tappo di sughero, posizionato vicino al bordo, senza che però lo tocchi.

Lascia cadere un sasso al centro del catino e osserva che cosa accade.

- Quale movimento compie il tappo al passaggio delle onde?

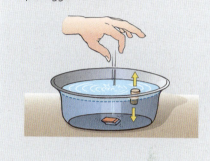

CHE COSA VEDE IL GEOMORFOLOGO

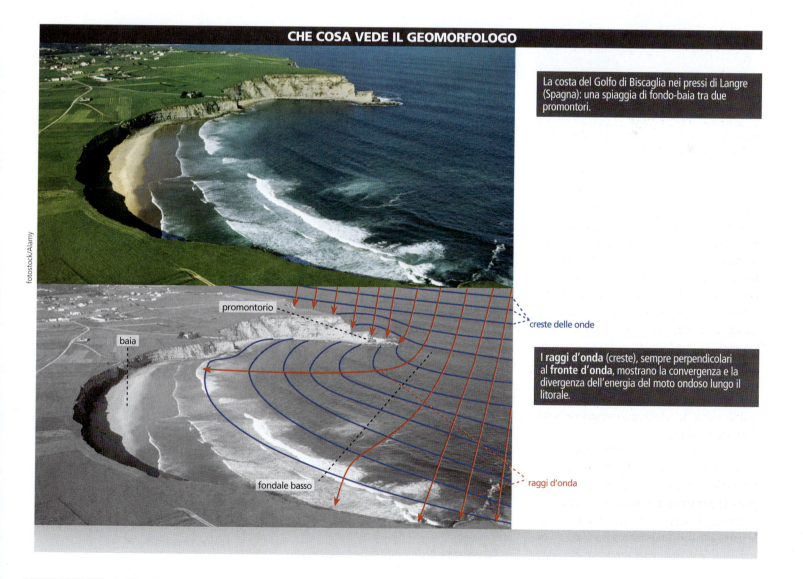

La costa del Golfo di Biscaglia nei pressi di Langre (Spagna): una spiaggia di fondo-baia tra due promontori.

I raggi d'onda (creste), sempre perpendicolari al **fronte d'onda**, mostrano la convergenza e la divergenza dell'energia del moto ondoso lungo il litorale.

6. LE MAREE

Le maree sono innalzamenti e abbassamenti ritmici del livello del mare, causati dall'attrazione gravitazionale esercitata dalla Luna e dal Sole sulla Terra e dalla forza centrifuga dovuta al moto di rivoluzione del sistema Terra-Luna attorno al baricentro comune.

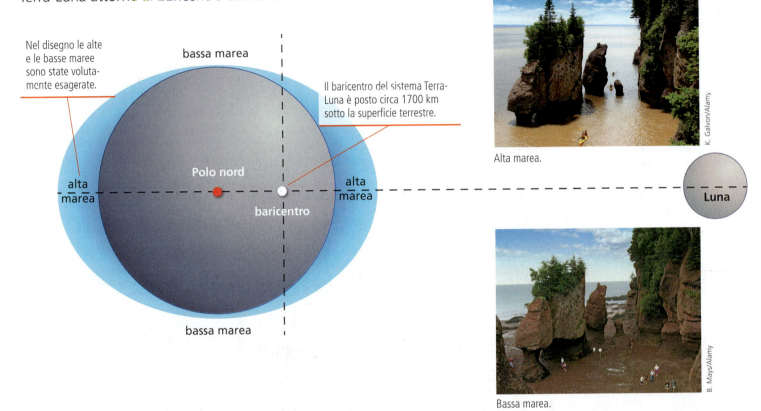

Alta marea.

Bassa marea.

La Luna e, in misura minore, il Sole esercitano un'**attrazione gravitazionale** sulla Terra. La Luna è più piccola del Sole, ma è molto più vicina al nostro pianeta e pertanto esercita un'attrazione maggiore. (In realtà, anche gli altri corpi del Sistema solare esercitano una forza attrattiva sulla Terra, ma il loro effetto è di fatto trascurabile, a causa delle loro notevoli distanze.)

Attratte dalla Luna, le acque – libere di muoversi, diversamente dalle rocce – si sollevano, dando origine all'**alta marea**. Ciò non avviene però soltanto dalla parte rivolta verso la Luna, ma anche dalla parte opposta, dove l'attrazione lunare è minima; difatti, sulle acque oceaniche opposte alla Luna fa sentire maggiormente i suoi effetti la **forza centrifuga**, dovuta alla rivoluzione del sistema Terra-Luna attorno al baricentro comune. (Non è esatto dire che la Luna orbita attorno alla Terra; entrambi i corpi compiono un moto di rivoluzione attorno a un punto – il *baricentro* del sistema – che si trova all'interno della Terra, ma non al centro). La forza centrifuga tende ad allontanare i due corpi uno dall'altro e, ancora una volta, sono le acque a risentirne di più.

Nelle zone situate a longitudini di 90° da quelle in cui si verifica l'alta marea lo spessore dell'acqua diminuisce perché l'acqua è richiamata verso le zone di alta marea. In questi luoghi si ha la **bassa marea**.

Il «ritmo» delle maree riflette le variazioni delle posizioni della Terra, della Luna e del Sole. In genere (ossia non ovunque) si hanno due alte e due basse maree in poco più di un giorno (24 ore e 50 minuti).

La differenza tra l'altezza massima raggiunta dall'acqua durante l'alta marea e il livello minimo dell'acqua durante la bassa marea è detta **ampiezza di marea**.

L'ampiezza delle maree varia da luogo a luogo: dipende dalle dimensioni e dalla forma dei bacini marini. Essa può essere notevole sulle coste degli oceani, nelle baie o nei golfi lunghi e stretti (fino a 15-20 metri). Nel Mediterraneo l'ampiezza di marea non raggiunge mai i valori degli oceani ed è in media di qualche decina di centimetri.

IMPARA A IMPARARE

- Evidenzia nel testo la spiegazione dei due fenomeni che causano le maree.
- Indica nel disegno quale alta marea è dovuta prevalentemente a una e quale prevalentemente all'altra causa.

 Video Le forze generatrici delle maree

 Esercizi interattivi

Il ritmo delle maree

A causa della rotazione terrestre, una località costiera generalmente è interessata in uno stesso giorno da *due alte maree* e *due basse maree*.

Il **periodo** completo è in realtà di 24 ore e 50 minuti (*giorno lunare*) perché, mentre la Terra ruota su se stessa, la Luna si muove attorno alla Terra. Affinché la Luna ripassi di nuovo sul meridiano di un dato luogo è necessario quindi che la Terra compia una rotazione aggiuntiva di 12°, pari allo spostamento compiuto nel frattempo dalla Luna sulla sua orbita. La Terra impiega 50 minuti per effettuare questo ulteriore angolo di rotazione.

A causa dell'attrito col fondo e di quello interno alle masse d'acqua, l'alta marea non si verifica esattamente quando la Luna culmina sul meridiano del luogo, ma con un ritardo, variabile, detto *ora di porto*.

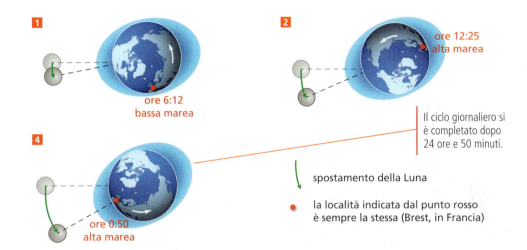

Maree e fasi lunari

Le ampiezze delle maree mutano nel corso di un mese, a causa delle variazioni delle posizioni reciproche della Terra, della Luna e del Sole. Infatti, nel fenomeno interviene anche la forza di attrazione da parte del Sole, che agisce in modo analogo a quella della Luna, anche se con intensità minore.

Quando il Sole, la Terra e la Luna sono allineati (in corrispondenza della Luna piena o della Luna nuova) le due forze attrattive si sommano e l'ampiezza di marea raggiunge i valori massimi (**maree vive**).

Quando invece le congiungenti Sole-Terra e Terra-Luna formano un angolo retto (Luna al primo o all'ultimo quarto), gli effetti attrattivi dei due corpi sulle acque in parte si annullano e le oscillazioni di marea sono minori (**maree morte**).

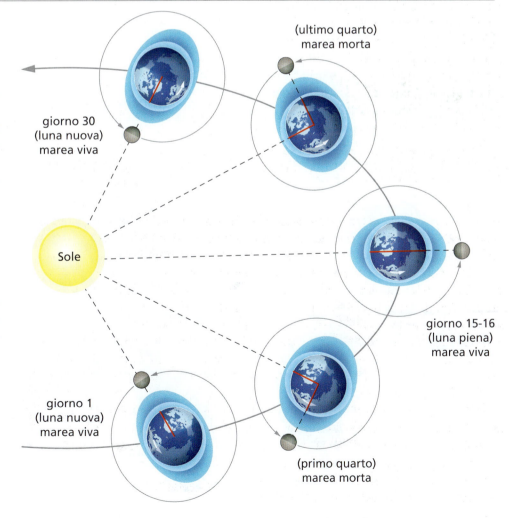

7. LE CORRENTI

Le *correnti marine* sono movimenti orizzontali costanti di masse d'acqua che hanno velocità propria e si distinguono dalle acque circostanti per salinità e temperatura.

Una **corrente** può essere paragonata a un grande fiume che fluisce dentro il mare, alla velocità di alcuni kilometri all'ora (in casi particolari può raggiungere i 10 km/h). L'acqua della corrente è caratterizzata da *temperatura* e *salinità* diverse da quelle della massa d'acqua in cui scorre. Queste differenze permettono all'acqua della corrente di non mescolarsi a quella in cui scorre.

Le *correnti oceaniche* influenzano il clima delle coste che lambiscono e partecipano al trasporto di calore dalle zone più calde a quelle più fredde del globo.

Le zone lambite da **correnti calde** (come la Corrente del Golfo) hanno un clima più umido e spesso più mite rispetto alle zone poste alla stessa latitudine ma lambite da **correnti fredde**; queste ultime, infatti, riducono l'evaporazione delle acque rendendo più arido il clima. Le correnti fredde sono, però, più ricche di sali nutritivi e di microrganismi animali e vegetali; rendono perciò molto pescose le acque marine.

La **circolazione delle acque oceaniche**, almeno di quelle superficiali, è profondamente influenzata dalla forza di Coriolis dovuta al moto di rotazione terrestre, dai venti e dalla presenza dei continenti. Il risultato è che le correnti superficiali formano dei circuiti chiusi e distinti nei diversi oceani e nei due emisferi. Nell'emisfero boreale la circolazione avviene in senso orario, in quello australe in senso antiorario.

Le correnti si verificano anche nei mari, dove sono dovute principalmente a differenze di temperatura e/o salinità tra le acque di bacini adiacenti.

LEGGI NELL'EBOOK →
- La corrente nello Stretto di Gibilterra

IMPARA A IMPARARE
- Elenca gli effetti delle correnti calde e fredde sui climi delle zone da esse lambite.
- Individua e numera i fattori che influenzano la circolazione delle acque superficiali.

Se la Terra non ruotasse e se non esistessero i venti, nelle acque marine di entrambi gli emisferi si verificherebbero due flussi regolari lungo la direzione dei meridiani, secondo un *meccanismo di compensazione*.

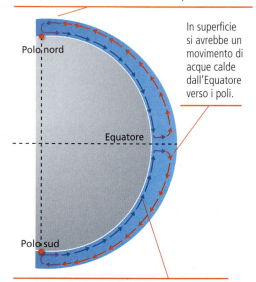

In superficie si avrebbe un movimento di acque calde dall'Equatore verso i poli.

In profondità si avrebbe un movimento di compensazione, di acque fredde, dai poli all'Equatore.

 Esercizi interattivi

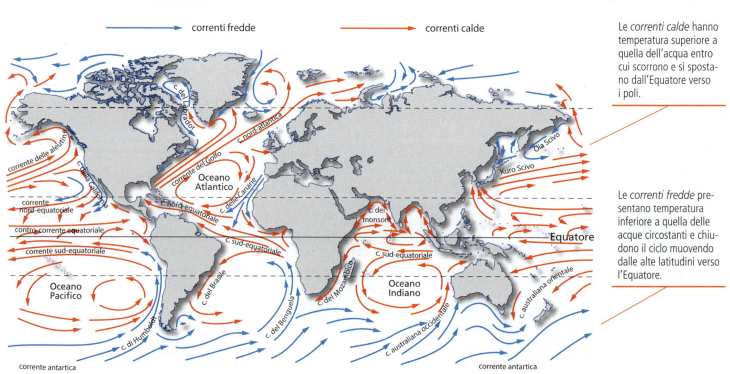

Le *correnti calde* hanno temperatura superiore a quella dell'acqua entro cui scorrono e si spostano dall'Equatore verso i poli.

Le *correnti fredde* presentano temperatura inferiore a quella delle acque circostanti e chiudono il ciclo muovendo dalle alte latitudini verso l'Equatore.

El Niño

Talvolta l'andamento delle correnti oceaniche subisce delle perturbazioni. È quanto accade ogni 3-8 anni nell'Oceano Pacifico orientale, dove si verifica un'inversione del normale verso di scorrimento delle correnti, i cui effetti si fanno sentire per oltre un anno in un'ampia parte del globo. Questa perturbazione è detta **El Niño** (in spagnolo, «il bambino») perché inizia in genere nel periodo natalizio.

In condizioni normali, nei mesi dell'estate australe, gli alisei soffiano da Nord Est a Sud Ovest e spingono le acque oceaniche superficiali (calde) verso il Pacifico occidentale. L'aria presente sull'oceano si carica di umidità e provoca precipitazioni in Indonesia e in Australia. Lungo le coste dell'America del Sud l'acqua che si è allontanata verso Ovest viene rimpiazzata da acque fredde e l'aria sulle zone costiere è secca.

Si parla di El Niño quando gli alisei si affievoliscono e prevale la Corrente equatoriale occidentale, che spira in direzione opposta. Sotto questa spinta, le acque calde superficiali si muovono verso Est e, raggiunte le coste dell'America del Sud, impediscono la risalita delle acque fredde. La presenza di acque calde superficiali rende umida l'aria, determinando piogge e inondazioni che colpiscono le coste del Pacifico orientale. Inoltre si ha una drastica riduzione della pescosità. Nello stesso periodo soffrono invece la siccità le regioni del Pacifico occidentale.

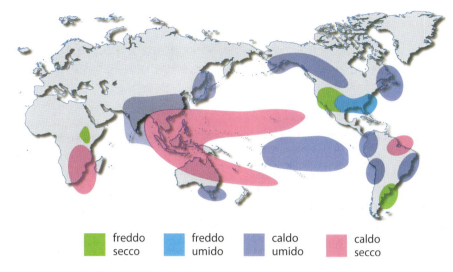

Aree interessate dagli effetti di El Niño su scala globale.

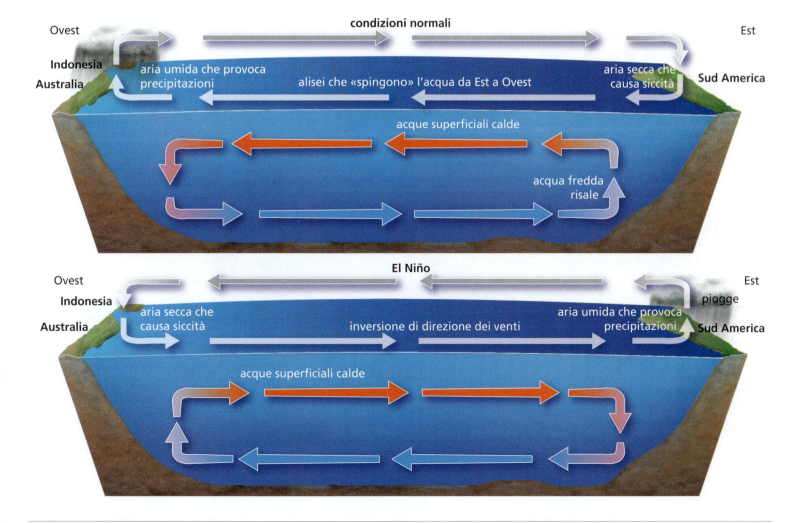

8. L'AZIONE GEOMORFOLOGICA DEL MARE

I movimenti delle acque marine agiscono modellando le coste e possono portare all'arretramento o all'avanzamento della linea di riva. A seconda della loro conformazione, le coste possono essere classificate – semplificando – come coste alte o coste basse.

L'*attività erosiva* del mare viene chiamata **abrasione marina** ed è causata soprattutto dalle onde e solo in minima parte dalle maree e dalle correnti. Essa è particolarmente efficace lungo le coste con acque poco profonde, dove le onde, per l'attrito con il fondo, danno origine ai *frangenti*.

Con il loro moto e con l'aiuto dei materiali detritici che trasportano, i frangenti riescono a demolire le rocce, dando luogo a incisioni, nicchie, caverne, archi o scogli (come i famosi *faraglioni* di Capri).

Quando l'abrasione marina agisce in modo pressoché uniforme su una costa alta e rocciosa, si formano le **falesie**, coste molto ripide (a volte anche strapiombanti sul mare). I materiali che derivano dalla demolizione della parete si accumulano ai suoi piedi e col tempo si forma una *piattaforma di abrasione marina*, leggermente inclinata verso il mare e in buona parte sommersa. Con il procedere dell'erosione, la parete rocciosa arretra sempre di più, mentre la piattaforma si ingrandisce, finendo per frenare l'azione delle onde; in questo modo protegge la falesia e fa cessare l'arretramento.

Il mare non compie soltanto *azioni distruttive*, ma opera anche come agente di **trasporto** e di **deposizione**. Infatti i suoi stessi movimenti ridistribuiscono lungo la costa i detriti prodotti dall'erosione marina e quelli che vengono scaricati in mare dai fiumi. Le coste basse derivano dal deposito di detriti rocciosi trasportati dalle onde: quando l'energia delle onde diminuisce, i materiali che esse trasportano vengono abbandonati e si accumulano.

La deposizione si verifica soprattutto nelle insenature o comunque in zone con acque poco profonde e riparate, dove le onde abbandonano ciottoli e sabbie che formano le **spiagge**.

Anche sulle coste basse, però, si verifica l'abrasione marina. Le onde rimaneggiano di continuo i detriti rocciosi portati dai fiumi o strappati alla costa, frantumandoli e levigandoli. I frammenti più grossi sono trasformati in ciottoli appiattiti; quelli più piccoli diventano sabbia.

> **IMPARA A IMPARARE**
>
> Rintraccia nel testo tutte le azioni del mare sulle coste, elencale e per ciascuna indica quali elementi del paesaggio produce.

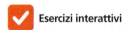 Esercizi interattivi

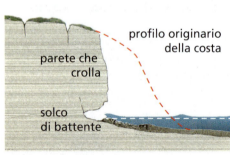

A causa dell'incessante battere delle onde, e dei detriti che esse trasportano, alla base della parete si forma un solco orizzontale che si approfondisce sempre più.

La parte sommitale della parete rimane senza appoggio e crolla. La falesia arretra (un pezzo alla volta).

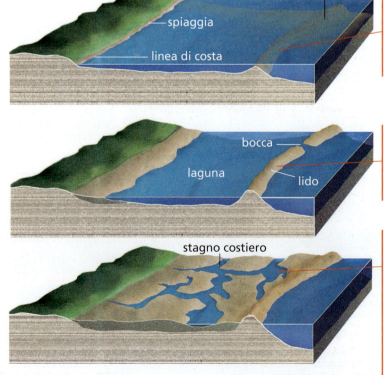

I detriti deposti a una certa distanza dalla riva si accumulano e possono costituire un *cordone litoraneo sottomarino*.

Con il tempo, il cordone può emergere dall'acqua: si origina così una *laguna*, delimitata da un *lido*.

I varchi che mettono in comunicazione le lagune con il mare si restringono gradualmente, fino a chiudersi e a formare così degli *stagni costieri*. (Se lo stagno arriva a colmarsi di detriti, il lido si trasformerà in una nuova linea di costa.)

Coste basse e coste alte

Nell'ambito della comune divisione fra *coste basse* e *coste alte*, si possono distinguere diversi tipi di coste con origini differenti. Vedremo nel dettaglio nella prossima Unità alcuni dei processi dai quali esse derivano.

Fra le **coste basse** troviamo le *spiagge* in genere, i *lidi*, le *lagune*, gli *stagni costieri* e i *delta*. Queste coste possono essere dovute a un fenomeno di invasione da parte del mare oppure all'emersione di una porzione della piattaforma continentale (rivedi il paragrafo 3 di questa unità).

Le **coste alte** possono avere andamento rettilineo (*unite*) o articolato (*frastagliate*).

Fra le coste alte, oltre alle falesie, ricordiamo i *fiordi*, le *rias*, i *valloni* e *canali* della Dalmazia. Si tratta di coste frastagliate, molte delle quali derivanti dalla sommersione di aree precedentemente modellate da altri agenti esogeni (ghiacciai o fiumi).

Il graduale abbandono dei detriti trasportati da un fiume può portare alla formazione di un **delta**, una forma di deposito costiero che presenta una parte emersa, quasi pianeggiante, percorsa da una rete di corsi d'acqua minori (nei quali si è suddiviso il corso principale), e un pendìo sommerso, più o meno ripido. Nella foto: parte del delta del Fiume Po.

I **fiordi**, tipici della Norvegia ma presenti anche in varie altre aree, sono insenature lunghe e strette che penetrano profondamente nella terraferma (anche per più di 200 km), racchiuse da pareti ripide.
Si tratta di antiche valli scavate dai ghiacciai durante le glaciazioni del Quaternario e sommerse dal mare dopo il ritiro dei ghiacci. Nella foto: un fiordo neozelandese.

Le **rias** si formano quando a essere sommerse dalle acque marine sono valli originariamente scavate da fiumi. Poiché i fiumi continuano a portare acqua dolce, si creano ambienti acquatici particolari, habitat unici per specie animali e vegetali. Se ne trovano numerosi esempi nella Galizia spagnola (dal cui dialetto proviene anche il nome). Nella foto: la ria d'Etel nel Nord-Ovest della Francia.

I **valloni** e i **canali**, tipiche della costa della Dalmazia, si trovano in zone in cui il mare ha sommerso la parte basale di un rilievo con una struttura «a pieghe». Si presentano come lunghi canali, paralleli alla linea di costa, che separano miriadi di isolette strette e a loro volta allungate.
Nella foto: l'arcipelago del Parco Nazionale Kornati, in Croazia.

9. L'INQUINAMENTO DELLE ACQUE MARINE

Per *inquinamento del mare* si intende l'immissione da parte dell'uomo di sostanze che provocano danni alle risorse biologiche, pericoli per la salute umana, ostacoli alle attività marittime, diminuzione della qualità dell'acqua dal punto di vista della sua utilizzazione.

Il mare è sempre stato considerato uno «scarico naturale». Ma se fino a un centinaio di anni fa vi finivano soprattutto le acque residuali urbane e quelle provenienti dalle limitate lavorazioni industriali – dalle quali il mare era in grado di difendersi, diluendo e degradando le sostanze inquinanti – oggi la situazione è cambiata. La popolazione mondiale nell'ultimo secolo è più che triplicata e il numero delle industrie (e dei loro vari prodotti) è salito vertiginosamente.

L'idrosfera marina è dunque aggredita da diverse forme di inquinamento.

1. Dell'**inquinamento organico** sono responsabili le acque provenienti dalle reti fognarie, cariche di batteri fecali e di numerosi *germi patogeni*. La presenza di microrganismi patogeni è indirettamente dannosa per la salute umana quando vengono utilizzati come alimenti i prodotti della pesca (soprattutto le ostriche e i mitili) contaminati da tali germi.

2. L'**inquinamento chimico** è geograficamente più esteso, e quindi più preoccupante. Le acque degli *scarichi industriali* inquinano le zone marine nelle quali riversano in elevate concentrazioni i residui dei loro prodotti, che contengono anche elementi metallici molto tossici. Anche le acque utilizzate in *agricoltura* si caricano di sostanze nocive laddove viene praticata la fertilizzazione minerale, per mezzo di fosfati e nitrati, e soprattutto se vengono utilizzati massicciamente gli insetticidi e i pesticidi.

3. L'**inquinamento da petrolio** è una tra le forme più gravi di contaminazione dell'ambiente marino. Petrolio e altri idrocarburi vengono versati frequentemente in mare da raffinerie rivierasche. Ancor più grave è lo scarico delle acque di lavaggio delle petroliere, che a volte viene eseguito illegalmente in mare. E queste navi subiscono talvolta incidenti che fanno riversare in zone ristrette quantitativi enormi di petrolio greggio.

I movimenti del mare trasportano gli inquinanti molto lontano dalle loro fonti. Risultano perciò inquinate anche zone che penseremmo «incontaminate», come – per esempio – le coste delle Isole Svalbard, che si trovano nel Mar Glaciale Artico, a notevole distanza da luoghi densamente abitati.

Tutte queste sostanze contaminano in misura crescente sia le acque marine, sia quelle continentali, con effetti dannosissimi sulla flora e sulla fauna, e gravi pericoli anche per l'uomo; effetti che si fanno sentire spesso anche a distanze notevoli dalle zone di scarico.

LEGGI NELL'EBOOK →
■ L'inquinamento da petrolio

IMPARA A IMPARARE
- Rintraccia nel testo i motivi per i quali l'inquinamento delle acque marine non è stato un problema fino all'inizio del Novecento.
- Elenca le più rilevanti forme di inquinamento, indicando per ciascuna le attività umane da cui è causata.

 Attività per capire Pulire le acque inquinate

 Esercizi interattivi

DOMANDE PER IL RIPASSO

ALTRI ESERCIZI SU ZTE

PARAGRAFO 1
1. Perché il Sole si può considerare il motore del ciclo dell'acqua?
2. Quale percentuale di acqua, di quella che evapora ogni anno da oceani e mari, ricade in mare sotto forma di precipitazioni?
3. Come si distribuisce l'acqua meteorica che non ricade direttamente in mare?
4. Che cosa si intende per evapotraspirazione?
5. Vero o falso?
   Le terre emerse ricevono con le precipitazioni più acqua di quanta ne perdano per evaporazione.

PARAGRAFO 2
6. In quanti tipi di «serbatoi naturali» è immagazzinata l'acqua?
7. A quanto ammonta in percentuale l'acqua dolce rispetto al totale delle acque presenti sulla Terra?
8. Dove si trova l'acqua immagazzinata nella biosfera?
9. Scegli l'alternativa corretta.
   L'Oceano Pacifico si estende per circa il 50%/29%/21% della superficie marina totale.

PARAGRAFO 3
10. In che cosa consiste la differenza fra oceani e mari?
11. Che cosa sono le scarpate continentali?
12. Che cosa sono le piane abissali?

PARAGRAFO 4
13. La salinità dell'acqua marina dipende innanzitutto
    - A dalla latitudine.
    - B dalla pressione.
    - C dalla temperatura.
    - D dalle correnti.
14. Perché la temperatura dell'acqua marina diminuisce con la profondità?
15. Quali fattori influenzano la densità dell'acqua marina?
16. Di quanto aumenta la pressione dell'acqua con l'aumentare della profondità?
17. Scegli l'alternativa corretta.
    Tra due acque con diversa salinità, l'acqua che contiene una maggiore quantità di sali pesa di più/di meno rispetto all'altra; la sua densità è maggiore/minore.

PARAGRAFO 5
18. Come si definisce la lunghezza d'onda?
19. Che tipo di onde si originano in mare aperto?
20. Quali caratteristiche hanno i frangenti?
21. Le onde di oscillazione
    - A sono soltanto increspature poco accentuate della superficie dell'acqua causate dal vento.
    - B si originano anche in assenza di vento e si propagano in zone lontane dal luogo di origine.
    - C si riscontrano in mare aperto e non trasportano oggetti, ma solo energia.
    - D si riscontrano presso la costa e trasportano anche oggetti.

22. Completa.
    Nelle onde le particelle d'acqua si muovono inizialmente secondo orbite _____ che tendono a diventare _____ in prossimità della costa.

PARAGRAFO 6
23. Da che cosa sono provocate le maree?
24. Perché in una località costiera si verificano ogni giorno due alte maree e due basse maree?
25. Dove si trova il baricentro del sistema Terra-Luna?
26. Completa.
    Alte e basse maree si verificano con ritmi regolari nel corso di un periodo che è di _____ ore e _____ minuti.

PARAGRAFO 7
27. Come funziona il meccanismo di compensazione che regola lo spostamento delle acque calde e di quelle fredde?
28. Quali fattori influenzano il moto delle correnti superficiali?
29. Che percorso segue la Corrente del Golfo?
30. Completa.
    Nell'emisfero boreale la circolazione delle correnti marine superficiali avviene in senso _____ ; in quello australe avviene in senso _____ .
31. Scegli l'alternativa corretta.
    I territori lambiti da correnti fredde hanno un clima più umido/secco e spesso più mite/rigido rispetto a quelli lambiti da correnti calde.

PARAGRAFO 8
32. Come si forma un lido?
33. Come si forma una falesia?
34. In che forma agisce l'abrasione marina sulle coste basse?
35. Scegli l'alternativa corretta.
    Le coste basse sono prodotte dall'azione erosiva/di deposizione da parte del mare.
36. Vero o falso?
    L'arretramento delle falesie non termina mai.

PARAGRAFO 9
37. Perché fino a poco più di un secolo fa le sostanze scaricate in mare non creavano gravi problemi di inquinamento?
38. In che modo gli inquinanti passano dalle acque marine all'uomo?
39. Quali sono le principali tipologie di inquinamento delle acque marine?
40. L'inquinamento organico è causato
    - A da batteri e germi patogeni.
    - B da insetticidi e pesticidi.
    - C dal mercurio.
    - D dal petrolio.

7 LABORATORIO DELLE COMPETENZE

1 Sintesi: dal testo alla mappa

- **L'acqua sulla Terra** è presente in tutti e tre gli stati fisici della materia: *solido* (nei ghiacciai e nei ghiacci marini), *liquido* (in oceani, fiumi, laghi, falde sotterranee) e *aeriforme* (sotto forma di umidità atmosferica). Messa in moto dall'energia solare, l'acqua si sposta continuamente tra questi serbatoi naturali, secondo un ciclo detto **ciclo dell'acqua**.
- L'acqua di oceani e mari costituisce quasi il 96% delle risorse idriche globali e ricopre quasi tre quarti della superficie terrestre.

- **Oceani e mari**, che insieme costituiscono l'**idrosfera marina**, presentano alcune differenze, in particolare per quanto riguarda la geologia dei fondali.
- I fondi oceanici sono percorsi da lunghi rilievi sottomarini: le **dorsali oceaniche**. Oltre alle estese **piane abissali**, vi sono profonde e strette **fosse** e numerosi monti sottomarini, molto spesso di origine vulcanica.

- **Le caratteristiche chimico-fisiche delle acque marine** sono tra loro strettamente collegate. Queste acque:
    – sono **salate**, soprattutto per la presenza del cloruro di sodio (salinità media del 35‰);
    – hanno una **temperatura** che diminuisce con la profondità e dipende dalla latitudine e dalla stagione;
    – sono più **dense** dell'acqua dolce (la densità aumenta con l'aumentare della profondità);
    – esercitano una **pressione** che aumenta di circa 1 atm ogni 10 m di profondità.

- **I principali movimenti del mare** sono: le *onde*, le *maree*, le *correnti*.
    1. Il **moto ondoso** è un movimento irregolare, dovuto principalmente allo spirare dei venti.
       Il comportamento e le caratteristiche del moto ondoso variano in funzione del vento e della profondità dei fondali.
    2. Le **maree** sono movimenti periodici, ossia oscillazioni ritmiche con innalzamenti (*flussi*) e abbassamenti (*riflussi*) del livello marino.
       Le maree sono dovute all'attrazione gravitazionale esercitata dalla Luna e dal Sole sulle masse marine e oceaniche e alla forza centrifuga dovuta alla rivoluzione del sistema Terra-Luna intorno al baricentro comune.
    3. Le **correnti** sono movimenti costanti di masse d'acqua, dovuti a differenze di salinità e di temperatura e influenzati dai venti, dalla forza di Coriolis e dalla presenza dei continenti.
       Le correnti superficiali formano dei *circuiti* chiusi e distinti nei diversi oceani e nei due emisferi, e hanno grande influenza sul clima.
    Le acque marine operano un **modellamento delle coste**, grazie soprattutto all'azione delle onde. L'erosione operata dalle acque marine è detta *abrasione*. L'erosione e la deposizione producono due tipi di coste: le *coste alte* e le *coste basse*.

- **L'inquinamento delle acque** minaccia l'idrosfera marina. Sostanze di origine organica e, ancor di più, residui chimici della lavorazione industriale e dell'agricoltura, vengono versati in quantità sempre maggiori nei mari e negli oceani.

Riorganizza i concetti completando la mappa

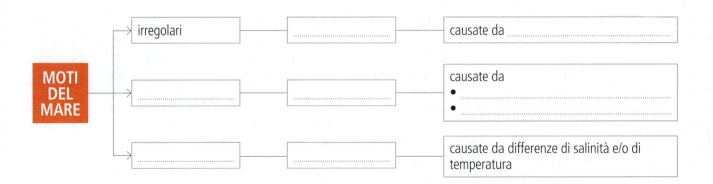

2 Comprendere un testo

L'ecosistema marino

Le proprietà chimico-fisiche delle acque marine hanno un'importanza fondamentale per la vita nel mare.
L'enorme massa di esseri viventi nelle acque marine costituisce una «comunità» di organismi interdipendenti e in stretti rapporti con il loro «intorno» fisico: l'insieme di queste due componenti – vivente e non vivente – forma un immenso ecosistema, *il maggiore dell'intera biosfera*, la quale a sua volta può essere considerata come un ecosistema più grande, nel quale si inserisce anche l'uomo.
L'**ecosistema** (o **bioma**) **marino** comprende diversi ecosistemi minori, di ampiezza e natura varia, tutti più o meno correlati fra loro. Ne fanno parte:
– il «**benthos**» (insieme di organismi che vivono a contatto con il fondale);
– il «**necton**» (esseri dotati di movimento proprio, come i pesci e altri organismi nuotatori o capaci di sensibili spostamenti con propri mezzi locomotori);
– il «**plancton**» (organismi piccoli o microscopici, animali e vegetali, che vivono in balìa delle acque, presso la superficie o in acque non molto profonde).
L'equilibrio dell'ecosistema marino si regge sulla rete alimentare (o rete trofica), che lega fra loro e con l'ambiente fisico i vari organismi della comunità marina.
La maggior parte della sostanza organica su cui è basata la vita nel mare viene sintetizzata nella «zona eufotica» (cioè ricca di luce) ad opera del fitoplancton, che utilizza i sali minerali presenti in soluzione nelle acque. Gli organismi microscopici del fitoplancton costituiscono il cibo dello zooplancton erbivoro e di alcuni piccoli pesci, che a loro volta servono come alimento al necton, composto da attivi predatori che vengono mangiati da pesci più grandi. Gli spostamenti in senso verticale dei vari organismi e la «pioggia» di detriti organici costituiscono la principale fonte di alimentazione per gli abitanti delle zone sottostanti – «mesopelagica» e «batipelagica» – e per il benthos. La risalita di acque dalla «zona bentonica» lungo le scarpate continentali riporta in circolo le sostanze organiche decomposte dai batteri sui fondali marini. E così la rete alimentare riprende il suo corso.
Tra gli organismi dei diversi gruppi si stabilisce naturalmente un equilibrio biologico: gli esseri più voraci sono presenti in numero molto minore, mentre quelli più soggetti a distruzione si moltiplicano quotidianamente in miliardi di individui.
Sul mantenimento di questo equilibrio si basano, fra l'altro, le possibilità di utilizzazione del mare per l'alimentazione umana.

a. Che cos'è e come funziona la rete trofica?
b. Quale equilibrio biologico permette alla rete trofica di persistere nel tempo?
c. Completa il disegno collocando i nomi dei gruppi di organismi e delle zone in cui è diviso l'ambiente marino. Schematizza con frecce colorate i legami fra le parti.

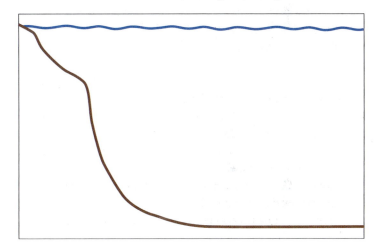

3 Analizzare dati

Le maree a Mont-Saint-Michel

L'isolotto di Mont-Saint-Michel in Normandia è noto per l'ampiezza delle maree che si verificano nella baia in cui sorge, tanto che l'isola può essere raggiunta via terra dalla costa quando il livello della marea è minimo.
Osserva il calendario delle maree relativo al mese di aprile 2014. Il calendario riporta gli orari delle maree unicamente per i giorni nei quali la differenza tra alta e bassa marea è ben visibile.

▸ Individua i giorni in cui l'alta marea raggiunge l'altezza maggiore e quelli in cui è minore.
▸ A partire da questi dati ipotizza le fasi lunari del mese, comprese quelle che corrispondono ai periodi non riportati nel calendario.
▸ Calcola quanto tempo separa ciascuna alta marea del mattino da quella immediatamente successiva e calcola il valore medio. Corrisponde al tempo impiegato dalla Luna per trovarsi nuovamente sulla verticale del luogo?

GIORNO	MATTINO		SERA	
	Orario alta marea	Altezza	Orario alta marea	Altezza
	ore	m	ore	m
1 M	9:12	13,85	21:30	13,70
2 M	9:49	13,60	22:04	13,35
3 G	10:23	13,05	22:37	12,80
4 V	10:56	12,30	23:08	12,10
13 D	6:54	11,95	19:18	12,25
14 L	7:32	12,50	19:55	12,70
15 M	8:10	12,85	20:31	13,00
16 M	8:46	13,10	21:05	13,20
17 G	9:21	13,20	21:39	13,20
18 V	9:57	13,10	22:14	13,00
19 S	10:34	12,75	22:52	12,55
20 D	11:15	12,15	23:35	11,90
26 S	5:40	10,85	18:11	11,05
27 D	6:35	11,50	19:01	11,70
28 L	7:23	11,95	19:45	12,05
29 M	8:07	12,15	20:26	12,25
30 M	8:48	12,20	21:03	12,20

4 Ricercare e rielaborare informazioni

Il disastro della Exxon Valdez

Nel marzo del 2009 è ricorso il ventesimo anniversario del disastro ecologico causato dalla petroliera Exxon Valdez. Ricerca su Internet informazioni sulla dinamica del disastro, sulle operazioni di decontaminazione svolte finora e sullo stato attuale dell'area.
▸ Presenta i risultati della tua ricerca in un articolo di 300 parole al massimo, corredato da una illustrazione. Immagina che il tuo articolo sia destinato a lettori che non sanno nulla del fatto di cui ti sei occupato.

5 Ricercare e presentare informazioni

Le centrali «mareomotrici»

Le grandi quantità d'acqua spostate dalle maree sono importanti come fonte di energia.
Utilizzando Internet, raccogli informazioni sulle centrali mareomotrici già in funzione e sul progetto che vorrebbe sfruttare le maree nella Baia di Fundy.
▸ Quali centrali sono attive?
▸ Quanta energia producono?
▸ Quali caratteristiche hanno le maree nella Baia di Fundy?
▸ Quanta energia si potrebbe produrre?
▸ Vi sono controindicazioni?
Presenta i risultati della tua ricerca, corredati da almeno 2 immagini, in 3 slide di PowerPoint.

6 Leggere un paesaggio

L'azione del mare sulla costa

Osserva la foto aerea della costa di Cape Cod, Massachusetts.
▸ Che azione sta operando il mare in questo punto della costa?
▸ Quali elementi riconosci cui sapresti dare il nome corretto?

7 Earth Science in English

Glossary — LEGGI NELL'EBOOK →

Abyssal plain	Ocean current
Beach	Ocean tide
Breaker	Salinity
Fjord	Sea cliff
Hydrologic cycle	Wave

True or false?
1. The salinity of water depends on the water temperature. T F
2. The Indian Ocean is the largest ocean. T F
3. Every coastal region of the world experiences two high tides and two low tides each day. T F

Select the correct answer
4. Wave height is determined by
   A the distance between trough and peak.
   B the distance between two peaks.
   C the distance between the ocean floor and the peak of the wave.
   D the distance between two troughs.

Look and answer
5. Look at the map of thermohaline circulation and answer the questions.
   Salty waters move with:
   A surface currents.
   B deep currents.

   Warm waters sink:
   A at high latitudes.
   B near the Equator.

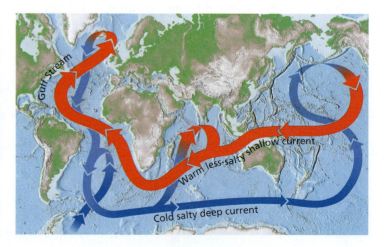

Scienze della Terra per il cittadino

L'erosione costiera

Accanto ai cambiamenti dei litorali in tempi lunghi, di cui sono responsabili esclusivamente **processi naturali**, esistono anche variazioni che si manifestano in brevi periodi (tempi storici, annuali, stagionali e perfino giornalieri), che spesso sono dovute in misura determinante anche a **cause antropiche**.

L'erosione dei litorali interessa molti Paesi con territori costieri intensamente antropizzati, tra cui anche l'Italia. I danni sono a volte notevoli, non solo dal punto di vista naturalistico, ma anche dal punto di vista economico.

Gli interventi umani possono alterare profondamente le tendenze evolutive dei litorali, modificando le condizioni di equilibrio naturale delle spiagge e accelerandone o invertendone i processi di accrescimento o di riduzione.

Le *opere marittime* producono gli effetti più diretti e immediati sul trasporto dei materiali detritici da parte delle onde e delle correnti litoranee, delle quali modificano od ostacolano l'andamento naturale. I manufatti realizzati per l'uso urbano, industriale e turistico delle aree costiere (moli e porti) e quelli predisposti per la difesa di zone litorali minacciate o già aggredite dall'attacco del mare (frangiflutti, pennelli e scogliere artificiali) funzionano molto spesso come veri e propri «sbarramenti» a ridosso dei quali vanno ad accumularsi i sedimenti; quindi, da un lato producono l'ampliamento di tratti di spiagge e dall'altro limitano o impediscono il rifornimento di materiali in tratti adiacenti, che così possono subire fenomeni di riduzione delle spiagge.

Inoltre, la costruzione di queste opere implica spesso la distruzione della vegetazione e lo sbancamento delle dune costiere: in tal modo si elimina una barriera (la vegetazione) capace di catturare il materiale trasportato dal vento e viene a mancare una riserva di sabbia (le dune) utile per la ricostruzione naturale delle spiagge colpite da violente mareggiate.

Fra gli interventi antropici più deleteri per l'equilibrio dei litorali si inseriscono i *prelievi di materiale sabbioso e ghiaioso*, sia direttamente dalle spiagge, sia dagli alvei dei fiumi. Le estrazioni dalle spiagge, effettuate per scopi edilizi e per la costruzione di strade e ferrovie, hanno assunto nel tempo dimensioni talmente preoccupanti da essere messe fuori legge. Ma anche i prelievi di ghiaie e sabbie dagli alvei dei corsi d'acqua possono provocare danni gravissimi, perché il più delle volte si traducono nella perdita di ingenti quantità di materiali detritici che col tempo raggiungerebbero il mare e andrebbero a costituire il naturale «ripascimento» di determinati tratti di spiagge.

Le tendenze evolutive dei **litorali italiani** sono varie e complesse. Le variazioni più marcate e preoccupanti si registrano lungo le spiagge: la loro *erosione* produce frequentemente danni notevoli a strade, ferrovie e altre opere umane; inoltre essa comporta la depauperazione o addirittura la perdita di un grosso capitale per il turismo. Ma anche gli eccessivi *accrescimenti* possono creare situazioni di crisi, come l'interrimento di porti, l'ostruzione di foci fluviali per il formarsi di barre, l'eccessivo allontanamento verso mare della linea di riva.

Un serie di scogliere parallele produce l'accumulo delle sabbie vicino alla foce del Fiume Tagliamento, a Bibione (VE)

ATTIVITÀ

Dividete la classe in tre gruppi che studieranno la situazione delle coste dell'Adriatico, del Tirreno e dello Ionio.

RICERCA
Ciascun gruppo immagini di costituire una equipe di geomorfologi; e individui, per il mare che gli è stato assegnato, due esempi di litorali in erosione.

– Quanto è grave il fenomeno in atto?
– Quali interventi sono stati predisposti?
– Quali sono, a vostro avviso, i provvedimenti che dovrebbero essere adottati?

Ogni gruppo presenti i due casi studiati alla classe con 4 slide di PowerPoint.

CONFRONTO
Ora immaginate di essere membri di una commissione a cui è stato dato il compito di scegliere gli interventi da fare sul territorio. Fra tutti gli esempi presentati alla classe fate una votazione per scegliere il caso che presenta maggiore urgenza di intervento e quello per il quale è stato progettato il miglior intervento di protezione della costa (come progetto considerate sia quello in atto nella realtà, sia quello ideato dal gruppo).

8 L'IDROSFERA CONTINENTALE

Ghiacciai, nevi, laghi e fiumi sono componenti diffusi del paesaggio terrestre; insieme alle acque che si infiltrano nel sottosuolo, essi costituiscono l'**idrosfera continentale**. In questi *serbatoi naturali* si trova una risorsa non ingentissima, ma preziosa: l'«acqua dolce», indispensabile per la vita sulle terre emerse. (Nella fotografia, il Lago Shasta, in California.)

✓ TEST D'INGRESSO

📖 Laboratorio delle competenze
pagine 170-176

PRIMA DELLA LEZIONE

 Guarda il video *L'idrosfera continentale*, che presenta gli argomenti dell'unità.

Ora immagina di dover presentare questo stesso argomento mediante due esposizioni fotografiche, per le quali puoi utilizzare le immagini presenti nel video. La prima esposizione è intitolata «Gli esseri umani e le acque continentali» e la seconda «Grandi paesaggi modellati dalle acque continentali».
Scegli almeno 4 immagini per ciascuna esposizione (puoi appuntarti i minuti e secondi del video in cui l'immagine compare) e associa una brevissima didascalia che spieghi il rapporto dell'immagine con il tema dell'esposizione.
Se ti vengono in mente altre immagini con cui arricchiresti le due esposizioni ricercale su Internet e scrivi le didascalie per inserirle a completamento delle selezioni che hai fatto.

Guarda le fotografie scattate durante la realizzazione di un esperimento.

1 Riempiamo di biglie un contenitore che ha una capacità di 1 litro e poi versiamo acqua finché non ha riempito tutti gli interstizi fra le biglie.

2 Versiamo l'acqua che riempiva gli interstizi fra le biglie in un contenitore graduato, in modo da poterne misurare il volume.

3 Riempiamo ora il contenitore di piccoli sassi di vetro fino a 1 litro e aggiungiamo acqua a colmare gli interstizi, in modo che il volume complessivo rimanga 1 litro.

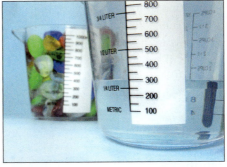

4 Versiamo l'acqua che riempiva gli interstizi fra i sassi di vetro in un contenitore graduato, in modo da poterne misurare il volume.

In quale caso siamo riusciti ad aggiungere una quantità maggiore di acqua?
☐ Nelle biglie.
☐ Nei sassi.

In quale caso gli interstizi fra gli oggetti che riempivano i contenitori erano più grandi?
☐ Tra le biglie.
☐ Tra i sassi.

Le biglie e i sassi di vetro «rappresentano» le particelle solide che compongono una roccia. La porzione del volume totale di una roccia nella quale siano presenti interstizi (quelli che abbiamo riempito con l'acqua) è detta porosità.
Quale roccia ritieni che sia più porosa?
☐ Una roccia del tipo rappresentato dal contenitore con le biglie.
☐ Una roccia del tipo rappresentato dal contenitore con i sassi di vetro.

La porosità si può calcolare come il rapporto tra lo spazio presente tra i granelli e il volume totale ed è espressa in percentuale, cioè: volume dell'acqua / volume totale x 100.
Quali sono i valori della porosità dei due tipi di «roccia»?

Dalla porosità dipende la permeabilità di una roccia o di un suolo, cioè la proprietà di lasciarsi attraversare dall'acqua e dall'aria.
Quale roccia ti immagini che sia più permeabile?
☐ Una roccia del tipo rappresentato dal contenitore con le biglie.
☐ Una roccia del tipo rappresentato dal contenitore con i sassi di vetro.

Nel paragrafo 1 vedremo perché la porosità e la permeabilità sono caratteristiche importanti per la formazione di risorse idriche sotterranee.

1. LE ACQUE SOTTERRANEE

L'infiltrazione, ovvero il processo di penetrazione dell'acqua nel suolo e nelle rocce, dipende dalla permeabilità di questi materiali. Le acque che si infiltrano nel sottosuolo scendono in profondità per gravità, finché non incontrano rocce impermeabili.

Il *suolo* è il primo e sottilissimo strato della crosta terrestre che l'acqua può incontrare nella sua discesa in profondità. Esso non ha una struttura compatta: tra le particelle che lo compongono esistono molti spazi (interstizi), di piccole e piccolissime dimensioni, occupati dall'aria e/o dall'acqua che vi arriva. Quanti più spazi esistono tra i granuli che costituiscono il suolo, tanto più esso è **poroso**. Dalla porosità e dalla presenza o meno di fratture dipende la **permeabilità** delle rocce, che è la proprietà di lasciarsi attraversare da sostanze liquide o gassose.

Se le rocce sottostanti sono anch'esse *permeabili*, l'acqua può continuare la sua discesa nel sottosuolo. L'acqua continua a scendere a causa della gravità, fino a quando incontra uno strato di roccia *impermeabile*. Gli strati permeabili sovrastanti si comportano come una specie di spugna: l'acqua si accumula negli interstizi tra i granuli e nelle fratture delle rocce permeabili, formando una **falda idrica**.

Le falde idriche che non sono delimitate superiormente da uno strato impermeabile vengono chiamate **falde freatiche**.

In molti casi invece le acque superficiali penetrano in profondità e si raccolgono in una roccia permeabile delimitata, superiormente e inferiormente, da due strati impermeabili. Si forma così una **falda artesiana** (o *falda imprigionata*).

Buona parte dell'acqua delle falde idriche sotterranee fluisce all'esterno, dopo un tempo e un percorso più o meno lunghi, formando **sorgenti**.

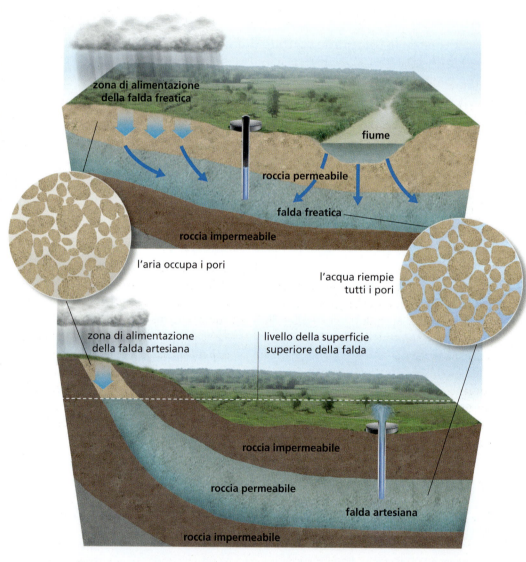

Le **falde freatiche** possono essere sfruttate con pozzi profondi anche solo pochi metri (e fino a qualche decina), nei quali l'acqua deve essere sollevata.

Le **falde artesiane** possono essere sfruttate con pozzi che forano lo strato impermeabile superiore. L'acqua sale spontaneamente fino al livello della superficie superiore della falda nella zona di alimentazione.

> **IMPARA A IMPARARE**
> - Sottolinea la definizione di porosità e permeabilità.
> - Disegna uno schema degli strati del terreno delle falde freatiche e delle falde artesiane.

 Video Le falde idriche

 Osservazione L'acqua minerale

 Esercizi interattivi

Permeabilità e porosità

La **permeabilità** del suolo e delle rocce dipende dalle dimensioni, dalla forma e dal modo in cui le particelle che li costituiscono sono raggruppate e tenute insieme.

L'insieme di queste condizioni determina la **porosità** di un suolo o di una roccia: quanto più le particelle sono piccole e la loro forma è irregolare, tanto più esse possono stare addossate le une alle altre e tanto più piccoli saranno perciò i *pori* (gli interstizi) nei quali l'acqua si può infiltrare; una roccia costituita da granuli grossolani, arrotondati e non cementati tra loro contiene invece pori di dimensioni maggiori ed è maggiormente permeabile.

Oltre che dalla presenza di pori e dalle loro dimensioni, la permeabilità delle rocce dipende anche dalla eventuale presenza di **fratture**, entro le quali l'acqua può penetrare e scorrere.

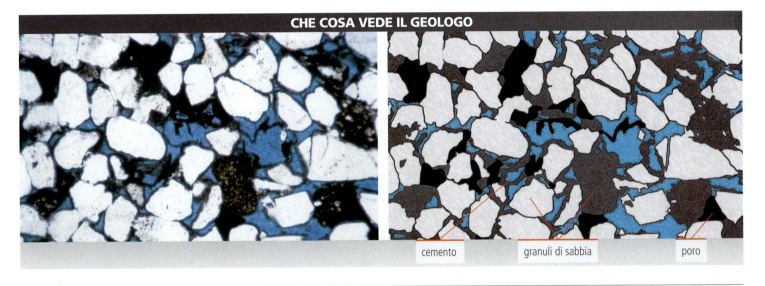

CHE COSA VEDE IL GEOLOGO

cemento — granuli di sabbia — poro

Le sorgenti

Quando uno strato roccioso impermeabile affiora lungo un versante, o alla sua base, l'acqua accumulata nelle rocce permeabili sovrastanti è costretta a fluire all'esterno e si ha una **sorgente**.

La quantità d'acqua che sgorga da una sorgente costituisce la sua **portata**, che si misura in litri al secondo o in m^3 al secondo. Vi sono sorgenti dalle quali sgorgano soltanto pochi litri d'acqua al secondo; altre che ne emettono invece molte centinaia.

Dalle sorgenti possono sgorgare acque a temperature differenti e con un diverso contenuto di sostanze disciolte. In base a queste caratteristiche, l'acqua viene detta:
- *acqua potabile* (con un contenuto di sali compreso tra 0,1 e 0,5 g per litro);
- *acqua minerale* (più ricca di sali, fredda);
- *acqua termale* (calda);
- *acqua termominerale* (più ricca di sali, calda).

I sali contenuti nell'acqua provengono per soluzione dalle rocce che essa attraversa. Il fatto che da alcune sorgenti sgorghino acque calde (vi sono acque termali che superano i 100 °C) può dipendere dal fatto che la falda idrica si estende in profondità e perciò l'acqua è scaldata dal calore interno della Terra; oppure dall'esistenza, in vicinanza della falda idrica, di un serbatoio magmatico (materiale roccioso fuso) che è risalito nella crosta terrestre.

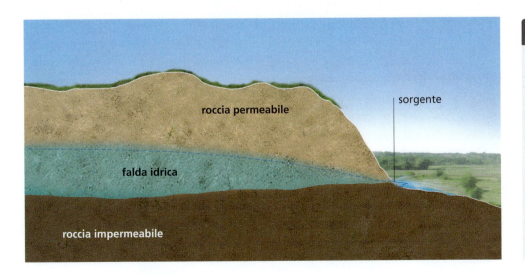

ATTIVITÀ PER CAPIRE

Verifica la permeabilità del terreno

Fodera un imbuto con uno straccio e riempilo per due terzi di ghiaia.

Metti l'imbuto sopra un contenitore e versa un litro d'acqua. Misura il tempo necessario perché tutta l'acqua filtri attraverso la ghiaia. Ripeti l'esperimento sostituendo la ghiaia con della sabbia.

- L'acqua si è infiltrata più rapidamente nello strato di ghiaia o in quello di sabbia?
- Come spieghi il fenomeno?

2. I FIUMI

Una parte considerevole delle acque di precipitazione meteorica cadute sulle terre emerse ritorna al mare attraverso i corsi d'acqua.

L'**alveo** è il «letto», modellato dalla corrente, in cui scorre il fiume.

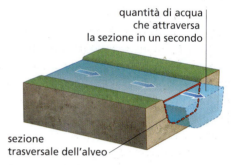

La **portata** di un fiume si determina moltiplicando l'area di una sezione trasversale del fiume (in m²) per la velocità dell'acqua nello stesso luogo (in m/s).

I **fiumi** sono *corsi d'acqua perenni*, nei quali l'acqua scorre tutto l'anno; essi sono spesso alimentati da una o più sorgenti e ricevono acqua dalle piogge o dallo scioglimento di neve e ghiacci. I **torrenti** sono invece *corsi d'acqua intermittenti*, che si prosciugano durante le stagioni secche.

Il territorio da cui provengono le acque che contribuiscono ad alimentare un corso d'acqua si chiama **bacino idrografico**.

Il percorso di un fiume spesso inizia da una *sorgente*, in genere situata in una regione montuosa, e termina in mare, con la *foce*. Ma non tutti i fiumi sfociano in mare: alcuni confluiscono in altri fiumi, di cui sono **affluenti**; altri sboccano in laghi, di cui sono detti **immissari**.

La **lunghezza** di un corso d'acqua dipende dalle caratteristiche della zona in cui esso scorre: i fiumi più lunghi si trovano nelle aree continentali, dove possono esserci migliaia di kilometri di distanza fra le montagne in cui essi nascono e il mare.

Il tratto montano di un fiume e quello di pianura hanno una *pendenza* diversa, da cui dipende la *velocità* dell'acqua che vi scorre: maggiore è la pendenza, maggiore è la velocità alla quale si muove l'acqua. La **pendenza media** di un corso d'acqua si determina sottraendo dal valore della quota della sorgente il valore della quota della foce e dividendo per la lunghezza del corso d'acqua.

Il fatto che nel tratto superiore la pendenza e la velocità dell'acqua siano piuttosto elevate, fa sì che la corrente fluviale possa scavare, più o meno profondamente, le rocce in cui scorre. Questo processo prende il nome di **erosione**.

Quando la pendenza del fiume diminuisce e le acque scorrono più lentamente, anche la capacità di erosione del fiume diminuisce e le acque iniziano la **deposizione** dei materiali prelevati a monte e trasportati, lasciando prima i ciottoli, poi la ghiaia, infine la sabbia e il limo.

La **portata** di un fiume (o di un torrente), cioè la quantità d'acqua che transita nell'unità di tempo in un dato luogo, e la sua variazione nel corso dell'anno (detta *regime fluviale*) dipendono soprattutto dalle precipitazioni che si verificano nel bacino idrografico. Quando la portata è minima si parla di *portata di magra*; quando è massima si dice *portata di piena*.

IMPARA A IMPARARE

- Individua nel testo gli elementi misurabili che determinano le caratteristiche di un fiume.
- Ricopia la definizione di erosione.

 Video La velocità dell'acqua in un canale fluviale

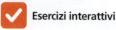 **Esercizi interattivi**

Il bacino idrografico

Il territorio che con le proprie acque superficiali alimenta un fiume (o un torrente) è detto **bacino idrografico**.

Il bacino idrografico di un corso d'acqua è delimitato da una linea (immaginaria) che è chiamata **linea spartiacque**; essa separa le acque che cadono in quel bacino dalle acque che cadono in un bacino idrografico confinante.

La linea spartiacque, che in genere corre lungo le creste delle montagne circostanti, racchiude un **sistema fluviale** formato dal corso d'acqua principale e da tutti i suoi affluenti.

In alcuni casi può accadere, però, che un fiume venga alimentato non soltanto dalle acque che cadono nel suo bacino idrografico, ma anche da quelle sotterranee presenti in bacini vicini. Questo avviene quando la disposizione delle masse rocciose e la loro permeabilità favoriscono lo scorrimento delle acque sotterranee verso un altro bacino, diverso da quello in cui tali acque sono cadute sul terreno e si sono infiltrate nel sottosuolo.

In tali casi, oltre al bacino idrografico, si distingue quindi il **bacino idrogeologico**, che rispetto al primo può essere più esteso per un fiume e più ristretto per un altro.

Il bacino idrografico può essere molto esteso: quello del Fiume Po, che è il maggiore d'Italia, ha una superficie di circa 75 000 km²; quello del Rio delle Amazzoni (America Meridionale) è circa 93 volte più grande.

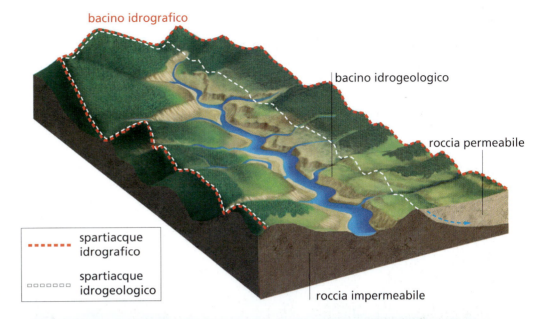

ATTIVITÀ PER CAPIRE

La deposizione fluviale

Per studiare la deposizione dei materiali detritici che un corso d'acqua trasporta, procurati vari campioni di terreno, compresa ghiaia e resti di origine vegetale. Riempi per metà un barattolo di vetro con questo insieme di terreni. Aggiungi nel barattolo acqua fino a riempirlo quasi completamente, poi agitalo qualche secondo e lascialo riposare per un giorno.

- Come si sono disposti i vari tipi di terreno?

Il bacino idrografico del Rio delle Amazzoni copre un'area di oltre 7 000 000 km².

3. L'AZIONE GEOMORFOLOGICA DELLE ACQUE CORRENTI

Le acque correnti erodono i suoli e le rocce, trasportano verso il mare i prodotti della degradazione meteorica e, infine, depositano questi materiali detritici, contribuendo così all'ampliamento della terra emersa.

L'acqua che scorre sulla superficie terrestre è l'agente che più di ogni altro contribuisce a modellare il rilievo. Infatti, la gran parte delle terre emerse ha subìto – e subisce ancora oggi – l'azione erosiva delle *acque correnti superficiali*.

Tra queste acque si distinguono: le acque dilavanti e le acque incanalate.

Sono dette **acque dilavanti** quelle che scorrono in modo disordinato, senza un corso ben definito. Esse seguono le linee di massima pendenza del rilievo e a volte for-

1. Nella parte più ripida di un corso d'acqua prevale l'**erosione**: i torrenti e i fiumi asportano materiali di vario genere dal fondo e dalle pareti dell'alveo, sia sotto forma di frammenti, sia in soluzione. Questa fase è immediatamente seguita dal **trasporto**: le particelle si muovono sospese nell'acqua, trascinate sul fondo, o (in minor quantità) mantenute in soluzione.

2. Erodendo le rocce, le acque incanalate creano grandi solchi che con il tempo si trasformano in vere e proprie **valli**.

L'azione delle acque dilavanti è particolarmente intensa sulle rocce argillose, che sono impermeabili e relativamente tenere. Produce paesaggi caratterizzati da tanti e modesti solchi separati da creste: i **calanchi**.

Un corso d'acqua che scorre su pendii molto inclinati scava la roccia e forma gole con pareti ripide. L'acqua scalza la base dei versanti fra cui scorre, il fondovalle si allarga e i fianchi della valle diventano meno inclinati; si origina così la sezione a V della **valle fluviale**.

Quando un corso d'acqua sbocca in pianura e si ha una brusca diminuzione della velocità delle acque si formano i **conoidi alluvionali**, che sono costituiti soprattutto da detriti grossolani e si espandono a ventaglio verso il basso.

Il deposito dei detriti avviene più frequentemente nelle zone più depresse, dove l'accumulo dei materiali trasportati forma le ampie distese pianeggianti – talvolta di notevole spessore – delle **pianure alluvionali**.

mano un velo continuo che asporta i detriti più fini. La loro azione si somma a quella dell'impatto della pioggia sul terreno e sulle rocce incoerenti, operando un'*erosione areale* (cioè diffusa su vaste superfici).

Le **acque incanalate** sono quelle che, scorrendo entro *letti* (o *alvei*), scavano nel terreno solchi più o meno lunghi e profondi, chiamati *solchi vallivi*. Le forme del rilievo modellate dai corsi d'acqua sono di due tipi: le **forme di erosione** sono legate all'asportazione di frammenti rocciosi, mentre le **forme di deposizione** sono dovute all'accumulo di tali detriti.

In milioni o decine di milioni di anni le acque dilavanti e incanalate formano ampie valli e grandi pianure alluvionali.

IMPARA A IMPARARE
Individua nel testo e nelle figure ed evidenzia con colori differenti tutte le forme di erosione e di deposito.

▶ **Video** La formazione dei meandri

💡 **Attività per capire** Trasporto fluviale in bottiglia

✓ **Esercizi interattivi**

3. In qualsiasi punto in cui la velocità della corrente fluviale decresce avviene la **deposizione**: i materiali che provengono dall'azione erosiva delle acque dilavanti e dei corsi d'acqua vengono abbandonati sotto forma di *depositi alluvionali*.

4. Nell'ultimo tratto di un corso d'acqua, cioè presso la **foce**, la velocità della corrente diminuisce e il fiume non è più in grado di trasportare detriti. I materiali che non sono stati abbandonati in precedenza si depositano qui: prima quelli più grossolani, perché più pesanti, poi i materiali sempre più fini.

Il graduale abbandono dei detriti porta alla formazione di un **delta**, una forma di deposito costiero che presenta una parte emersa pianeggiante, percorsa da una rete di corsi d'acqua minori, e un pendìo sommerso, più o meno ripido. Le foci a delta si formano dove l'azione distruttiva del mare è troppo debole per disperdere i materiali trasportati dalla corrente fluviale. Le foci a delta sono comuni nel Mar Mediterraneo. È il caso del nostro Po, o del Nilo (nella fotografia).

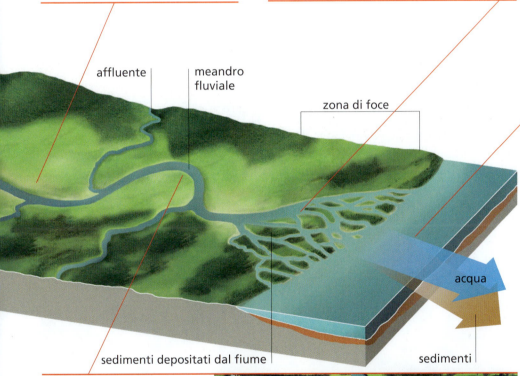

Nei fondovalle coperti da depositi alluvionali l'accumulo dei materiali e il conseguente innalzamento del letto del fiume obbligano le acque a divagare. Sulla pianura alluvionale l'alveo descrive quindi delle curve, dette **meandri**. Col passare del tempo i meandri tendono ad accentuarsi e a spostarsi lateralmente e verso valle, per il verificarsi contemporaneo di due fenomeni dovuti all'azione dell'acqua in movimento: l'*erosione* lungo la sponda esterna di ogni curva e la *deposizione* di detriti lungo la sponda interna.

Dove i dislivelli tra alta e bassa marea sono notevoli, l'azione costruttiva dei fiumi viene contrastata dal movimento dell'acqua marina. Durante il flusso l'acqua marina risale per un certo tratto il corso dell'acqua dolce, favorendo la deposizione, ma nel riflusso essa esce molto rinforzata e spazza via i detriti, portandoli al largo. Questo processo si ripete ritmicamente e riesce a produrre l'erosione del litorale nella zona di sbocco del fiume, mantenendo così «aperta» la foce. In questo caso le foci sono larghe e a forma di imbuto; esse vengono chiamate **estuari**. Le foci a estuario sono comuni lungo le coste oceaniche (nella fotografia il Rio de la Plata, che sfocia nell'Atlantico).

4. I LAGHI

I laghi sono tra gli elementi più suggestivi del paesaggio: ecosistemi ricchi di biodiversità e fornitori di risorse utilizzabili dall'uomo. Diversi fenomeni possono dare origine alle depressioni occupate dalle acque lacustri.

Un **lago** è una massa d'acqua (di solito dolce) che occupa una depressione – per lo più naturale – della superficie terrestre.

I laghi possono essere alimentati da parecchi piccoli corsi d'acqua, i quali convogliano in esso l'acqua meteorica che cade nel bacino idrografico del lago, e/o da un fiume che ne costituisce l'**immissario**.

La comunicazione tra un lago e il mare può mancare, oppure avviene tramite un fiume che ne asporta l'acqua in eccesso, ossia un **emissario** del lago.

Alcuni laghi, rimasti isolati dal mare, non possiedono un emissario. In una situazione di questo tipo la perdita d'acqua dipende principalmente dall'evaporazione e causa col tempo una maggiore *salinità* dell'acqua. Quando invece manca l'immissario l'alimentazione del lago è assicurata dalle acque dilavanti e da torrenti, ai quali talvolta si aggiunge il contributo di acque sotterranee.

I laghi sono ambienti in evoluzione, destinati a scomparire, sia pure in tempi relativamente lunghi. Infatti, il loro destino è quello di venire colmati dai materiali trasportati dalle acque correnti superficiali che finiscono nel lago.

In base all'**origine** delle depressioni occupate dalle acque lacustri, si distinguono:
1. laghi *di escavazione glaciale*, il cui bacino è stato scavato da antichi ghiacciai (come la maggior parte dei laghi alpini e prealpini in Italia; ad esempio, il Lago di Garda);
2. laghi *di sbarramento*, quando una frana (o una diga) sbarra un corso d'acqua;
3. laghi *craterici*, che occupano i crateri di vulcani spenti (ne sono esempi molti laghi dell'Italia centrale, come il Lago di Bolsena, il Lago di Nemi ecc.);
4. laghi *carsici*, le cui depressioni sono dovute alla dissoluzione di rocce calcaree;
5. laghi *di cavità tettonica*, cioè depressioni che si sono formate a causa di movimenti avvenuti in porzioni più o meno grandi della crosta terrestre;
6. laghi *relitti* e laghi *costieri*, cioè laghi salati o salmastri dovuti all'isolamento di masse d'acqua marina (come, ad esempio, il Lago d'Aral e il Mar Caspio; o i Laghi di Lesina e di Varano, nel Gargano).

LEGGI NELL'EBOOK →
- Laghi italiani
- Un lago di sbarramento

> **IMPARA A IMPARARE**
> Riassumi in un elenco le informazioni più importanti sui laghi: definizione, elementi caratteristici, classificazione.

✓ Esercizi interattivi

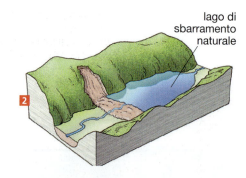

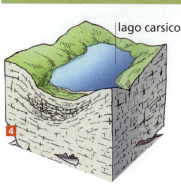

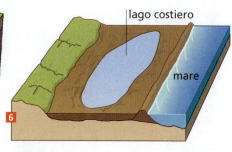

5. I GHIACCIAI

I ghiacciai sono grandi masse di ghiaccio che si muovono sotto la spinta del proprio peso. Nel loro spostamento verso valle, i ghiacciai strappano pezzi dalle rocce su cui poggiano e trasportano a valle i frammenti.

Attualmente, nel complesso, circa l'11% delle terre emerse è ricoperto dai ghiacci. Oltre a migliaia di ghiacciai «minori», esistono due enormi aree quasi interamente coperte da **calotte glaciali**, dette *inlandsis*: il Continente Antartico e la Groenlandia.

Perché si formi un ghiacciaio è necessario che le precipitazioni cadano soprattutto sotto forma di neve e che la temperatura estiva sia sufficientemente bassa. La linea (ideale) che congiunge le quote al di sopra delle quali non tutta la neve caduta durante l'inverno fonde nel corso dell'estate viene chiamata **limite delle nevi permanenti**.

A causa della loro notevole massa, i ghiacciai possiedono una certa *plasticità*, che permette loro di scorrere e anche di superare delle contropendenze. La eventuale presenza di un velo d'acqua di fusione sul fondo (al contatto ghiaccio-roccia) fa anche slittare la massa glaciale.

L'entità dei movimenti di un ghiacciaio dipende dalla pendenza del fondo roccioso e dalla sua rugosità, dalla presenza di ostacoli, dal clima del luogo e dalla stagione. La velocità del ghiaccio dipende inoltre dalle dimensioni e dalla forma del ghiacciaio. I ghiacciai alpini, relativamente piccoli, si muovono lentamente; ma alcune loro parti avanzano con maggiore rapidità.

Ogni ghiacciaio è costituito da due parti principali.

La **zona di alimentazione** è la parte più alta del ghiacciaio, in cui prevale l'accumulo della neve, che col tempo si compatta e si trasforma in ghiaccio. Qui il ghiaccio si muove di pochi metri all'anno.

La **zona di ablazione** è la parte al di sotto del limite delle nevi permanenti, in cui prevale la fusione. Qui la velocità del ghiaccio raggiunge i 150-200 m all'anno.

La parte terminale del ghiacciaio, verso valle, è detta **fronte**; da essa può fuoriuscire un *torrente glaciale*.

Tra i molti tipi di ghiacciai, segnaliamo:
- **ghiacciai di tipo alpino**, che partono da un circo e si prolungano con una lingua;
- **ghiacciai di tipo pirenaico**, più semplici e più piccoli; occupano depressioni di vario tipo e non hanno lingue.

LEGGI NELL'EBOOK →
- Da neve a ghiaccio

IMPARA A IMPARARE
- Evidenzia le definizioni di «inlandsis» e «limite delle nevi permanenti».
- Elenca le parti da cui è composto un ghiacciaio.

▶ **Video** Il bilancio di massa glaciale

💡 **Attività per capire** Simula la formazione di un ghiacciaio

✓ **Esercizi interattivi**

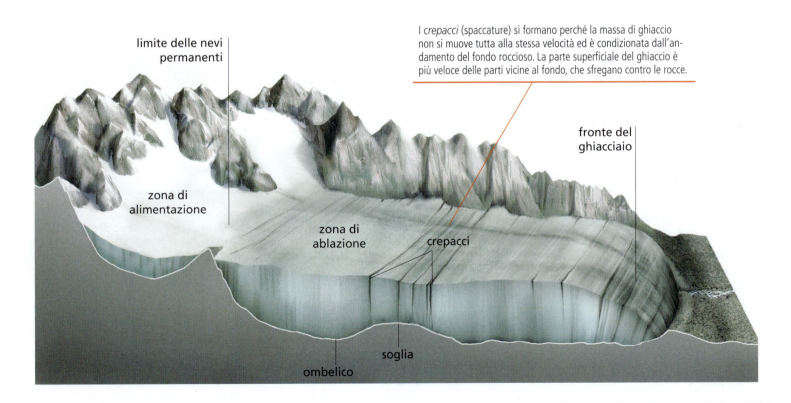

I *crepacci* (spaccature) si formano perché la massa di ghiaccio non si muove tutta alla stessa velocità ed è condizionata dall'andamento del fondo roccioso. La parte superficiale del ghiaccio è più veloce delle parti vicine al fondo, che sfregano contro le rocce.

Etichette: limite delle nevi permanenti; zona di alimentazione; zona di ablazione; crepacci; fronte del ghiacciaio; ombelico; soglia.

6. L'AZIONE GEOMORFOLOGICA DEI GHIACCIAI

Durante il loro movimento verso valle, i ghiacciai modellano il rilievo con la loro azione combinata di *erosione*, *trasporto* e *deposizione*.

L'azione morfologica dei ghiacciai è stata intensissima soprattutto durante le età glaciali, quando la loro estensione era molto maggiore, e lo è ancora oggi nelle regioni a clima nivale.

L'erosione glaciale si compie attraverso due processi: l'**estrazione**, che consiste nello sradicamento di blocchi e frammenti dal letto roccioso sul quale si muove il ghiaccio, e l'**esarazione**, che consiste nell'abrasione delle rocce da parte del ghiaccio e soprattutto dei blocchi e frammenti rocciosi che esso trasporta.

Perciò, una regione che è stata occupata da ghiacciai presenta **forme di erosione** caratteristiche, in particolare i *circhi glaciali* e le *valli glaciali*.

I **circhi glaciali** sono depressioni semicircolari con pareti ripide, il cui aspetto ricorda un po' quello di una poltrona con i braccioli. I circhi sono scavati grazie alle forti pressioni esercitate dal ghiaccio, combinate con la disgregazione delle rocce adiacenti operata dal gelo e disgelo.

A differenza dei corsi d'acqua, che concentrano la loro azione erosiva lungo una linea, la lingua glaciale erode la depressione in cui scorre per tutta la sua ampiezza. Le **valli glaciali** hanno quindi una sezione trasversale a forma di U, con il fondo semicircolare e i fianchi molto ripidi (nella parte bassa).

Muovendosi, il ghiaccio, oltre a erodere il fondo e i fianchi rocciosi delle valli, ingloba tutti i materiali detritici che incontra e li trasporta verso valle. I materiali erosi, di tutti i tipi e di tutte le dimensioni, vengono trasportati dal ghiaccio e poi depositati a valle, dando origine a forme di deposito caratteristiche, le **morene**.

A seconda della loro posizione, è possibile distinguere:
- *morene laterali*,
- *morene mediane*,
- *morene frontali*.

A queste si aggiungono le *morene di fondo*,

durante la glaciazione

circhi
morene laterali
morena mediana
morena frontale

che si trovano tra il fondo del ghiacciaio e il letto roccioso.

Quando i ghiacciai si ritirano, come è accaduto al termine di ogni età glaciale, depongono grandi quantità di detriti. In queste circostanze, possono venirsi a formare degli *anfiteatri morenici*, serie di colline a forma di arco costruite in varie fasi da grandi lingue glaciali.

Alla scomparsa del ghiaccio, se i corsi d'acqua trasportano abbondanti quantità di detriti, con il passare del tempo il fondo delle antiche valli glaciali si riempie di depositi alluvionali e diviene pianeggiante.

Se la valle glaciale era stata scavata fin sotto il livello marino e si trovava vicino alla costa, alla fusione dei ghiacci può essere invasa dal mare e divenire un **fiordo**.

IMPARA A IMPARARE

Individua nel testo e nelle figure ed evidenzia con colori differenti tutte le forme di erosione e di deposito glaciali.

 Video La formazione di una valle glaciale

 Video Il profilo longitudinale di un ghiacciaio

 Esercizi interattivi

I circhi glaciali possono ospitare piccoli laghi.

dopo il ritiro glaciale
circhi
valle
lago
depositi morenici

Una morena laterale destra. Una morena mediana.

Un lago in un ombelico di valle glaciale, delimitato da un morena frontale.

Una valle glaciale, con la tipica sezione trasversale a U.

7. L'INQUINAMENTO DELLE ACQUE CONTINENTALI

I fiumi, i laghi, le falde idriche e persino i ghiacciai sono sempre più spesso contaminati dalla presenza di sostanze estranee inquinanti, talora molto tossiche.

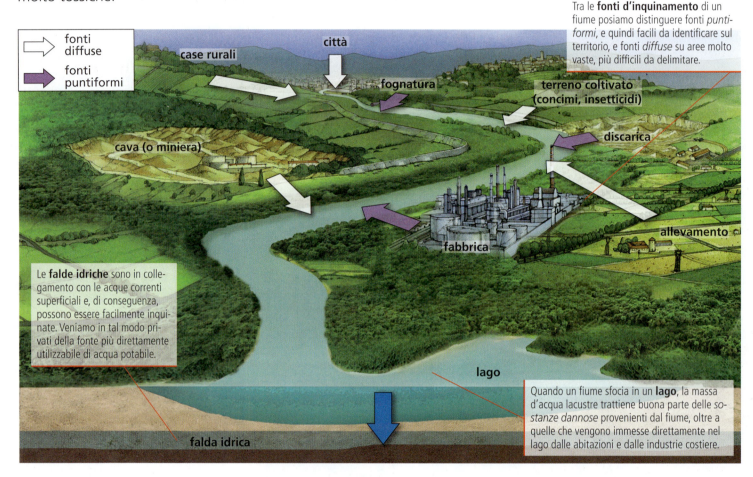

Tra le **fonti d'inquinamento** di un fiume posiamo distinguere fonti *puntiformi*, e quindi facili da identificare sul territorio, e fonti *diffuse* su aree molto vaste, più difficili da delimitare.

Le **falde idriche** sono in collegamento con le acque correnti superficiali e, di conseguenza, possono essere facilmente inquinate. Veniamo in tal modo privati della fonte più direttamente utilizzabile di acqua potabile.

Quando un fiume sfocia in un **lago**, la massa d'acqua lacustre trattiene buona parte delle *sostanze dannose* provenienti dal fiume, oltre a quelle che vengono immesse direttamente nel lago dalle abitazioni e dalle industrie costiere.

L'inquinamento dell'idrosfera continentale dipende dalla quantità di **rifiuti** che vi vengono riversati. In queste acque si accumulano centinaia di sostanze, provenienti principalmente dagli scarichi domestici e industriali, dalle colture agricole, dalle cave (e dalle miniere) e dalle discariche.

Alcune di queste sostanze sono *biodegradabili*, cioè possono essere trasformate da microrganismi in sostanze non inquinanti, naturalmente a patto che la loro quantità non sia eccessiva. Purtroppo in molte zone del mondo tale limite viene spesso superato; e i microrganismi non riescono a degradare tutte le sostanze immesse nell'acqua.

I **fiumi**, grazie al continuo rimescolamento dell'acqua, smaltiscono abbastanza rapidamente le sostanze inquinanti. Al contrario, nei **laghi**, dove l'acqua tende a non mescolarsi, le sostanze nocive impiegano moltissimo tempo a degradarsi.

Nelle **acque sotterranee** la diluizione (e quindi la degradazione) delle sostanze nocive avviene con grande difficoltà, poiché il movimento di queste acque è lento e privo di turbolenza. Per queste ragioni la depurazione delle acque sotterranee può richiedere anche migliaia di anni. Non c'è praticamente rimedio ad un marcato inquinamento delle falde idriche: l'unico modo per salvaguardare le acque sotterranee è non inquinarle.

Le conseguenze dell'inquinamento delle **acque dolci** ci colpiscono in maniera diretta e rapida; infatti, quando le riserve idriche sono contaminate divengono immediatamente inutilizzabili. Perciò, l'inquinamento delle acque continentali è quello che suscita le maggiori preoccupazioni.

LEGGI NELL'EBOOK →
- L'eutrofizzazione

IMPARA A IMPARARE
- Individua nel testo e nel disegno tutte le fonti di inquinamento delle acque continentali.
- Fai una sintesi dei tempi di smaltimento dell'inquinamento per ciascun serbatoio.

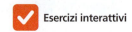
Esercizi interattivi

DOMANDE PER IL RIPASSO

PARAGRAFO 1

1. Da quali fattori dipende il grado di permeabilità dei suoli e delle rocce?
2. Qual è la differenza tra falde freatiche e falde artesiane?
3. Quali tipi di pozzi si utilizzano per prelevare l'acqua dei diversi tipi di falde idriche?
4. Completa.
   In un pozzo _____ l'acqua sale spontaneamente fino al livello della _____ della falda nella _____ .

PARAGRAFO 2

5. Quale fattore influenza maggiormente la velocità di un fiume?
6. Che cos'è l'alveo di un fiume?
7. Come si calcola la portata di un fiume in un dato luogo?
8. Che cosa si intende per bacino idrografico?
9. I torrenti sono
   - A corsi d'acqua che non sfociano in mare.
   - B corsi d'acqua con una pendenza particolare.
   - C corsi d'acqua che si prosciugano nelle stagioni secche.
   - D corsi d'acqua perenni.
10. Completa.
    La _____ media di un corso d'acqua è data dalla differenza fra la quota della _____ e la quota della _____ , divisa per la lunghezza del percorso.
11. Completa.
    La variazione della portata di un fiume nel corso dell'anno è detta _____ .

PARAGRAFO 3

12. Come operano le acque dilavanti?
13. Per quale motivo i detriti più fini trasportati da un fiume si depositano nell'ultimo tratto del suo corso?
14. Come si formano i meandri?
15. A che cosa è dovuta la sezione a V delle valli fluviali?
16. Completa.
    Le foci a _____ si formano dove l'azione distruttiva del mare è debole.
    Le foci a _____ si formano dove si hanno notevoli dislivelli fra alta e bassa marea.
17. Vero o falso?
    L'azione delle acque dilavanti è particolarmente efficace sulle rocce dure e permeabili.

PARAGRAFO 4

18. Che cos'è un lago?
19. Come si possono classificare i laghi?
20. Da dove proviene l'acqua che alimenta un lago?
21. Qual è il destino dei laghi?
22. Il Lago di Garda è un lago
    - A carsico.
    - B di escavazione glaciale.
    - C di cavità tettonica.
    - D di sbarramento.
23. Completa.
    Un lago _____ può essere naturale o artificiale.

PARAGRAFO 5

24. In quali condizioni si forma un ghiacciaio?
25. Che cosa si intende con l'espressione «limite delle nevi permanenti»?
26. Da quali parti principali è costituito un ghiacciaio?
27. Da quali fattori dipende la velocità della massa glaciale nel suo spostamento verso valle?
28. Attualmente la porzione di terre emerse ricoperta dai ghiacci corrisponde al
    - A 3%.
    - B 11%.
    - C 19%.
    - D 25%.
29. Vero o falso?
    I ghiacciai di tipo alpino sono caratterizzati dalla presenza di una lingua.

PARAGRAFO 6

30. Quali processi erosivi vengono operati da un ghiacciaio?
31. Come si formano i circhi glaciali?
32. Che cos'è un anfiteatro morenico?
33. Come si riconosce una valle glaciale?
34. Completa.
    Le _____ sono distese di detriti che si trovano tra il fondo del ghiacciaio e il letto roccioso.
35. Vero o falso?
    L'erosione glaciale è oggi ancora in atto in certe zone del pianeta.
    Motiva la risposta.
36. Completa.
    Antiche valli glaciali ora sommerse dal mare sono chiamate _____ .

PARAGRAFO 7

37. Quali sono le principali fonti di inquinamento delle acque continentali?
38. Che differenza c'è tra fonti di inquinamento puntiformi e fonti diffuse?
39. Perché l'inquinamento delle falde idriche è molto difficile o addirittura impossibile da smaltire in tempi brevi?
40. Scegli l'alternativa corretta.
    In un lago/fiume le sostanze inquinanti impiegano moltissimo tempo a degradarsi a causa degli abbondanti/scarsi movimenti delle acque.
41. Completa.
    Le attività agricole costituiscono fonti di inquinamento di tipo _____ .

8 LABORATORIO DELLE COMPETENZE

1 Sintesi: dal testo alla mappa

- **Le falde idriche** sono i «serbatoi» naturali sotterranei di acqua dolce, che vengono alimentati dalle precipitazioni meteoriche che penetrano nel terreno e nelle rocce.
- L'acqua che si infiltra nel terreno occupa gli interstizi tra i granuli del suolo e riempie i pori o le fessure delle *rocce permeabili*. La discesa dell'acqua nel sottosuolo è bloccata dalla presenza di *rocce impermeabili*.
- Si distinguono **falde freatiche** e **falde artesiane**.
- Le falde idriche possono affiorare in superficie con le **sorgenti**.

- **I fiumi** sono *corsi d'acqua perenni*, che spesso prendono origine da una sorgente; essi terminano con una foce a mare o in un lago, oppure confluendo in altri fiumi.
- I fiumi si distinguono l'uno dall'altro, e nei loro vari tratti, per:
  – lunghezza;
  – pendenza dell'alveo;
  – velocità dell'acqua;
  – portata (la quantità d'acqua che passa attraverso una sezione fluviale in un secondo).
- Il territorio che fornisce le acque superficiali a un fiume costituisce il suo **bacino idrografico**.
- Le **acque correnti superficiali** costituiscono l'agente morfologico più diffuso sulle terre emerse.
- Le **acque dilavanti** agiscono in maniera «areale» producendo «sculture» tipiche, come i *calanchi*.
- Le **acque incanalate** operano prevalentemente in maniera «lineare» e modellano forme del rilievo di due tipi:
  – *forme di erosione*, come le valli fluviali;
  – *forme di deposito*, come i conoidi alluvionali, le pianure alluvionali e i delta.

- **I laghi** sono masse d'acqua che occupano depressioni della superficie terrestre.
- I laghi possono essere alimentati da un fiume, che viene chiamato **immissario**; spesso essi hanno anche un **emissario**.
- I laghi sono ambienti destinati ad essere colmati dai materiali trasportati dall'immissario o dalle altre acque correnti superficiali.
- In base all'origine delle depressioni, si distinguono diversi tipi di lago: *di escavazione glaciale, di sbarramento, craterici, carsici, di cavità tettonica, relitti e costieri*.

- **I ghiacciai** sono grandi masse di ghiaccio in *movimento*, che si formano soltanto al di sopra del **limite delle nevi permanenti**.
- La **zona di alimentazione** è la parte del ghiacciaio in cui si accumula la neve che, nel corso di molti anni, si trasforma in ghiaccio.
- La **zona di ablazione** è la parte del ghiacciaio che scende sotto il limite delle nevi permanenti, dove prevale la fusione.

- I ghiacciai, muovendosi verso valle, sotto la spinta del loro stesso peso, erodono le rocce e trasportano i frammenti che derivano dall'erosione.
- L'erosione glaciale comprende due diversi processi: l'**estrazione** e l'**esarazione**.
- I ghiacciai modellano varie *forme di erosione*, in particolare vi sono i **circhi glaciali** e le **valli glaciali**.
- I detriti trasportati dal ghiaccio in movimento si accumulano verso i fianchi, sul fondo e alla fronte del ghiacciaio, in *forme di deposito* chiamate **morene**.

- **L'inquinamento** delle acque continentali dipende dall'accumulo di centinaia di *sostanze nocive*, provenienti principalmente dalle abitazioni, dalle industrie e dai campi coltivati.
- Nell'acqua vengono riversate sostanze che difficilmente possono essere eliminate, anche con i più avanzati sistemi di depurazione: l'unico modo certo per preservare le acque è non inquinarle.

Il Lago di Garda.

Riorganizza i concetti completando le mappe

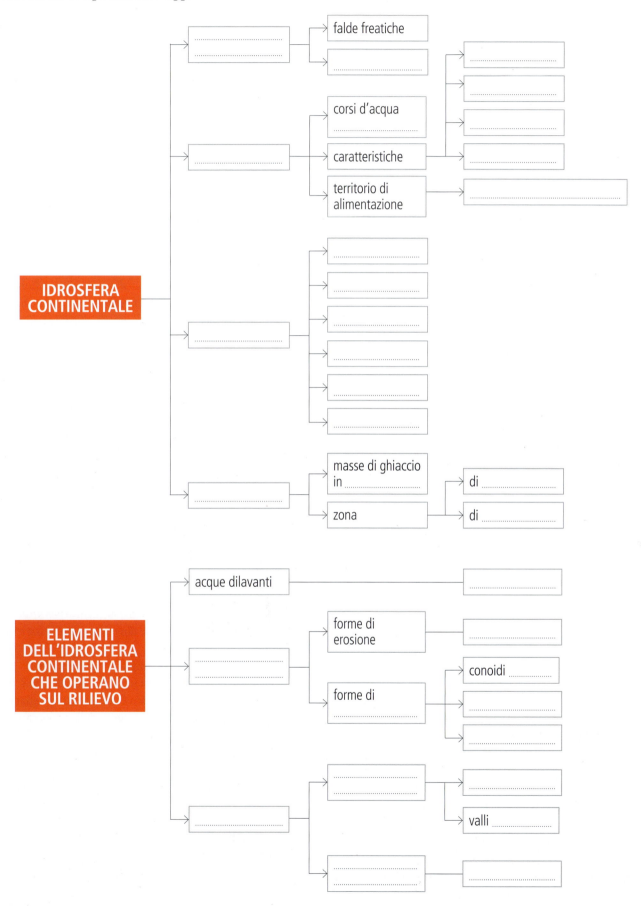

2 Utilizzare il lessico specifico

Le parti di un ghiacciaio

Completa l'immagine inserendo i nomi delle parti del ghiacciaio e dei prodotti dell'erosione glaciale rappresentati.

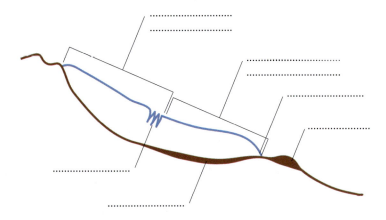

3 Riprendere i concetti studiati

Il modellamento del paesaggio

Descrivi gli agenti e i tipi di processi che intervengono nel modellamento delle seguenti forme del paesaggio.
Segui questo esempio.

1. Morena:
erosione glaciale (estrazione ed esarazione), trasporto e deposito di blocchi e frammenti rocciosi.

2. Calanco:
....
....

3. Pianura alluvionale:
....
....

4. Delta fluviale:
....
....

5. Fiordo:
....
....

4 Applicare le formule

Elementi di un fiume

- In un determinato luogo il fiume ha una portata di 600 m^3/s; l'area della sezione trasversale è di 45 m^2. Calcola la velocità dell'acqua in quel luogo.
- La sorgente si trova a 3400 m di quota e il fiume sfocia in mare dopo 340 km. Calcola la pendenza media.
- La velocità dell'acqua in un luogo è di 5 m/s e l'area della sezione trasversale dell'alveo è 1800 m^2. Calcola la portata del fiume.

5 Comprendere un testo

L'utilizzazione dell'energia dei fiumi

Sebbene l'energia idraulica sia stata impiegata sin da tempi remotissimi, essa ha assunto una grande importanza soltanto nel XX secolo, quando è cominciato il suo largo impiego negli impianti idroelettrici. Questi impianti utilizzano l'energia «cinetica» (dovuta al movimento) di una massa d'acqua libera che passa da una quota superiore a una quota inferiore. La differenza tra queste due quote si chiama «salto». Esistono due tipologie di impianti.

*Gli **impianti ad acqua fluente** sono caratteristici dei fiumi di pianura, dei quali mettono a frutto non tanto il salto, di solito di scarsa entità (qualche metro), ma piuttosto le portate, che sono considerevoli e non molto variabili nel corso dell'anno.*

*Gli **impianti a bacino** si servono invece di corsi d'acqua con portata minore e meno costante, ma caratterizzati da salti di maggiore entità, dai 200 m fino a molto oltre i 1000 m. Essi sono dotati di «serbatoi», ottenuti per sbarramento mediante dighe, nei quali viene invasata l'acqua nei periodi di maggiore disponibilità per poter far fronte ai periodi di magra, durante i quali l'acqua invece scarseggia.*

In entrambi i tipi di impianti l'acqua è convogliata, mediante canali artificiali o più spesso tramite condotte forzate (nelle quali l'acqua è in pressione), verso le centrali, dove aziona le turbine idrauliche. L'energia cinetica dell'acqua in movimento viene così trasformata in energia elettrica.

*L'**energia idroelettrica** copre una percentuale piuttosto bassa del fabbisogno energetico mondiale; essa rappresenta meno del 6% dell'energia primaria complessivamente consumata e circa il 16% dell'intera energia elettrica prodotta. Ma bisogna considerare che si tratta di energia pregiata e con un rendimento sempre molto elevato (intorno all'80%), il che rende non trascurabile la sua importanza economica. Un aumento della produzione mondiale di energia idroelettrica appare oggi difficile. I Paesi industrializzati hanno quasi esaurito le risorse idriche naturali semplici da utilizzare, mentre i Paesi in via di sviluppo, pur disponendo di risorse potenziali, mancano delle strutture per utilizzare localmente questa energia, che dovrebbe quindi essere trasportata.*

a. Che cos'è il «salto» negli impianti idroelettrici?
b. Come funzionano i diversi impianti idroelettrici?
c. Perché l'energia idroelettrica è considerata pregiata?
d. Quali fattori ostacolano l'aumento della produzione di energia idroelettrica?

6 Leggere una carta

Zone con scarsità d'acqua

La scarsità d'acqua viene distinta in: scarsità fisica e scarsità economica.
Si intende per «scarsità fisica d'acqua» quella che si verifica in Paesi dove viene prelevato oltre il 75% delle acque superficiali e

sotterranee, superando così il limite di sostenibilità. L'espressione «scarsità economica d'acqua» viene utilizzata per quelle zone in cui c'è abbondanza di risorse idriche ma, ciononostante, la maggioranza della popolazione non ha acqua a sufficienza. Osserva il planisfero.

▸ Dove si concentra la scarsità fisica d'acqua? Che clima pensi che ci sia in quelle regioni? (Puoi rivedere il primo paragrafo della unità 6 per avere una conferma.)
▸ Dove si trova in prevalenza la scarsità economica?
▸ Quali conseguenze immagini che abbia la scarsità d'acqua sulle condizioni di vita delle persone?

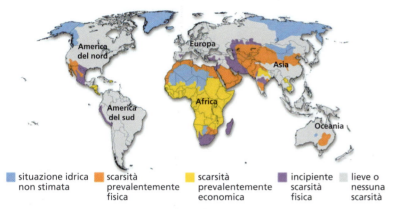

- situazione idrica non stimata
- scarsità prevalentemente fisica
- scarsità prevalentemente economica
- incipiente scarsità fisica
- lieve o nessuna scarsità

7 Leggere la morfologia del territorio

Il paesaggio glaciale

Osserva la fotografia scattata in Patagonia (Argentina) e individua tutti gli elementi che conosci del paesaggio glaciale.
▸ Quali parti del ghiacciaio sono visibili?
▸ Quali effetti della sua azione erosiva riconosci?

8 Ricercare ed esporre informazioni

Il Lago d'Aral

Negli anni Cinquanta del XX secolo il Lago d'Aral era il terzo del mondo per estensione, con una superficie di 68700 km^2 e una profondità che raggiungeva i 68 m. Da allora una serie di interventi umani lo hanno completamente trasformato. Oggi il volume totale dei due piccoli specchi d'acqua in cui è diviso è meno del 25% del volume iniziale del lago. Al suo posto si trova un deserto di sabbia, sale e prodotti chimici.

▸ Utilizzando Internet fai una ricerca sulla storia del Lago d'Aral e prepara un articolo di giornale corredato da immagini.

Puoi usare come traccia queste domande.
– Che tipo di lago è il Lago d'Aral?
– Quali interventi hanno determinato la sua storia recente?
– In che condizione si trova attualmente il lago?
– Quali problemi ambientali affliggono l'area?
– Quali prospettive ci sono per il futuro?

9 Leggere un grafico

Il limite delle nevi permanenti

Osserva il grafico in cui, in funzione della latitudine:
– la linea tratteggiata indica l'entità delle precipitazioni,
– la linea continua indica l'andamento del limite delle nevi permanenti.

▸ Dove raggiunge le quote massime il limite delle nevi permanenti?
▸ Che rapporti vedi fra i valori delle precipitazioni e la quota sopra la quale si trovano nevi permanenti, all'Equatore e ai tropici?
▸ Che differenza c'è fra l'andamento del limite delle nevi permanenti nell'emisfero boreale e l'andamento nell'emisfero australe?
▸ Quale pensi possa essere la causa di questa differenza?

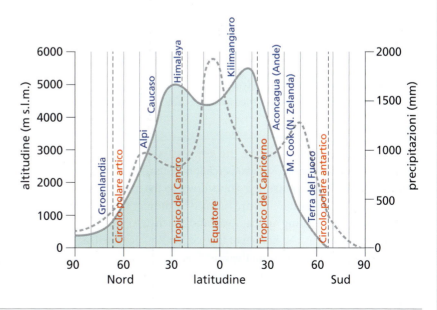

10 Confrontare fenomeni simili

Meandri ed erosione costiera

Osserva i due disegni che schematizzano l'erosione operata da un fiume in corrispondenza dei meandri e quella operata dalle onde su una costa frastagliata.
- Quali analogie osservi?
- Quali sono invece le differenze più rilevanti?

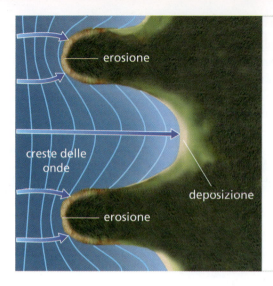

11 Earth Science in English

Glossary LEGGI NELL'EBOOK →

Deposition   Infiltration
Erosion   Lake
Floodplain   Moraine
Glacier   Stream
Groundwater

True or false?
1. Permeability decreases as porosity increases. T F
2. The velocity of water flowing through a stream depends on the shape and slope of the channel. T F
3. Evaporation and melting of ice increases in the ablation zone of a glacier. T F

Write the term that best completes each sentence.
4. The lowest elevation at which the layer of permanent snow occurs in summer is called ....
5. A large vertical crack in the surface of a glacier is a ....
6. The rate of water flow in a stream is called its .... which is measured in cubic metres per second.

Read the text and underline the key terms
The Antarctic ice sheet covers 90 percent of Antarctica. The ice forms a dome in the centre and slopes down to the margins of the continent. Parts of Antarctica are rimmed by thinner sheets of ice - *ice shelves* - floating on the ocean and attached to the main glacier on land. The best known of these is the Ross Ice Shelf, a thick layer of ice that floats on the Ross Sea.

[riadattato da Grotzinger, Jordan, *Understanding Earth*, Freeman 2010]

Look and complete
Look at the figure illustrating the stream load. Find the terms wich best complete each sentence below.

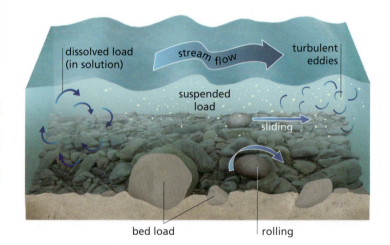

Stream load is carried in three ways:
- dissolved load
- ....
- ....

Bed load moves by rolling or .... along the channel floor.
Suspended load is held in .... in the stream.
Dissolved load is transported in ....

Scienze della Terra per il cittadino

L'acqua come risorsa

L'acqua è una **risorsa naturale**, cioè un «bene» che utilizziamo per soddisfare le nostre necessità. Quasi tutta l'acqua che usiamo è dolce. La disponibilità continua di acqua è garantita dal ciclo idrologico, grazie al quale i serbatoi idrici naturali presenti sulla Terra vengono continuamente riforniti. Questo significa che l'acqua dolce è una **risorsa rinnovabile**, cioè ripristinabile nei tempi richiesti dalle esigenze umane.

Tuttavia i tempi necessari per rifornire i serbatoi naturali possono essere anche molto lunghi. Ad esempio, esistono aree in cui la ricarica delle falde idriche è estremamente lenta e l'eccessivo sfruttamento trasforma l'acqua in **risorsa non rinnovabile**. Per questa ragione l'acqua non deve essere sprecata, anche se la possibilità di disporne con facilità ce ne fa spesso sottovalutare l'importanza.

In tempi recenti le limitazioni all'uso dell'acqua, imposte da pubbliche amministrazioni a seguito di periodi di siccità, hanno iniziato a sensibilizzare i cittadini verso il problema dell'approvvigionamento idrico. Ma la preoccupazione dei cittadini aumenta e diminuisce come aumentano e diminuiscono i periodi di siccità e quelli di pioggia molto abbondante, e le pubbliche amministrazioni ancora non mettono in atto soluzioni di lungo periodo con l'urgenza che sarebbe necessaria.

Gli *sprechi* sono spaventosi: in Italia quasi il 30% dell'acqua erogata viene dispersa a causa del cattivo stato degli acquedotti. Quasi tutta l'acqua dolce utilizzata rientra nel ciclo idrologico, ma può ritornare a un serbatoio non utilizzabile, e la sua qualità può peggiorare. Spesso, per esempio, le acque di irrigazione riciclate hanno una maggiore salinità e sono cariche di pesticidi.

Il problema della **scarsità di acqua**, a livello globale, è molto rilevante. L'analisi delle risorse disponibili e la crescita dei fabbisogni indicano che in molte aree di diversi Paesi la penuria d'acqua sarà sempre più frequente, e crescerà anche il conflitto tra i vari settori di utenza: domestico, industriale, agricolo (e ricreativo). L'acqua si trova perciò spesso al centro di scontri politici ed economici; secondo alcuni autori, in futuro potrebbe diventare una delle principali cause di guerre.

Molti studiosi ritengono che il problema idrico riguardi non l'approvvigionamento, ma l'allocazione dell'acqua. Per esempio, il 16% dell'acqua della California, che sarebbe sufficiente per soddisfare le necessità di 30 milioni di persone, viene utilizzato per l'irrigazione dei foraggi destinati all'alimentazione di bovini e cavalli. Con migliori politiche di allocazione, si potrebbero premiare gli utenti più efficienti e migliorare la funzionalità dell'intero sistema di approvvigionamento.

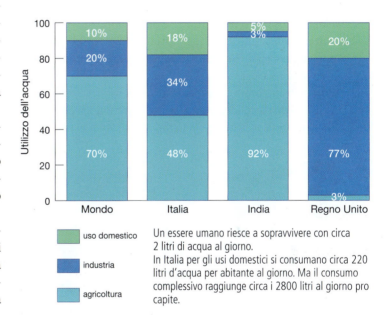

Un essere umano riesce a sopravvivere con circa 2 litri di acqua al giorno.
In Italia per gli usi domestici si consumano circa 220 litri d'acqua per abitante al giorno. Ma il consumo complessivo raggiunge circa i 2800 litri al giorno pro capite.

PRO O CONTRO?

Discutete in classe sui vari modi per risparmiare acqua, sia nelle politiche pubbliche che nelle scelte individuali. Per farlo dividetevi in due gruppi:
- un gruppo cercherà esempi di risparmio ottenibile con interventi delle amministrazioni locali e dei governi,
- l'altro gruppo si occuperà dei comportamenti che i singoli cittadini oppure le famiglie possono adottare.

Individuate anche alcuni «sacrifici» che si potrebbe pensare di fare al fine di risparmiare acqua.

Per esempio, cercate su Internet quanta acqua viene utilizzata per produrre i diversi alimenti di cui ci cibiamo e i prodotti che utilizziamo.
Oppure informatevi sulle tecnologie utilizzabili per ridurre i consumi, dai rubinetti allo sciacquone.
Cercate di capire quali sono le opere con un impatto ambientale più basso che permettano di razionalizzare l'uso dell'acqua.
Se volete sapere quanta acqua consuma ognuno di voi, potete calcolare la vostra «impronta idrica» cercando su Internet i siti legati al progetto Water Footprint dell'Unesco.

CONFRONTO

Terminata la fase di ricerca, ciascun gruppo condividerà con l'altro le proprie conclusioni, e proporrà i «sacrifici» da fare per il risparmio di acqua, mediante una presentazione in Powerpoint di massimo 10 slide. Per finire, fate una votazione in cui ciascuno di voi indichi quale rinuncia ritiene sarebbe più giusto fare tra quelle proposte dai due gruppi di lavoro.

Scienze della Terra per il cittadino

I movimenti franosi

Video I tipi di frane

Le masse rocciose fessurate o incoerenti e i detriti prodotti dalla degradazione meteorica, che costituiscono i versanti dei rilievi, possono spostarsi – insieme – per effetto della *forza di gravità*.

Lo spostamento di questi materiali avviene spesso in modo rapido e repentino; ma non sempre è così. Nel loro complesso, i movimenti di ingenti masse rocciose, coerenti o incoerenti, generati essenzialmente dalla forza di gravità sono chiamati **frane**. Le frane possono avere dimensioni enormi e provocare profondi cambiamenti nel paesaggio, oltre a costituire sempre un rischio per le persone.

Il franamento è connesso a tre fattori principali:
- il *tipo di materiale* che costituisce il versante e la sua eventuale stratificazione e/o fratturazione;
- l'*inclinazione del pendio* (l'elevata inclinazione dei versanti contribuisce alla tendenza dei materiali a crollare, scivolare o colare);
- la *quantità d'acqua* presente nei materiali rocciosi, che dipende dalla loro porosità e/o fessurazione, e dall'abbondanza delle precipitazioni meteoriche. (L'acqua piovana, penetrando nel terreno, può comportarsi come un «lubrificante», riducendo l'attrito tra i materiali rocciosi.)

Nelle frane si distinguono comunemente tre *parti principali*:
- la **nicchia di distacco**, di forma assai varia secondo la causa particolare che provoca la frana e la natura della roccia in cui questa si sviluppa, è quella intaccatura del pendio che segna il limite della porzione di roccia rimasta in posto da quella franata;
- l'**alveo di frana** o **pendio di frana** è il solco, o il pendio, sul quale si sono spostati i materiali franati;
- l'**accumulo di frana** è quello formato dai detriti rocciosi che, dopo aver percorso un tragitto più o meno lungo, si sono arrestati ammucchiandosi in maniera spesso caotica.

I geologi classificano le frane in base alle seguenti caratteristiche.

1. Il *materiale in movimento* può essere diversificato in base a varie categorie di roccia; per esempio, roccia coerente o incoerente.

2. La *velocità* con cui i materiali si muovono varia enormemente, da qualche centimetro all'anno a molti kilometri all'ora.

3. Anche il *tipo di movimento* compiuto dai materiali può variare; per esempio, vi possono essere **crolli**, **scivolamenti**, **scoscendimenti**, **colamenti** ecc.

Anche se gran parte delle frane è dovuta a cause naturali di instabilità geomorfologica, un ruolo determinante nell'innescarle o addirittura nel provocarle è svolto dagli esseri umani, che alterano l'equilibrio naturale dei versanti tramite cave, strade e canali artificiali, sovraccaricano il terreno con costruzioni di ogni tipo, modificano il corso dei fiumi, distruggono la vegetazione (che normalmente svolge una funzione di protezione contro l'erosione).

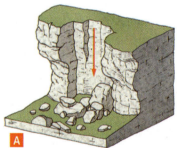

A Le frane di **crollo** interessano masse rocciose coerenti, spesso fessurate, a picco o molto inclinate.

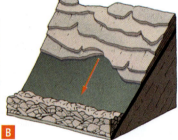

B Si ha uno **scivolamento** (o *scorrimento traslativo*) quando la frana avviene lungo un piano inclinato preesistente, come la superficie che separa due strati rocciosi.

C Si parla di **scoscendimento** (o *scorrimento rotazionale*) quando la frana avviene lungo una superficie nuova di distacco, generalmente curva.

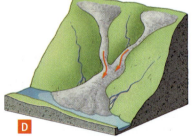

D I **colamenti** (o *colate*) sono movimenti lenti di masse rocciose incoerenti, argillose.

RICERCA

La carta a destra mostra le aree del territorio italiano interessate da frane e da valanghe negli ultimi cinquant'anni.
Dividete la classe in gruppi di tre. Ciascun gruppo faccia una ricerca sulle frane avvenute nel comune della scuola (o di un altro vicino, a scelta), partendo dalle informazioni presenti nella carta e procurandovene dal Comune. Cercate su Internet i dati relativi al rischio da frane, oppure recandovi direttamente in un ufficio competente.

Quando avrete raccolto dati a sufficienza, scrivete una breve relazione. Illustratela con una carta dettagliata del Comune, nella quale avrete indicato le frane avvenute nel passato e le zone ritenute a rischio.

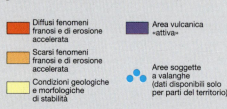

Glossario

A

afelio (aphelion): punto di massima distanza dal Sole di un oggetto (pianeta, cometa, sonda spaziale ecc.) che si muove attorno ad esso descrivendo un'orbita ellittica.

alisei (trade-winds): venti costanti e regolari che spirano dai tropici (aree di alta pressione) verso l'Equatore (area di bassa pressione).

alterazione chimica (chemical weathering): processo di attacco da parte degli agenti atmosferici ai minerali delle rocce, che subiscono una trasformazione della loro composizione chimica.

alveo (o letto) fluviale (channel): fascia ristretta e depressa, modellata dalla forza della corrente, in cui scorre un corso d'acqua.

amminoacido (amino acid): molecola organica contenente un gruppo amminico (NH_4^+) e un gruppo carbossilico (–COOH); è il monomero delle proteine.

angiosperme (angiosperm): piante con fiori, i cui semi sono racchiusi in un involucro protettivo (il frutto) derivato dall'ovario.

anno luce (light-year): distanza percorsa in un anno dalla luce (la cui velocità è di circa 300 000 km/s), pari a circa 9461 miliardi di kilometri.

anticiclone (anticyclone): area della troposfera caratterizzata da una pressione atmosferica più alta di quella delle zone circostanti.

apogeo (apogee): punto di massima distanza dalla Terra di un oggetto (Luna, satellite artificiale ecc.) che si muove attorno ad essa descrivendo un'orbita ellittica.

asse terrestre (Earth's axis): linea immaginaria, passante per i poli del pianeta, attorno al quale si compie il moto di rotazione.

astenosfera (asthenosphere): porzione parzialmente fusa del mantello terrestre, compresa tra i 70 e i 250 km di profondità, nella quale la velocità delle onde sismiche subisce un forte rallentamento.

atmosfera (atmosphere): involucro aeriforme che avvolge la Terra fino a un'altezza di circa 2500 km. È suddivisa in strati sovrapposti che, a partire dal più vicino alla superficie del pianeta, sono: troposfera, stratosfera, mesosfera, termosfera, esosfera. Tali strati sono separati da zone di transizione, dette «pause».

B

bacino idrografico (drainage basin): superficie del territorio (delimitata da una linea spartiacque) che raccoglie le precipitazioni meteoriche e le convoglia in corsi d'acqua che confluiscono in un fiume, fino alla foce di quest'ultimo.

biosfera (biosphere): l'insieme di tutti gli esseri viventi sulle terre emerse, in mare e nell'atmosfera (e della sostanza organica che essi producono).

buco nero (black hole): corpo che deriva dall'evoluzione finale di una stella di grande massa, estremamente denso, in grado di attirare al suo interno qualunque oggetto venga a trovarsi nei suoi pressi, compresa la luce che riceve, la quale non è quindi in grado di uscirne.

C

caldera (caldera): grande depressione vulcanica con fondo piatto e pareti ripide, che si forma in seguito al collasso della sommità di un edificio vulcanico.

camera magmatica (magma chamber): cavità piena di magma posta all'interno della litosfera, che alimenta, attraverso un condotto vulcanico, l'edificio vulcanico.

carsismo (karst): processo di dissoluzione operato dalle acque meteoriche (acidulate dall'anidride carbonica presente nell'aria) sulle rocce calcaree. Il nome deriva dalla regione del Carso, dove il fenomeno è molto diffuso.

ciclo litogenetico (rock cycle): processo ciclico che comprende, come fasi, i processi magmatico, sedimentario e metamorfico; a causa dei movimenti della crosta, ogni tipo di roccia (magmatica, sedimentaria o metamorfica) può trasformarsi in un tipo diverso.

ciclone (cyclone): area della troposfera (vedi atmosfera) caratterizzata da una pressione atmosferica più bassa di quella delle zone circostanti.

circolo di illuminazione (circle of illumination): circonferenza che separa le zone della sfera terrestre illuminate dai raggi del Sole (dove è dì) da quelle in ombra (dove è notte).

Circolo polare antartico (Antarctic polar circle): il parallelo dell'emisfero meridionale che dista dall'Equatore 66° 33'.

Circolo polare artico (Arctic polar circle): il parallelo dell'emisfero settentrionale che dista dall'Equatore 66° 33'.

clima (climate): condizioni meteorologiche (medie di lungo periodo) che si susseguono durante l'anno in una certa regione.

cometa (comet): corpo minore del Sistema solare, formato da ghiaccio, detriti rocciosi e polveri. Le comete si muovono su orbite ellittiche attorno al Sole e, avvicinandosi ad esso, sviluppano una coda di gas rarefatti.

condotto vulcanico (central volcanic vent): cavità cilindrica che mette in comunicazione la zona profonda di alimentazione del vulcano con l'esterno.

coordinate geografiche (geographical coordinates): coppia di valori angolari (latitudine e longitudine) che individuano in modo univoco la posizione di un punto sulla superficie terrestre rispetto al sistema di riferimento, costituito da meridiani e paralleli.

corrente a getto (jet stream): flusso d'aria che si muove al limite superiore della troposfera, parallelamente alla superficie terrestre, a velocità fino a 500 km/h.

corrente marina (current): massa di acqua marina in movimento all'interno delle acque circostanti. Una corrente può essere paragonata a un fiume che scorre nel mare; l'acqua che costituisce la corrente è caratterizzata da una salinità e da una temperatura diverse da quelle della massa d'acqua circostante.

costellazione (constellation): gruppo di stelle apparentemente vicine tra loro sulla sfera celeste e per questo collegate idealmente dagli antichi in figure cui venivano attribuiti nomi di animali, di personaggi mitologici, di strumenti ecc.

crosta terrestre (Earth's crust): è l'involucro più esterno, rigido e sottile, della Terra. Il suo spessore varia da circa 35 km sotto i continenti a circa 6-7 km sotto i fondi oceanici.

D

degradazione meteorica (weathering): insieme dei processi che determinano la disgregazione e l'alterazione delle rocce ad opera degli agenti atmosferici.

delta (di un fiume) (delta): foce fluviale che presenta una parte emersa pianeggiante, percorsa da una rete di corsi d'acqua minori, e una scarpata sommersa più o meno ripida.

dì (daylight): periodo del giorno durante il quale un luogo della Terra è illuminato dai raggi solari.

discontinuità sismiche (seismic discontinuity): superfici di separazione tra i vari strati che costituiscono l'interno della Terra, individuate da brusche variazioni della velocità delle onde sismiche.

disgregazione (physical weathering): insieme dei processi di natura fisica che portano alla rottura delle rocce superficiali in frammenti di varie dimensioni.

dorsale oceanica (ocean ridge): rilievo sommerso che deriva dall'inarcamento della crosta oceanica, la cui sommità raggiunge 2-3000 m di altezza rispetto alle contigue piane abissali. La cresta delle dorsali è solcata longitudinalmente dalla rift valley, una fenditura sede di intensa attività vulcanica. Le dorsali oceaniche sono i margini costruttivi tra placche litosferiche, lungo i quali si verifica aggiunta di nuova litosfera oceanica.

E

eclisse (eclipse): oscuramento totale o parziale della Luna o del Sole per un osservatore posto sulla Terra. Le eclissi di Sole sono causate dall'interposizione della Luna tra la Terra e il Sole e sono possibili solo durante la fase di novilunio; quelle di Luna sono causate dal verificarsi dell'allineamento Sole-Terra-Luna e sono possibili solo durante la fase di plenilunio.

effetto serra (greenhouse effect): fenomeno naturale che consiste nel riscaldamento della bassa atmosfera attraverso l'assorbimento, a opera dei gas serra (principalmente anidride carbonica e vapore acqueo), delle radiazioni termiche (onde lunghe) emesse dalla superficie del pianeta.

ellissoide (ellipsoid): solido geometrico derivato dalla rotazione di un'ellisse (linea curva chiusa paragonabile a una circonferenza «schiacciata») attorno al proprio asse minore.

eone (eone): la più grande divisione del tempo geologico, comprendente più ere.

epicentro (epicenter): punto sulla superficie terrestre posto sulla verticale dell'ipocentro di un terremoto. Dall'epicentro partono le onde sismiche superficiali.

Equatore (Equator): circolo massimo che si ottiene immaginando di intersecare la sfera terrestre con un piano perpendicolare all'asse terrestre e passante per il centro della Terra. È il parallelo di riferimento.

equinozio (equinox): posizione della Terra, sulla sua orbita attorno al Sole, nella quale il circolo d'illuminazione passa esattamente per i poli. In un anno solare si verificano due equinozi: quello di primavera (21 marzo) e quello d'autunno (23 settembre); in tali date il dì e la notte hanno la stessa durata in tutti i luoghi della Terra.

ere geologiche (era): intervalli di tempo nella storia della Terra (Paleozoico, Mesozoico, Cenozoico). Comprendono più periodi, ma non più brevi di un eone.

erosione (erosion): insieme dei processi mediante i quali gli agenti esogeni (come le acque meteoriche e quelle incanalate, i ghiacciai, il vento ecc.) prelevano i materiali detritici del suolo e delle rocce, per trasportarli altrove, demolendo così, nel tempo, il rilievo terrestre.

escursione termica (temperature range): differenza tra la temperatura massima e quella minima misurate in una certa località in un determinato intervallo di tempo (un giorno, un mese, un anno).

esosfera (exosphere): parte dell'atmosfera che si trova oltre i 450-500 km sopra il livello del mare.

estuario (estuary): foce fluviale che si allunga a forma di imbuto, in zone costiere con grandi ampiezze di marea.

età relativa (relative age): età di una roccia rispetto a quella di altre. La datazione relativa consiste, quindi, nello stabilire se una roccia è più antica o più recente di un'altra.

evoluzione (evolution): variazione di un sistema nel tempo. In Biologia, l'insieme dei cambiamenti che hanno trasformato la vita sulla Terra dall'inizio fino a oggi.

F

faglia (fault): frattura della crosta terrestre lungo la quale si verifica lo spostamento reciproco dei blocchi rocciosi coinvolti.

falda idrica (groundwater): volume d'acqua che riempie i pori di una massa rocciosa permeabile. La base della falda è delimitata da rocce impermeabili che impediscono l'ulteriore diffusione dell'acqua in profondità.

forza di Coriolis (Coriolis force): forza apparente, causata dalla rotazione della Terra, che devia dalla traiettoria originale un corpo in movimento sulla sua superficie.

fossa oceanica (ocean trench): depressione stretta e allungata del fondo oceanico, con profondità maggiore di 6 km (e fino a 11 km circa). Le fosse oceaniche rappresentano i margini distruttivi tra placche litosferiche, lungo i quali la litosfera oceanica, divenuta con il tempo fredda e densa, viene distrutta nel processo di subduzione.

fossa tettonica (rift valley): depressione della superficie terrestre delimitata da due sistemi paralleli di faglie, disposti a gradinata, che provocano l'abbassamento della striscia di crosta interposta tra essi.

fronte meteorologico (front): superficie di contatto tra due masse d'aria caratterizzate da temperatura e umidità differenti. Un fronte può essere caldo (si origina quando una massa d'aria calda si sposta verso una zona occupata da aria più fredda) o freddo (si origina quando una massa d'aria fredda si muove verso una zona occupata da una massa d'aria calda).

fuso orario (time zone): spicchio della superficie terrestre delimitato da due meridiani ed esteso per 15° di longitudine. Tutte le località comprese nello stesso fuso orario adottano l'ora del meridiano posto al centro del fuso.

G

galassia (galaxy): agglomerato di miliardi di stelle, polveri e gas. Le galassie possono avere forma ellittica, a spirale, irregolare.

geoide (geoid): solido che meglio rappresenta la forma della Terra.

ghiacciaio (glacier): massa di ghiaccio a quote superiori al limite delle nevi perenni.

glaciazione (glaciation): fenomeno di marcata espansione dei ghiacciai, che ha interessato a più riprese vaste estensioni della superficie terrestre.

H

humus (humus): materia organica finemente suddivisa e parzialmente decomposta presente nel suolo.

I

idrosfera (hydrosphere): insieme di tutte le acque presenti sulla Terra. Comprende l'acqua salata dei mari e degli oceani, l'acqua dolce dei fiumi, dei laghi e delle falde acquifere, il ghiaccio marino e quello dei ghiacciai di montagna e delle calotte polari.

ipocentro (focus): punto all'interno della Terra nel quale, per la brusca rottura di masse rocciose, si genera un terremoto, con liberazione di energia che si propaga sotto forma di onde sismiche (onde P e S).

isobare (isobar): linee che uniscono i punti della superficie terrestre che hanno la stessa pressione atmosferica, calcolata come se tutte le stazioni di rilevamento si trovassero a livello del mare e alla temperatura di 0 °C.

isoiete (isohyet): linee che su una carta geografica uniscono i punti della superficie terrestre nei quali si registra la stessa quantità di precipitazioni (mensile o stagionale o annua).

isoipse (isohypse): linee che su una carta geografica uniscono i punti della superficie terrestre che si trovano alla stessa quota sul livello del mare.

isostasia (isostasy): tendenza della crosta terrestre a raggiungere una posizione di equilibrio affondando più o meno nel mantello, a seconda del suo spessore.

isoterme (isotherm): linee che uniscono tutti i punti della superficie terrestre che hanno la stessa temperatura (mensile o annua ecc.).

L

latitudine (di un punto P) (latitude): angolo compreso tra il raggio terrestre che passa per P e il piano che contiene l'Equatore.

litosfera (lithosphere): involucro esterno, rigido, della Terra; comprende la crosta e la parte superiore del mantello.

longitudine (di un punto P) (longitude): angolo compreso tra il meridiano passante per P e il meridiano che passa per Greenwich, misurato su un piano parallelo all'Equatore, e con vertice in corrispondenza dell'asse terrestre.

M

magma (magma): massa di roccia fusa presente all'interno della crosta e della parte superiore del mantello.

magnitudine (magnitude): grandezza che esprime la luminosità di una stella. Più una stella è luminosa, più la sua magnitudine è bassa. La magnitudine apparente descrive la luminosità di un oggetto celeste così come ci appare dalla Terra. La magnitudine assoluta descrive la luminosità che l'oggetto avrebbe se si trovasse a una distanza standard dalla Terra.

magnitudo (magnitude): misura della forza di un terremoto, calcolata in base all'ampiezza massima della vibrazione del suolo registrata da un sismogramma e confrontata con quella di un terremoto di riferimento.

mantello terrestre (Earth's mantle): è uno degli involucri che costituiscono l'interno della Terra, compreso tra crosta e nucleo. Si estende dalla discontinuità di Mohorovičić (situata a circa 6-7 km di profondità sotto i fondi oceanici e a circa 35 km sotto i continenti) fino alla profondità di circa 2900 km.

marea (tide): innalzamenti e abbassamenti ritmici del livello del mare, dovuti all'attrazione gravitazionale della Luna e del Sole.

meandro (meander): ampia curva lungo un corso d'acqua; la curva si accentua con il tempo perché la corrente erode la sponda esterna e deposita i sedimenti su quella interna.

meridiano (meridian): una delle infinite circonferenze (immaginarie) che si ottengono intersecando la sfera terrestre con i piani che passano per l'asse terrestre. I meridiani hanno tutti la stessa lunghezza.

mese (lunar month): periodo di tempo impiegato dalla Luna per compiere una rivoluzione completa attorno alla Terra.

mesosfera (mesosphere): parte dell'atmosfera che va da circa 55 km fino a circa 90 km dal livello medio del mare.

meteorite (meteor): frammento solido, vagante nel Sistema solare, che può raggiungere dimensioni anche di kilometri. Quando vengono catturati dal campo gravitazionale terrestre, attraversando l'atmosfera si arroventano a causa dell'attrito e danno origine a scie luminose (dette stelle cadenti).

minerale (mineral): sostanza naturale, solida, quasi sempre cristallina, con una composizione chimica definita.

morena (moraine): ammasso di materiale detritico (frammenti rocciosi di varie dimensioni, sabbia e argilla) trasportato e depositato da un ghiacciaio.

N

novilunio (new moon): fase lunare che corrisponde al momento in cui la Luna, nel suo moto di rivoluzione, si trova dalla stessa parte del Sole rispetto alla Terra.

nucleo terrestre (Earth's core): porzione più interna della Terra. La parte esterna del nucleo è allo stato liquido, la più interna è solida.

O

onde marine (sea waves): increspature più o meno accentuate della superficie del mare generate dal vento; rappresentano un esempio di interazione tra idrosfera e atmosfera.

onde sismiche (seismic waves): deformazioni elastiche generate da un terremoto, che si propagano a partire dall'ipocentro. Si dividono in onde di compressione o longitudinali (onde P) e onde di taglio o trasversali (onde S); dall'epicentro partono poi onde superficiali.

orbita (orbit): traiettoria descritta da un corpo celeste nel suo movimento attorno a un altro.

orientamento (orientation): individuazione dei punti cardinali sull'orizzonte visibile di un certo luogo.

orogenesi (orogeny): insieme dei processi geologici che determinano la formazione delle catene montuose.

P

parallelo (parallel): una delle infinite circonferenze che si ottengono immaginando di intersecare la sfera terrestre con i piani perpendicolari all'asse terrestre. I paralleli hanno varia lunghezza.

perielio (perihelion): punto di minima distanza dal Sole di un oggetto (pianeta, cometa, sonda spaziale ecc.) che si muove attorno ad esso descrivendo un'orbita ellittica.

perigeo (perigee): punto di minima distanza dalla Terra di un oggetto (Luna, satellite artificiale ecc.) che si muove attorno ad essa descrivendo un'orbita ellittica.

piana abissale (abyssal plain): area pianeggiante che costituisce il pavimento dei fondi oceanici.

piattaforma continentale (continental shelf): superficie debolmente inclinata, che costituisce il prolungamento delle terre emerse sotto il livello del mare; corrisponde alla zona di accumulo di sedimenti lungo il margine dei continenti.

placche litosferiche (Earth's plates): grandi settori in cui è suddivisa la litosfera terrestre, che si muovono rispetto alla sottostante astenosfera.

poli geografici (geographical pole): i due punti nei quali l'asse di rotazione terrestre incontra la superficie della Terra.

poli magnetici (magnetic pole): i due punti verso i quali convergono le linee di forza del campo magnetico terrestre e verso i quali si orienta l'ago della bussola.

portata (stream discharge): quantità di acqua che passa attraverso una sezione trasversale di un alveo fluviale nel tempo di un secondo.

pressione atmosferica (atmospheric pressure): rapporto tra il peso dell'aria e la superficie su cui essa grava.

punti cardinali (cardinal point): punti di riferimento sul piano dell'orizzonte. I punti cardinali sono: Nord, Est, Sud, Ovest.

punto caldo (hot spot): area ristretta della superficie terrestre che si trova al di sopra di un «pennacchio» di materiale solido ma incandescente, il quale risale dalla base del mantello. I punti caldi sono responsabili di gran parte del vulcanismo che si manifesta all'interno delle placche litosferiche.

R

rivoluzione (di un pianeta) (revolution): moto di un pianeta attorno al Sole.

rocce magmatiche (magmatic rock): rocce che derivano dalla solidificazione di un magma. Se il magma solidifica in profondità, la roccia è detta intrusiva; se al contrario solidifica sulla superficie terrestre (dove fuoriesce come lava), la roccia è detta effusiva.

rocce metamorfiche (metamorphic rock): rocce che derivano dalla trasformazione di rocce preesistenti quando queste sono sottoposte a forti pressioni e alte temperature, comunque inferiori a quelle di fusione.

rocce sedimentarie (sedimentary rock): rocce che derivano dal trasporto e dalla deposizione, sulle terre emerse e sul fondo dei bacini marini, di materiali di vario tipo, di origine sia inorganica, sia organica.

rotazione di un pianeta (rotation): moto di un pianeta attorno al proprio asse.

S

salinità (salinity): quantità totale di sali disciolti nell'acqua. In genere è espressa in grammi di sale per mille grammi di acqua (‰).

satellite (moon): corpo celeste (o oggetto messo in orbita dall'uomo) che ruota attorno a un pianeta.

scala dei tempi geologici (geologic time scale): successione degli intervalli di tempo (ere, periodi, ecc.) nei quali viene suddivisa la storia della Terra, ordinati secondo una datazione relativa. I metodi di datazione assoluta hanno permesso di aggiungere alla scala relativa dei tempi geologici una scala di tempi espressa in anni.

scala di una carta (map scale): rapporto che indica di quante volte le distanze reali sono state ridotte sulla carta. Può essere grafica (rappresentata attraverso un segmento) o numerica (rappresentata tramite un rapporto numerico).

scarpata continentale (continental slope): ripido pendio che costituisce il raccordo tra la piattaforma continentale e il fondo oceanico vero e proprio; segna il limite, verso il mare, dell'accumulo di sedimenti lungo le coste.

sismografo (seismograph): strumento che rileva e registra le vibrazioni del terreno provocate dall'arrivo delle onde sismiche.

sismogramma (seismogram): tracciato che registra le vibrazioni del terreno prodotte dall'arrivo delle onde sismiche, ottenuto con il sismografo.

solstizio (solstice): posizione della Terra, sull'orbita di rivoluzione attorno al Sole, nella quale il circolo d'illuminazione è tangente ai circoli polari. In un anno solare si verificano due solstizi: quello estivo (21 giugno) e quello invernale (22 dicembre); in tali date il dì ha la massima durata rispettivamente nell'emisfero boreale e nell'emisfero australe.

stratosfera (stratosphere): parte dell'atmosfera che va da circa 9/18 km fino a circa 50-55 km dal livello medio del mare.

subduzione (subduction): sprofondamento nel mantello di una placca litosferica oceanica al di sotto di un'altra.

T

termosfera (thermosphere): parte dell'atmosfera che va da circa 90 fino a circa 550 km dal livello medio del mare.

tettonica (plate tectonics): branca della geologia che studia le deformazioni che si possono manifestare nel tempo in una massa rocciosa.

Tropico del Cancro (Tropic of Cancer): è il parallelo che dista dall'Equatore 23° 27' nell'emisfero settentrionale.

Tropico del Capricorno (Tropic of Capricorn): è il parallelo che dista dall'Equatore 23° 27' nell'emisfero meridionale.

troposfera (troposphere): parte più bassa dell'atmosfera, compresa tra 0 e 8/17 km di altitudine.

U

umidità assoluta (absolute humidity): quantità di vapore acqueo (espressa in grammi) contenuta in 1 m^3 di aria.

umidità relativa (relative humidity): rapporto tra la quantità di vapore acqueo contenuto in 1 m^3 di aria a una certa temperatura (cioè l'umidità assoluta) e la quantità massima di vapore acqueo che, alla stessa temperatura, potrebbe essere contenuta in quello stesso volume di aria.

V

Via Lattea (Milky Way): la galassia di cui fa parte il Sistema solare.

Z

Zenit (zenith): punto di intersezione della Sfera celeste con la verticale del luogo; lo Zenit è posto sempre sopra il capo dell'osservatore.

Indice analitico

A

abrasione marina, 148
acqua, 138
– azione erosiva, 162
– ciclo della, 136
– degradazione chimica delle rocce, 100
– del mare, 140
– densità, 141
– dilavante, 162
– incanalata, 163
– nell'atmosfera, 85
– nel terreno, 115, 137, 158
– salinità, 140
afelio, 38, 62
affluente, 160
agenti atmosferici, 98
alba, 60
alisei, 94
alterazione, 100
alveo fluviale, 160
anidride carbonica, 85, 125, 133
– ed effetto serra, 88
anno, 63
anno-luce, 20
anticiclone, 91
apogeo, 72
aria, 85
– circolazione, 94
– composizione, 85
asse terrestre, 60, 66
asteroide, 44
atmosfera, 84
– caratteristiche, 84
– inquinamento, 88
– riscaldamento, 86
attrazione gravitazionale, 39, 144
aurora polare, 70

B

bacino idrografico, 161
big bang, 28
bilancio termico, 86
bioclastismo, 99

brezza di mare, 91
brezza di terra, 91
brughiera, 120
buco nero, 27
bussola, 70

C

calanchi, 162
calcare, 101
calendario gregoriano, 63
campo magnetico terrestre, 70
canyon sottomarini, 139
carsismo, 101
carta geografica, 58
celle di Hadley, 94
ciclo dell'acqua, 136
ciclo litogenetico, 8
ciclone, 91
– extratropicale, 102
– tropicale, 103
circo glaciale, 167
Circolo polare antartico, 64
Circolo polare artico, 64
climi, 116
– aridi, 119
– caldi umidi, 118
– dell'Italia, 123
– e vegetazione, 117
– freddi, 121
– nivali, 122
– temperati, 120
climatogramma, 114
clorofluorocarburi, 88
cometa, 44
cono di detrito, 98
conoide alluvionale, 162
coordinate geografiche, 56, 68
cordone litoraneo, 148
corona, 37
corrasione, 92
corrente a getto, 94
correnti calde, 146

correnti fredde, 146
correnti marine, 146
correnti oceaniche, 146
Cosmologia, 28
costa, 148
– alta, 149
– bassa, 149
costellazioni, 21
crepaccio, 165
crepuscoli, 60
crioclastismo, 99
Croce del Sud, 21, 67
cromosfera, 37
crosta terrestre, 3, 8

D

deflazione, 92
deflusso
– profondo, 137
– superficiale, 137
degradazione meteorica, 98
delta, 149, 163
deposizione, 148, 163, 166
deposizione eolica, 92
deserto, 119
dì, 60
diagramma H-R, 27
disgregazione delle rocce, 98
dissoluzione delle rocce, 100
– calcaree, 101
dolina, 101
dorsale oceanica, 139
duna, 93

E

eccentricità dell'orbita, 35, 66
eclissi, 74
– di Luna, 74
– di Sole, 74
Eclittica, 21
effetto serra, 86, 89
ellissoide di rotazione, 54

El Niño, 147
emisfero australe, 56
emisfero boreale, 56
emissario, 164
energia
- eolica, 111
- idroelettrica, 172
- solare, 108
Equatore, 56
equinozio
- d'autunno, 64
- di primavera, 64
erosione
- costiera, 155
- eolica, 92
- fluviale, 162
- glaciale, 166
- marina, 148
esarazione, 166
esopianeti, 49
escursione termica, 101
- annua, 119
- giornaliera, 119
estrazione glaciale, 166
estuario, 163
evaporazione, 137
evapotraspirazione, 137

F

falda
- artesiana, 158
- di detrito, 98
- freatica, 158
- idrica, 158
falesie, 148
fasi lunari, 72
fiordi, 149, 166
fiume, 160
- azione erosiva, 162
foce, 163
fondale oceanico, 139
foresta di conifere, 121
foresta di latifoglie decidue, 120
foresta pluviale, 118

forza di attrazione gravitazionale, 2, 39, 144
forza di Coriolis, 60
forze endogene, 5
forze esogene, 5
fossa oceanica, 139
fotosfera, 37
frana, 99, 176
frangenti, 142
fronte
- caldo, 102
- freddo, 102
- occluso, 102
fusi orari, 69
fusione termonucleare, 23

G

galassie, 24
gas serra, 89, 133
gelo e disgelo, 99
geoide, 54
ghiacciaio, 165
- azione erosiva, 166
gigante rossa, 27
giorno sidereo, 61
Giove, 43
giungla, 118
glaciazioni, 124
GPS, 81
grandine, 97
grotta, 101

H

hockey stick, grafico, 131
humus, 115

I

idratazione, 100
idrolisi, 100
idrosfera
- continentale, 156
- marina, 134
immissario, 164

impatto ambientale, 13
inflazione, 28
inlandsis, 165
inquinamento,
- atmosferico, 88
- delle acque continentali, 168
- delle acque marine, 150
isobare, 90
isoiete, 97
isoterme, 87, 109

K

karren, 101

L

lago, 164
laguna, 148
latitudine, 57, 68
legge della gravitazione universale, 39
leggi di Keplero, 38
lido, 148
limite delle nevi permanenti, 165, 173
linea del cambiamento di data, 69
linea spartiacque, 161
lingua glaciale, 165
longitudine, 57, 68
Luna, 71
- caratteristiche, 71
- moti, 72
- origine, 78

M

macchia mediterranea, 120
magma, 8
magnitudine apparente, 23
magnitudine assoluta, 23
mantello terrestre, 3
mare, 138, 139
- azione erosiva, 148
maree, 144
Marte, 41
materia interstellare, 24

meandro, 163
Mercurio, 41
meridiano, 56
– di Greenwich (o iniziale, o di riferimento), 56
mese
– sidereo, 73
– sinodico, 73
meteora, 44
meteorite, 44
metodo scientifico, 16
minerali, 8
monsone, 91
morena, 166
moti millenari, 66
moto ondoso, v. onde marine

N

nana bianca, 27
nebbia, 96
nebulosa, 25
Nettuno, 43
neve, 97, 165
notte, 60
nucleo terrestre, 3
nuvole, 96

O

oceano, 139
onde marine, 142
– azione di modellamento, 148
– rifrazione, 143
ora, 68
orientamento, 67
orizzonte del suolo, 115
ossidazione, 100
ozonosfera, 84

P

Paleoclimatologia, 124
parallelo, 56
pendenza di un fiume, 160
perielio, 38, 62

perigeo, 72
permafrost, 126
permeabilità delle rocce, 159
perturbazioni atmosferiche, 102
piane abissali, 139
pianeti, 36
– gioviani, 42
– terrestri, 40
piani altitudinali, 122
pianura alluvionale, 162
piattaforma continentale, 139
piattaforma di abrasione marina, 148
pioggia, 97
– acida, 89
Plutone, 42
polje, 101
portata, 160
precessione luni-solare, 66
precipitazioni, 97, 136
predeserto, 119
pressione
– atmosferica, 90
– dell'acqua del mare, 141
previsioni del tempo, 104
principio di precauzione, 126
pulviscolo atmosferico, 85
punto di rugiada, 96
punti cardinali, 67

R

radiazione elettromagnetica, 22
regime fluviale, 160
regolite, 98, 115
reticolato geografico, 56
risacca, 142
riscaldamento globale, 126
rischi naturali, 12
risorse, 11
rivoluzione terrestre, 62
rocce, 8
– alterazione, 100
– ciclo delle, 8

– disgregazione, 99
– dissoluzione, 100
– ignee, v. rocce magmatiche
– impermeabili, 158
– magmatiche, 8
    – effusive, 8
    – intrusive, 8
– metamorfiche, 9
– permeabili, 158
– sedimentarie, 9
roccia madre, 115
rotazione terrestre, 60

S

salinità, 140
satelliti, 36
Saturno, 43
savana, 118
scarpata continentale, 139
Sfera celeste, 4, 6
Sistema solare, 36
– formazione, 2
Sole, 37
– struttura, 37
– zona convettiva, 37
– zona radiativa, 37
solstizi, 64
sorgente, 159
spettro stellare, 22
spiaggia, 148
stagioni, 64
stalagmite, 101
stalattite, 101
stella, 22
– cadente, 44
– colore e dimensioni, 23
– composizione, 22
– di neutroni, 27
– evoluzione, 26
– luminosità, 23
– nascita, 25
– posizione, 21
Stella polare, 21, 67
steppa-prateria, 121

suolo, 115
- composizione, 115
- formazione, 115

supernova, 27

T

taiga, 121

telerilevamento, 59

temperatura
- dell'aria, 87
- delle acque marine, 140

termoclastismo, 99

Terra
- forma e dimensioni, 54
- moti millenari, 66
- moto di rivoluzione, 62
- moto di rotazione, 60
- rappresentazione, 58
- sistema, 4

tornado, 103

tramonto, 60

tromba d'aria, v. tornado

Tropico del Cancro, 64

Tropico del Capricorno, 64

tundra, 122

U

umidità dell'aria, 95
- assoluta, 95
- relativa, 95

unità astronomica, 20

Universo, 18

Urano, 43

uvala, 101

V

valle
- fluviale, 162
- glaciale, 166

vapore acqueo
- ed effetto serra, 89
- nell'atmosfera, 85

Venere, 41

venti occidentali, 94

vento, 91
- come agente modellatore, 92

Via Lattea, 24

Z

Zenit, 67

Zodiaco, 21

zona astronomica, 65